大陸はどのように動くのか

過去と将来の大陸移動

吉田晶樹・著

知りたい!サイエンス
iLLUST RATED 005

最新図解

技術評論社

まえがき

私たちが住む地球の表層に現れるさまざまな地質現象、例えば、プレートの誕生や沈み込み、大陸移動、造山運動、あるいは、私たちの生活を脅かす地震や火山噴火は、地球の内部に蓄えられているエネルギーが解放される過程で起こる現象です。地球は約45・5億年前に誕生してから現在まで、内部に蓄えられた熱を宇宙空間に逃がす過程にあり、これまでも、そして将来も冷える一方です。

現在の地球のように、地球内部に熱がまだ多く残っている状態で、内部と表層で十分な温度差がある場合、マントルで熱対流運動（マントル対流）が起きています。つまり、プレートテクトニクスの一過程として、地球の表層でプレートが水平移動し、やがてはマントルに沈み込み、一方で、マントルの深部から表層に向かって温かい物質が湧き上がってくるという運動が、地球の歴史上で休みなく繰り返されています。

こういった地球の表層や内部、つまり、プレートやマントルといった岩石からなる層（岩石圏）で起こる現象を対象とする学問は、広い意味での「地球科学」の中でも「固体地球科学」とよばれています。固体地球科学のさまざまな研究分野は日進月歩で進展していますが、特に、最近10年ほどで、過去の地球のプレート運動や大陸移動を復元する研究が加速し、地球の表層と内部の運動との関係について議論が活発化してきました。とは言っても、今までわからなかった問題の理解が進んできただけではなく、逆に混迷が深まってきた問題もあります。

これは、地球というのは、空間的には深部にいくほど、地球科学的な観測・調査データの量が少なくなり、時間的には過去に遡るほど、地質学的なデータの量が少なくなるためです。つまり、横軸に時間軸、縦軸に座標軸をとると、「現在」と「地表」が乗る原点と座標軸上に信頼できるデータが集中し、原点から離れるほど、信頼できるデータは少なくなります。

本書の最大の特徴は、こういった固体地球科学という学問の特性を踏まえつつも、グローバルで、しかも、地球史的な視点から、過去の地球のプレート運動やマントル対流の変遷を振り返り、地球や日本列島の将来の予測を試みていることです。

第1章では、固体地球科学を学ぶ上で基本となるプレートテクトニクスにまつわる話題から入ります。第2章では、地球の歴史を紐解く鍵となる大陸移動とその原動力となるマントル対流について、第3章では、最新の知見による過去の大陸移動について紹介します。第4章では、過去の地球の大陸移動を復元したり、将来の地球の大陸移動を予測するための一つの手法である、コンピューターを使ったマントル対流の数値シミュレーションについて紹介します。そして、第5章では、日本列島がどのようにできて、これからどうなるのかについて考え、最後に第6章では、将来の大陸移動に関するいくつかのシナリオや、大陸移動が気候変動や海水準変動といった、地球の環境変動に与える影響などについて紹介します。

目次

※各左側ページ下の画像は5億年前から現在までの大陸移動の様子です。パラパラ漫画のようにして大陸の動きを見ることができます。
(画像はChristopher R. Scotese, C. R., An Atlas of Phanerozoic Paleogeographic Maps: The Seas Come In and the Seas Go Out, *Annu. Rev. Earth Planet. Sci.*, 49, 679-728, 2021.より)

第1章

プレート運動と「地殻変動」

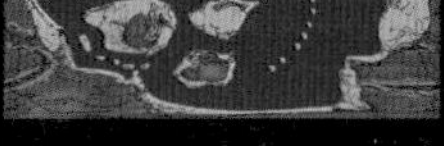

1-1 巨大地震はどこで起きるのか

私たちが住む日本列島は、4つのメジャーなプレートが密集している場所にあり、海洋プレートが沈み込む場所に接しています（図1—1）。東日本の太平洋側では、太平洋プレートが千島海溝や日本海溝において年間約7センチメートルの速度で沈み込み、西日本の太平洋側では、フィリピン海プレートが南海トラフや駿河トラフ、相模トラフにおいて年間約5センチメートルで沈み込んでいます。日本列島そのものは、東日本がオホーツクプレート、西日本の大部分がアムールプレートとよばれる大陸プレートの上に乗っています。南西諸島と琉球諸島は、琉球海溝（南西諸島海溝）と沖縄トラフの間に挟まれている小さいプレートに乗っています。中学校や高校の教科書では、オホーツクプレートとアムールプレートは、それぞれ、地球上のメジャーな大陸プレートである、北米プレートとユーラシアプレートの一部と紹介されているかもしれませんが、最近の地球科学の進展で地球上のプレート境界がよりはっきりとし、別のプレートとして認識する方が適切だとされています。

プレートは「海嶺」とよばれる海底山脈でマントルが冷え固まって生まれ、「海溝」とよばれる場所でマントルに戻っていきます（図1—2）。プレートがマントルに戻っていく様子は一般に「沈み込み」とよばれますので、海溝は「沈み込み帯」ともよばれます。「トラフ」は海溝ほど水深が深くない海底の窪地のことを指

図1－1　日本列島とその周辺のプレートと海溝

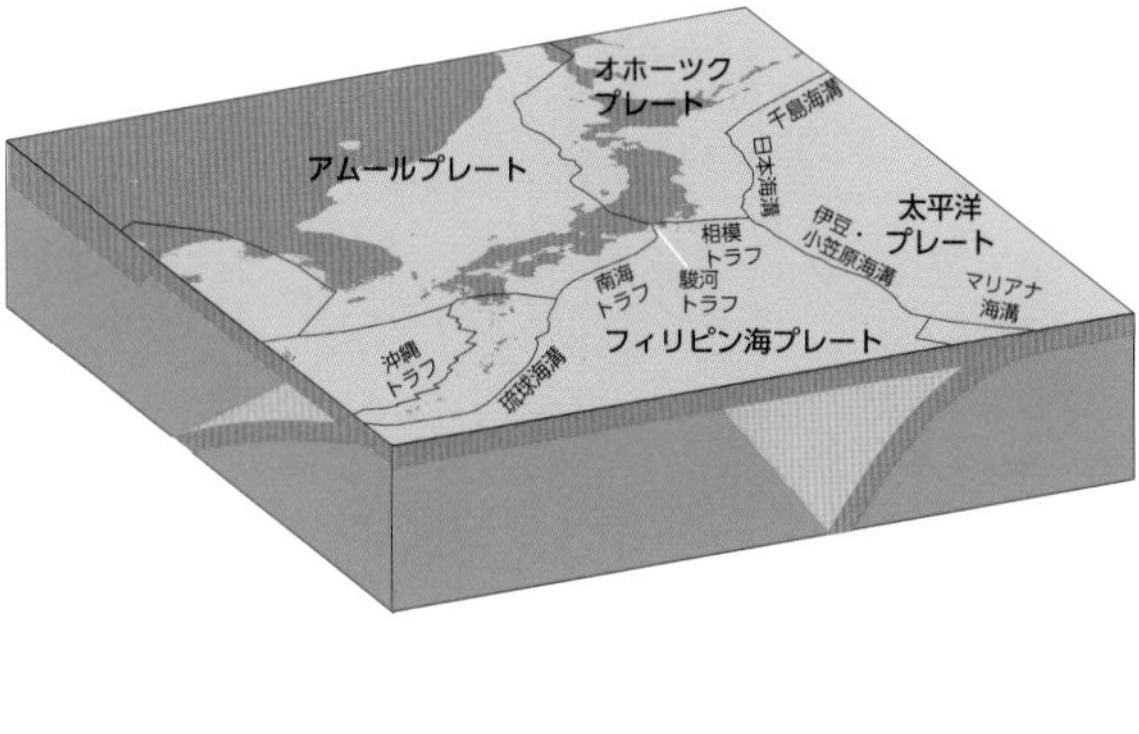

しますが、南海トラフや相模トラフ（図1―1）のようにプレートの沈み込みを伴って海溝と同じ役割をするものもあれば、プレートの沈み込みを伴わないトラフも世界にはあります。近年、テレビや新聞でその発生の切迫性が危惧されている、いわゆる南海トラフ地震は、フィリピン海プレートが比較的浅い角度で西日本の下に沈み込む過程で起こり、諸説はありますが、駿河湾から日向灘沖にかけたプレート境界を震源域として、約100~150年間隔で繰り返し発生してきた巨大地震のことです。

　沈み込み帯は地球上でもっとも頻繁に地震が起きたり、火山の噴火活動が起きたりする場所で、私たちがダイナミックな地球の営みとともに生きていることを実感させられる場所でもあります。日本列島も、弧状列島とよばれるように、沈み込み帯に沿って弓状に存在し、日本に住む私たちは地震や噴火に常に悩まされています。このことは、現在では地震学の常識であり、中学校の教科書にも載っている重要な科学的事実のいくつかが日本人による仕事であることも深く関係します。

　例えば、大森公式と言われる、地震の初期微動継続時間（P波が到達してからS波が到達するまでの時間）から震源距離を求める法則式は、1899年に日本の地震学者の祖とも言える大森房吉（1868―1923）が発見しました。また、「和達・ベニオフ帯」とよばれる、沈み込み帯で起こる深い地震の震源が地球の中でほぼ一直線に帯状に並ぶ現

図1－2　太平洋下の地球の断面図

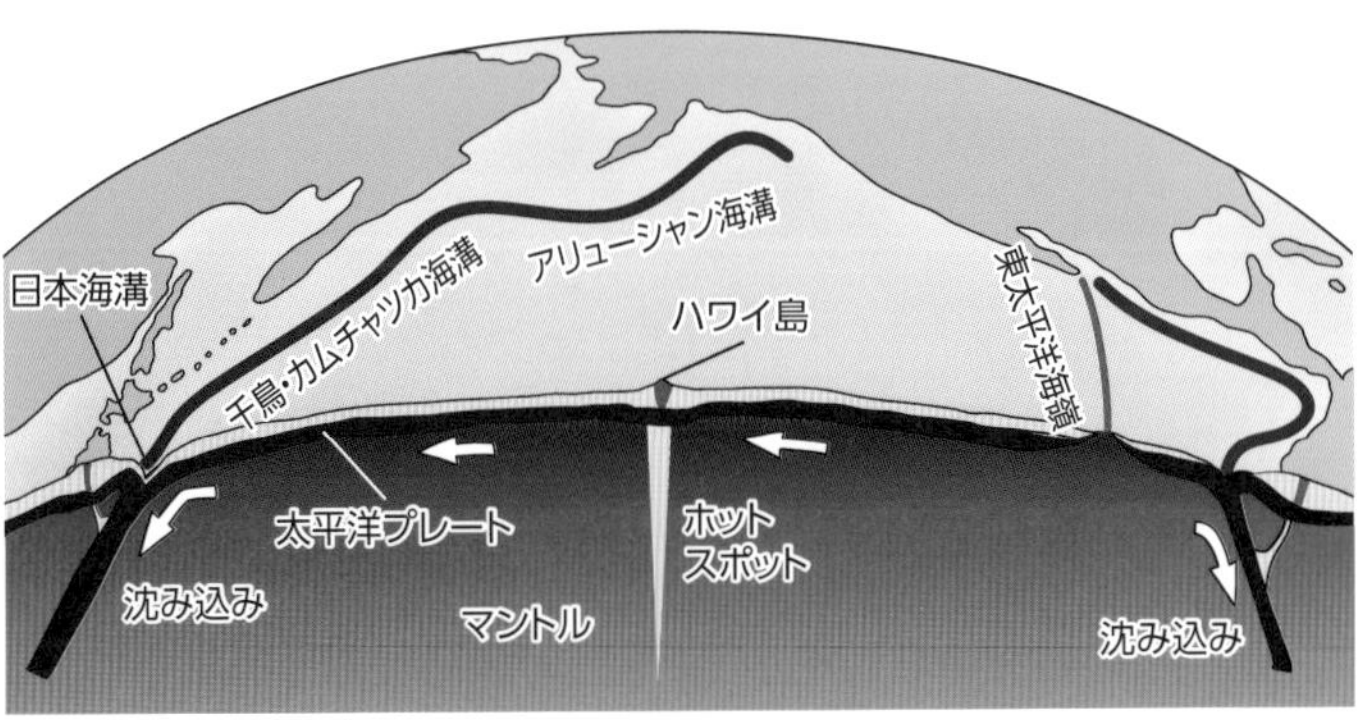

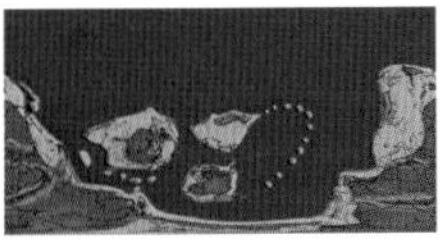

象は、1927年に初めて発見した日本の気象庁の和達清夫（1902―1995）と、その後独立に発見した米国の地震学者ヒューゴー・ベニオフ（1899―1968）の2人の地震学者にちなんで命名されたものです。

　このような偉大な地震学者が生まれたのも、日本列島が沈み込み帯に接しており、地震が身近であったためです。明治時代から戦前までの地震学の偉大な発見をベースとして、今日までの固体地球科学の発展に繋がっています。特に、現在においても、地下の三次元的な構造を推定できるもっとも有力な手法である地震波トモグラフィーの原理は、当時、米国マサチューセッツ工科大学の安芸敬一（1930―2005）らによって1970年代後半に開発されたものです。

　したがって、どれくらいの大きさの地震がどのような場所で起こるかを知ることは、固体地球科学を理解するうえでの第一歩です。規模の大きな地震を世界地図にプロットすると、おぼろげにプレートの境界が見えてきます。

　図1―3は世界の地震の分布です。グローバルな地震観測網が整備された1976年から約40年間に世界で起きた、地震の規模を表す「マグニチュード」が5以上の地震をプロットしたものです。円が大きいほどマグニチュードが大きい地震です。読者の

図1－3　1976年1月から2016年1月までの約40年間に世界で起きたマグニチュード5以上の地震

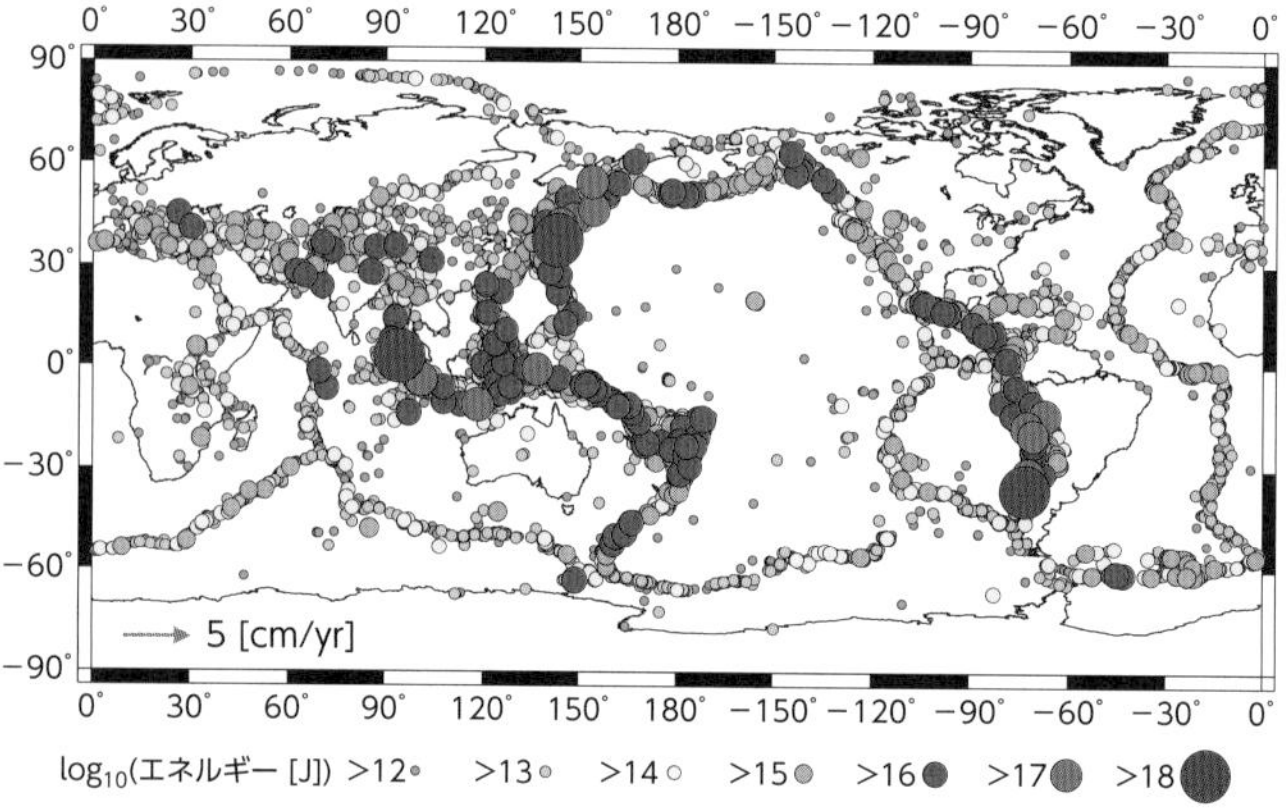

円の大きさは地震によって解放されたエネルギーの大きさを表し、10^{14}、10^{16}、10^{18} Jは、それぞれマグニチュード6.2、7.5、8.8に相当する。Global CMT プロジェクトのデータベースにもとづく

みなさんがおそらくご存じのように、地球上では小さい地震ほどたくさん起きるのですが、図1―3では、マグニチュード5程度の地震の円は大きいマグニチュードの地震の円の下に隠れてしまっているので、少なく見えると思います。

図1―3では、地球がもつエネルギーがいかに大きいかを伝えるために、あえて地震動で放出されたエネルギー（単位はジュール、J）でプロットしています。といっても、マグニチュード（M）は、10の何乗にもなるエネルギーの量を、私たちが扱いやすいように一桁くらいの値で表したものですので、エネルギーから簡単にマグニチュードに戻すことができます。なお、マグニチュードの定義はいくつかあり、日本の気象庁が観測した地震動の大きさから決定される「気象庁マグニチュード」や、震源断層の面積と断層面のずれの量によって巨大地震の規模をより適切に定義する「モーメントマグニチュード」を、本書では、それぞれをM_j、M_wと書きます。また、「マグニチュード9クラス」など、特定の地震を指さないマグニチュードは、「M9クラス」などと書くことにします。

図1―3からは、10^{18} J以上のエネルギーの地震は、3つしかないことがわかります。その3つは2004年12月26日に起きたスマトラ島沖地震（M_w9・1）、2011年3月11日に起きた東北地方太平洋沖地震（M_w9・0~9・1）、次に2010年2月27日に起きたチリ地震（M_w8・8）です。表1―1は、20世紀以降に起きたM_w8・6以上の巨大地震を大きい順に並べたものです。もっとも大きな地震は1960年に起きたチリ地震（M_w9・5）、次に、1964年のアラスカ地震（M_w9・2）、2004年のスマトラ島沖地震（M_w9・1）、東北地方太平洋沖地震、1952年のカムチャッカ半島沖地震（M_w9・0）、そして、2010年のチリ地震と1906年のエクアドル・コロンビア地震（ともにM_w8・8）と続きます。

現地時間で2010年2月27日未明に起きたチリ地震は記憶が薄れている方もいるかもしれませんが、東北地方太平洋沿岸に大津波警報が発令されたほか、全国の沿岸にも津波警報と津波注意報が発令されました。津波は、18時間以上をかけて太平洋を越えて日本列島沿岸に到達し、岩手県で最大1・2メートル、全国各地の沿岸でも数10センチメートルの津波が到達しました。2010年前半は、日本の科学界では6月13日に日本の小惑星探査機「はやぶさ」が帰還

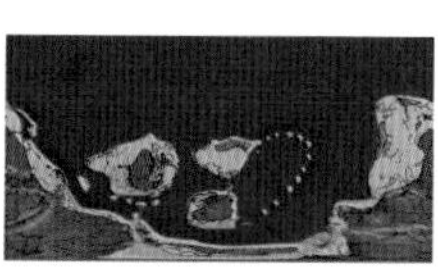

したのがおそらくもっとも大きなニュースでしたが、チリ地震の津波被害もこれに並ぶ大きなニュースではなかったかと思います。それにも関わらず、約1年後に起きた東北地方太平洋沖地震で記憶が薄れてしまった感があります。

図1―3を見るとM9クラスの超巨大地震はもちろん、M8クラスの巨大地震のほとんどが環太平洋やスマトラ島沖周辺の沈み込み帯で起きますが、ユーラシア大陸の南縁、特に、ヒマラヤ山脈のあたりや東アジアでも大きな地震が頻繁に発生していることがわかります。この場所は約1億年前より、南半球から赤道を越え北上を続けているインド亜大陸（亜大陸は小さい大陸という意味）がユーラシア大陸の南縁に衝突している場所で、現在でも大きな「地殻変動」が起き続けています。1950年には、インドとチベットの境界付近でM_w8・6の巨大地震が起きました（アッサム・チベット地震。表1―1）。また、比較的記憶に新しいのは、2008年5月に中国四川省で起きた四川大地震（M_w7・9）、もう少し最近では、2015年4月に起きたネパール地震（M_w7・8）があります。このように、内陸でも最大でM8に迫る地震が起きることも覚えておいてください。

表1－1　20世紀以降に世界で起きたモーメントマグニチュード（M_w）が8・6以上の巨大地震

地震名	発生年月日	M_w
1960年チリ地震	1960年5月22日	9.5
アラスカ地震	1964年3月28日	9.2
2004年スマトラ島沖地震	2004年12月26日	9.1
東北地方太平洋沖地震	2011年3月11日	9.0–9.1
カムチャツカ地震	1952年11月4日	9.0
2010年チリ地震	2010年2月27日	8.8
エクアドル・コロンビア地震	1906年1月31日	8.8
1965年アリューシャン地震	1965年2月4日	8.7
アッサム・チベット地震	1950年8月15日	8.6
2012年スマトラ島沖地震	2012年4月11日	8.6
2005年スマトラ島沖地震	2005年3月28日	8.6
1957年アリューシャン地震	1957年3月9日	8.6
1946年アリューシャン地震	1946年4月1日	8.6

気象庁、米国地質調査所のウェブページによる

1-2 「地殻変動」はどこで起きるのか

地球のもっとも外側は地殻で覆われています。地球の半径は約6371 kmで、これはハワイのホノルル市と日本、もう少し正確に言えば、新潟県の糸魚川市までの距離とほぼ同じです。これに対し、海の底にある海洋地殻にいたっては、本当に地球の薄皮部分で、厚さが約5～7 kmしかありません。大陸地殻は海洋地殻よりも厚く、平均で約30～40 kmですが、50～60 kmに達する場所もあります。

前節であえて内陸の「地殻変動」という言葉を出しました。地殻変動という言葉は、巷ではよく耳にしますが、地球科学を職業としている者にとっては実にもやもやとした言葉で、適当な英訳も思いつきません。

アルク社のオンライン辞書データベース『英辞郎』で今調べると、「crustal change」や「crustal movement」など10個ぐらいの訳が出てきます。しかし、どれもまったくピンときませんし、論文で使ったことがありません。「diastrophism」や「tectonism」というほとんど聞いたことも見たこともない、いわゆる死語に近い地学用語らしきものも出てきます。10個もあるということは、「地殻変動」という言葉が地球の表層で起こる現象を表現するにはざっくりとしすぎていて、専門用語としてもこれといった訳が存在しないということです。

言葉が先に一人歩きをしては、もやもやするのでデータを見てみましょう。1980年代中ごろから人工衛星によって世界中の地面の動きを観測され始めましたが（2─2節）、1990年代後半になって、それまでの観測データが集約されるようになりました。そして、1998年には米国ライス大学によって、世界の「全地球歪速度マップ」というものが出版されました。これは地球の表面（地殻）がどれくらい水平方向に変形しているかを示している世界地図です。

歪速度とは、どんな物体の運動にも使うことができますが、地面の運動で例えると、地面が動いた速度（単位はm/s、メートル毎秒）を地面が動いた長さ（単位はm：メートル）で割った量です。単位は、メートル毎秒×メートル（m/s÷

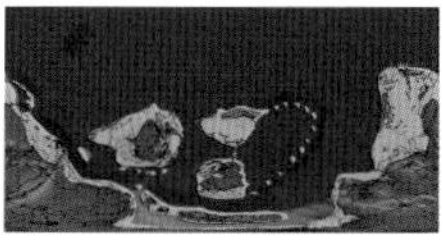

m）なので、結局「毎秒（1/s）」というちょっと不思議な単位になります。

「歪み」という言葉は、物理の世界では、「ゆがみ」ではなく、「ひずみ」と読みますが、「ひずみ」のほうが、むしろ一般的に広く使われ、「社会の歪み」とか「人間関係の歪み」とかたいてい悪いイメージで使われがちです。物理量でいうところの歪《ひず》みは、物体が伸びたり縮んだりして、どれくらい変形したかという量（変形量、単位はm）を、物体のもとの長さ（単位はm）で割った量ですので、単位はm/mになります。つまり、歪みは物体の伸び縮みを比率で表した量ですので、単位をもたない量になります。

「地殻変動」のみならず地球の内部で起こるさまざまな運動を理解するうえで、重要な情報は、地球の表層や内部を構成する岩石の「固さ」、つまり、これから本書で頻繁に出てくる「粘性率」です。粘性率は、物体の粘り気の程度を表し、物体が固ければ大きく、軟らかければ小さくなる値です。そして、物質を変形させるのに必要な力（応力、単位はパスカル：Pa）を歪速度（単位は1/s）で割った値で定義されますので、パスカル・秒（Pa・s）という単位で表されます。次節では、「歪速度」や「粘性率」というキーワードを理解した上で、「地殻変動」が地球上のどこで起こりやすいのか考えてみましょう。

1-3 プレートは固いのか軟らかいのか

地球のもっとも外側はリソスフェアとよばれる冷たくて固い層に覆われています。リソスフェアは、大気や海水で冷やされた地表面から高温のマントル内部を繋ぐ層のことで、温度が深さ方向に大きく変化します。プレートとは、そのリソスフェアが地球上でバラバラになったものです。プレート境界とは、地球の内部の熱をゆっくりと表層に放出し続ける過程で発生するリソスフェアの割れ目のことで、個々のプレートを形作るだけではなく、プレート同士が離れたり、衝突したり、すれ違ったりできる役割を果たしています。また、本当に無限小の厚さをもった境界（断層）だけではなく、ある幅をもった境界の周辺、つまり、プレートの縁もプレート境界に含まれます。

地球上には10数枚のメジャーなプレートがありますが、このほかにも、一般的に「マイクロプレート」とよばれる小さいプレートが数多くあります（図1−4）。特に、オーストラリアプレートが太平洋プレートの下に沈み込む西太平洋の地域はテクトニクスが非常に複雑で、多くのマイクロプレートが密集しています。2011年に発表されたプレート運動モデルでは、地質学的なデータのみからプレートの運動方向と速度が精度良く決められる25枚の主要なプレートと、宇宙測地技術を用いた高精度な人工衛星データの解析から運動が決められる31枚の小さいプレートの、計56枚に分けられています。そして、これら56枚のプレートが、それぞれ、年間で平均何センチメートルの速度で、どの方向に動いているかというデータが提供されています。

図1−4ではプレート境界は線で描かれていますが、本当は、プレート境界はある幅をもっています。図1−5は、2014年に米国ネバダ大学が発表した最新の「全地球歪速度マップ」で使われている歪速度データを用いて、

図1−4　世界のプレート境界と、大小のプレート

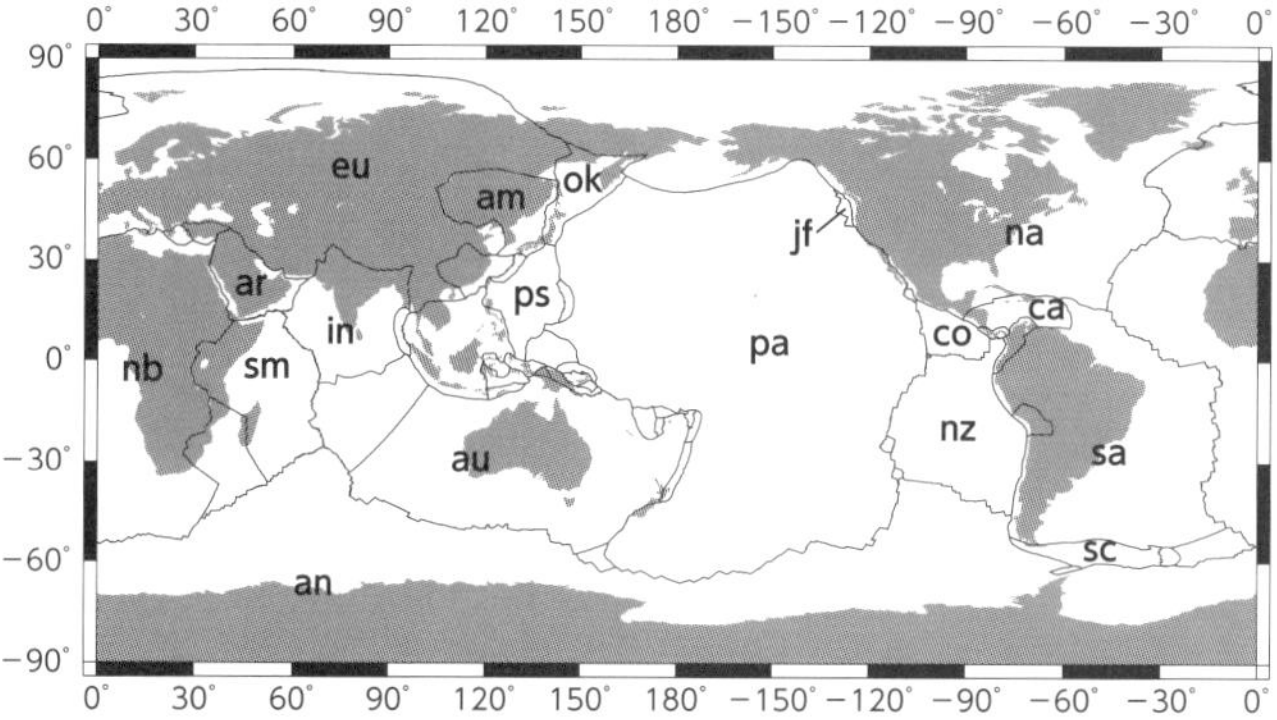

pa、nz、ps、ok、ca、co、scは代表的な海洋プレートで、それぞれ、太平洋プレート、ナスカプレート、フィリピン海プレート、オホーツクプレート、カリブプレート、ココスプレート、スコシアプレート（面積の大きい順）。nb、an、na、eu、sa、au、sm、in、am、ar、jfは代表的な大陸プレートで、それぞれ、ヌビアプレート、南極プレート、北米プレート、ユーラシアプレート、南米プレート、オーストラリアプレート、ソマリアプレート、インドプレート、アムールプレート、アラビアプレート、ファンデフカプレート（面積の大きい順）。Argus et al.（2011）とBird（2003）のデータにもとづく

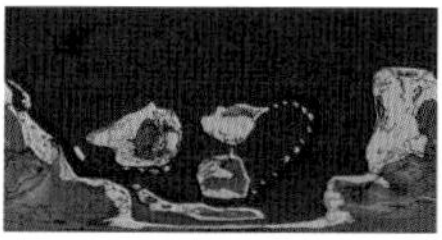

地球上のプレートの粘性率の分布を表したものです。変形がごく小さい「普通の状態」のプレートの粘性率は10^{24}Pa・s以上ですが、ユーラシア大陸南縁や北米大陸西岸、インドプレートとオーストラリアプレートの境界付近は10^{22}〜10^{23}Pa・sと小さくなっています。そして、沈み込み帯や海嶺ではさらに小さくなり、10^{21}Pa・s以下になります。

歪速度と粘性率は反比例の関係にあるので、図1―5の赤い部分は歪速度が大きく粘性率が小さい場所、青い部分は歪速度が小さく粘性率が大きい場所です。さらに粘性率が大きい場所は白色で塗られています。観測データをカバーしている地域が不十分な場所もあるので、この図が正確にそのままリソスフェアの固さの分布を表しているわけではありませんが、「地殻変動」を大きく理解するうえではこの図で十分です。図1―5を見ると、環太平洋の海洋プレートと大陸プレートの境界に沿って赤っぽい筋になっていて、ユーラシアプレートや北米大陸の一部で青くなっているところが拡がっています。

もっとも興味深いのは、インド半島がユーラシア大陸の南縁にぶつかっているところです。「普通の状態」のプレート（白色領域）と比べて、よく変形していることがわかります。また、アラビア半島を乗せているアラビアプレートや、アフリカ大陸の大部分を乗せているヌビアプレートも北方向に動いてユーラシア大陸にぶつかっているので、結局、東アジア・南アジアから中東を越えて、地中海のあたりまで広く帯状にずれが拡がっています。ほかに、北米プレートは西方向に移動して太平洋プレートにぶつかっているので、北米大陸西部でも変形が広範囲に拡がっています。また、インドプレートとオーストラリアプレートの境界付近でも変形が大きくなっています。この領域は二つのプレートがほぼ同じ方向に動いていますが、プレート運動の大きさの違いにより、ずれが拡がっていると考えられます。

１９９０年になって、NUVEL-1とよばれる、世界のプレート運動の本格的なモデルが米国から発表される以前は、インドプレートとオーストラリアプレートは同じプレートと扱われていましたが、プレート運動の大きさが、インド半島を含む北西部で比較的小さく、オーストラリア大陸が乗っている南東部で大きいことがわかり、別々のプレートと認識されるようになりました。現在のモデルでは、その運動速度の差は年間０・５センチメートル程度と見積もられていますが、これはわずかな差に思えても、何十万、何百万年という時間スケールで見れば大きな違いになります。

海洋プレートと大陸プレートが衝突する海溝については、もう少し丁寧な説明が必要です。本当に軟らかい場所は、沈み込み帯の境界というよりはむしろ、2つの場所に分かれます。その一つは、海洋プレートが大陸の下に沈み込もうとして無理矢理折れ曲がるときに、折れ曲がる直前でプレートがたわんで軟らかくなっている、アウターライズとよばれる場所です。もう一つは、大陸プレート側の縁が、海洋プレートが衝突することにより、その縁で地形が盛り上がり、変形して軟らかくなっている場所です。このように、海溝を挟んだ両側のプレートの縁でも変形が大きくなります。

結局、図1-5が示している重要なことは、私たちの足下にあるプレートは岩石でできていて一見、固そうですが、観測結果によると、プレートといっても、固い場所と軟らかい場所があるということです。特に、広範囲に変形が進行している軟らかい場所は、「拡散プレート境界」とよばれるプレート境界の一種として扱う考えもあり、プレートを変形しない物体（剛体）として扱う本来のプレー

図1－5　地球のリソスフェアの歪速度と粘性率分布

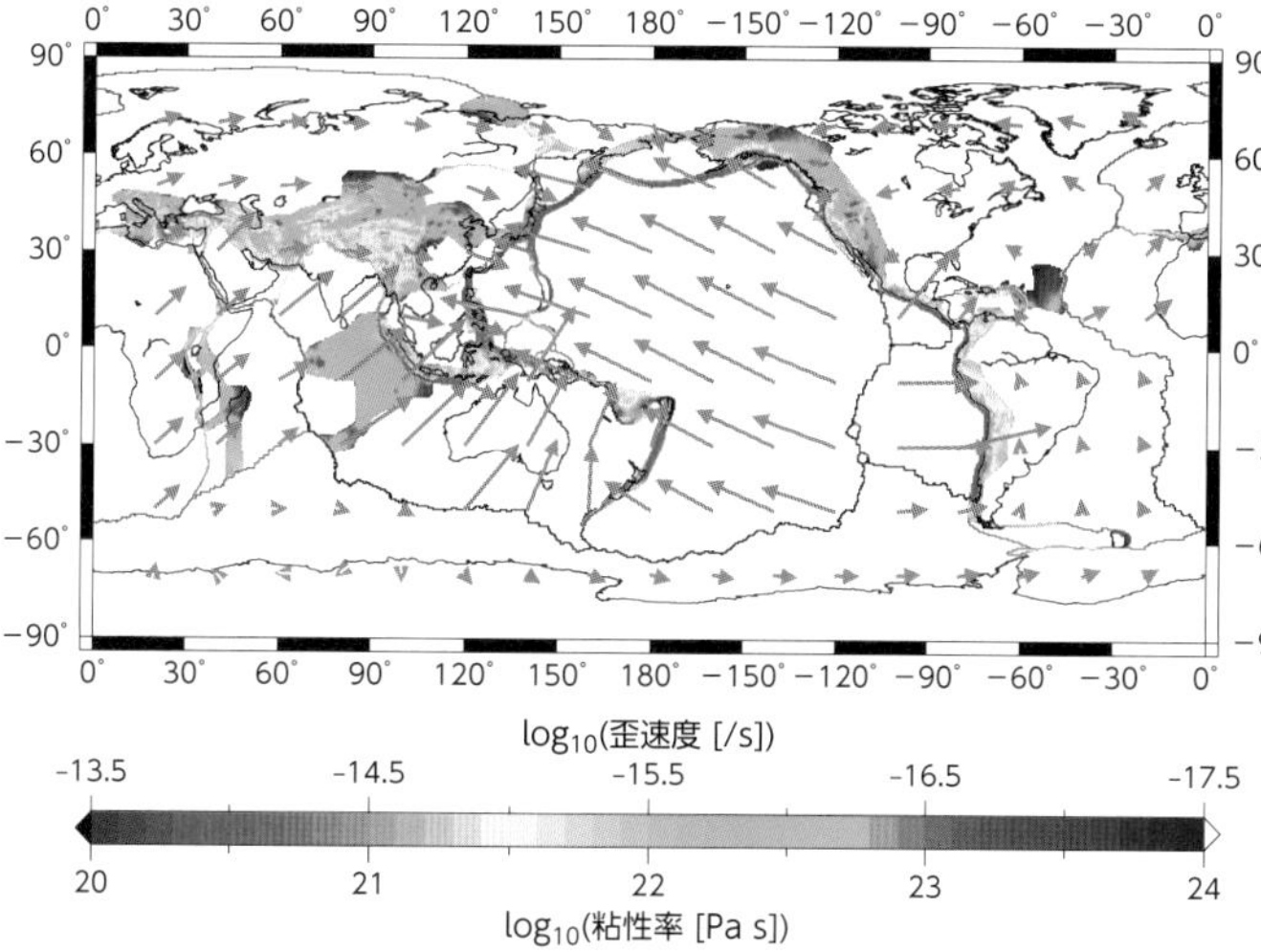

Kreemer et al. (2014) のデータにもとづく。対応するリソスフェアの粘性率は著者の見積もりによる。

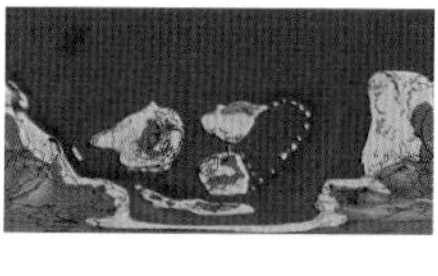

トテクトニクスの考え方の枠を超え（第2章）、「地球表面は固いプレートで覆われている」という教科書的な常識が将来覆される可能性があります。

　見方を変えれば、プレートはガチガチの剛体ではなく、適度に固いがために、地球上にあるたくさんのプレートが、互いにいつまでもぶつかり続けたり、一方のプレートの上に他方のプレートがいつまでも乗り上げたりせず、つまり、「無駄な衝突」を避けながら、地球上の限られたスペースで「陣取り合戦」をしているということです。それはまるで人間社会のようです。

1-4 プレートはなぜ動くのか

　海嶺下では高温のアセノスフェアから生じたマグマが冷やされて生成されたプレートが左右に拡大しますが、海嶺から遠ざかるほど、つまり、生成されてから時間が経つほど厚くなります。それは、海水の冷たい温度が熱伝導によりプレートに伝わっていくためですが、理論的には時間の平方根に比例して厚くなっていきます。しかし、ある年代（約6000万年）より古くなると、その下のマントルの加熱により一定の厚さになることも太平洋プレートの観測で知られています。そのようなプレート同士の陣取り合戦の仕組みを理解するためには、プレートに働くさまざまな力を知る必要があります。

　図1―6は海洋プレートと大陸プレートに働くさまざまな力を示しています。このうち、「スラブ引っ張り力」と「スラブ抵抗力」は、マントルに沈み込むプレート（スラブ）にかかる力です。前者は低温で密度の大きいスラブが地球上で水平方向に運動するプレートをマントルに引き込もうとする力で、後者はマントルの粘性によって沈み込むスラブの先端にかかる抵抗力であり、スラブ引っ張り力とは逆に沈み込みを妨げるように働く力です。

　「リッジ押し力」は、言葉からは少しイメージがしにくいのですが、プレートの底面に作用しプレート運動を推進する力です。海嶺（リッジ）で生まれるプレートは、海嶺から離れるにつれて、つまり、先に書いたように、年代が古くなるにつれて海水の冷却により厚くなります。すると、プレート側からみれば、その下にあるマントルの上は滑り台のようですが、マントル側から見れば、年代にしたがって厚くなるプレートの底の斜面を水平方向に押すような力を与えていることになります。リッジ押し力という言葉は後者の立場によって名付けられたものです。

「マントル引きずり力」は、プレート直下のマントルの流れがプレートの底面を引きずる力です。この力を理解するために、プレートとマントルの相互作用を二次元的に表した簡単な図を使って、プレートがガチガチでまったく変形しない、つまり、プレートの粘性率が無限大で剛体的な場合と、有限の粘性率をもって変形する場合とを考えてみましょう（図1－7）。プレートが剛体的な場合（図1－7（a）、（b））では、プレート運動とマントルの流れは独立しているので、マントルの流れの方向がプレート運動と逆向きであろうと同じ向きであろうと、プレート運動はマントルの流れの影響を受けません。また、プレートは剛体と仮定しているので、プレートの内部にかかる力もマントルの流れの大きさに影響を受けません。

一方、プレートが有限の粘性率をもって変形する場合は（図1－7（c）、（d））、マントルの流れの方向はプレート運動の原動力に影響を与えます。プレート運動とマントルの流れの方向が

図1－6　海洋プレートと大陸プレートに働く力

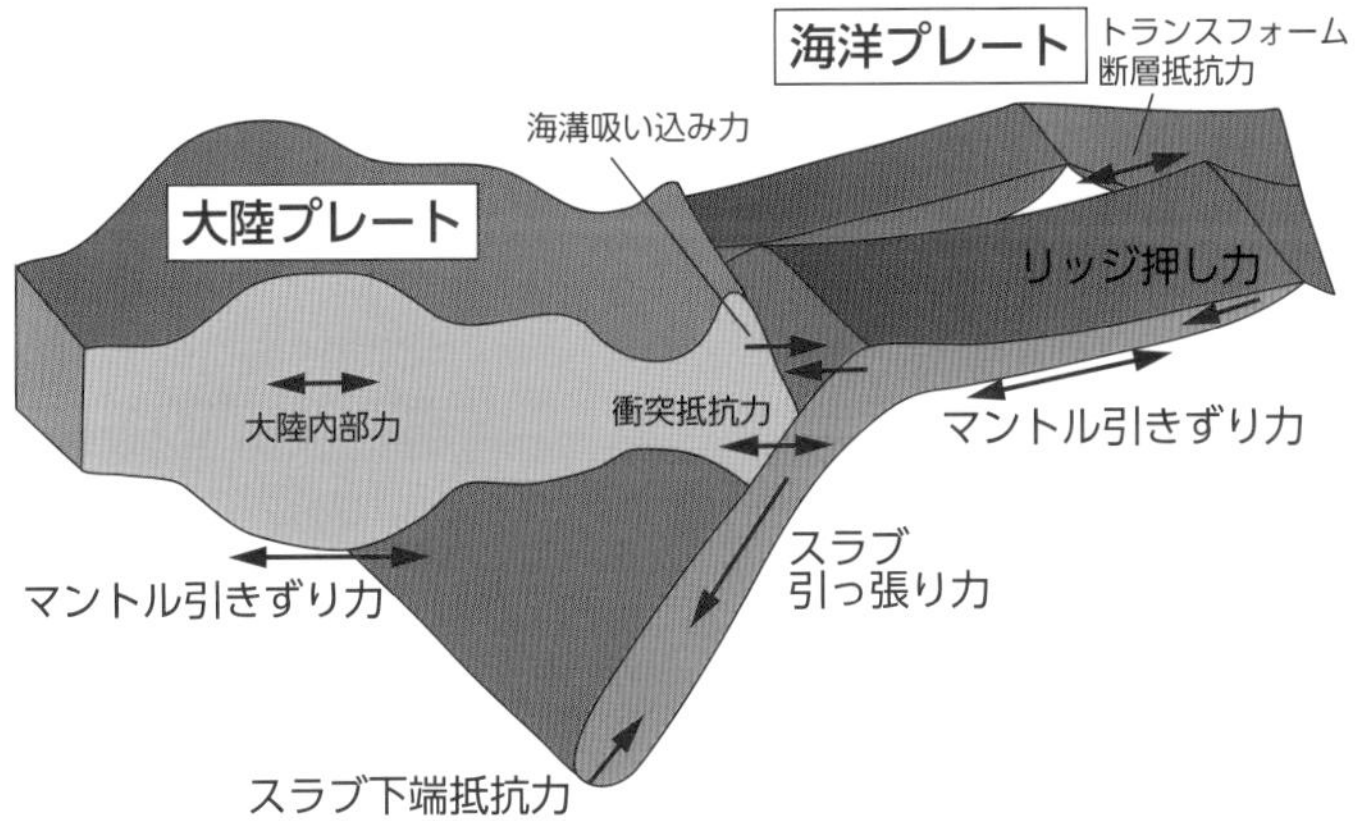

矢印の向きは力が働く向き。吉田（2015b）より

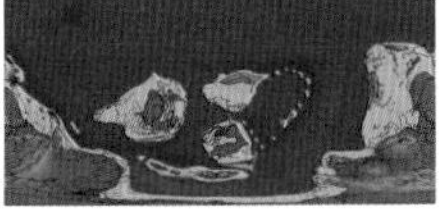

同じであるとき、マントルの流れの速度がプレート運動よりも小さいと、プレート側からみればマントルの流れは自身の運動を妨げる抵抗力になります（図1―7（c））。逆にマントルの流れの速度がプレート運動よりも小さいと、プレート側からみればマントルの流れは自身の運動を後押ししてくれる力になります（図1―7（d））。実際の地球では、マントル引きずり力がプレート運動にとって抵抗力なのか推進力なのかは場所によります。

　そして、これらの力のほかに、プレート境界で接する二つのプレートの運動速度と運動方向が異なれば、プレート境界に力（プレート境界力）が生まれます（図1―6）。「衝突抵抗力」とは、二つのプレートが衝突するとき、一方のプレートが他方のプレートから受ける水平方向の力で、逆に、「海溝吸い込み力」とは、二つのプレートが離れるとき、その隙間を埋めるべく、速度の小さいプレートが速度の大きいプレートから離れないように、つまり、海溝に吸い込まれるよう働く見かけ上の力です。そして、「トランスフォーム断層抵抗力」とは、二つの海洋プレートがトランスフォーム断層とよばれる横ずれ断層によってずれるとき、その断層面にかかる摩擦抵抗力です。

　図1―6のそれぞれの力の大きさを調べることは、現在でも固体地球科学の最重要問題の一つで、はっきりと答えが出ているわけではありませんが、さまざまなアプローチから相対的にどの力が大きいのか、どの力がプレート運動の「主要な原動力」として働いているのか、という議論は進んでいます。プレート運動の原動力の理解で特に重要な力は、スラブ引っ張り力、リッジ押し力、マントル引きずり力で、三つのプレート境界力は、それらの力に比べると無視できるほど小さいと考えられます。そこでまず、スラブ引っ張り力か、リッジ押し力がプレート運動の「主要な原動力」になっているという前提条件のもとで、マントル引きずり力に焦点を当てて思考実験をしてみましょう。

　観測事実として、プレートの運動速度とプレートの面積には相関がないことがわかっています。仮にマントルの流れがプレート運動にとって抵抗力と働くとします。マントル引きずり力の総和がプレート運動の抵抗力として働くとすると、マントル引きずり力はプレートの面積に比例するので、一番面積の大きい太平洋プレートはもっとも抵抗を受けて、その速度は一番小さくなるはずです。しかし、実際には太平洋プレートは、プレートの面積がずっと小さいココスプレートやナスカプレートとほぼ同じ速度（年間約7センチメートル）で動いています。したがって、マントル引きずり力がプレート運動の抵抗力として働いているとは考えられません。

　つまり、マントル引きずり力は、プレート運動の推進力として働いているか、仮に抵抗力として働いているとしても、その力は有意に小さいということになります。このことは、基本的には、プレートはその下の粘性率の小さいマントル（アセノスフェア）と一緒に動いていることを意味します。プレートはもともと、対流運動するマントルが大気や海水で冷却されてできた、温度が深さ方向に急激に変化する層（熱境界層）であり、マントルの一部であるため、不思議なことではありません。

　プレートテクトニクス理論が誕生した直後の1970年代には、地球上のメジャーなプレートの運動速度や運動方向のデータを使い、プレートを変形のない完全な剛体と仮定し、さらに、プレート運動を球面上でのある極（オイラー極）を中心とした回転運動と仮定しました。そして、地球上のそれぞれのプレートに働くトルク（プレートを回転運動させる力）を足し合わせるとゼロになるはずだという仮定のもとで、プレート運動にかかる力の相対的な大きさを見積もる研究が行われました。

　それによると、スラブ引っ張り力はリッジ押し力よりも圧倒的に

図1－7　プレート運動とマントルの流れの関係

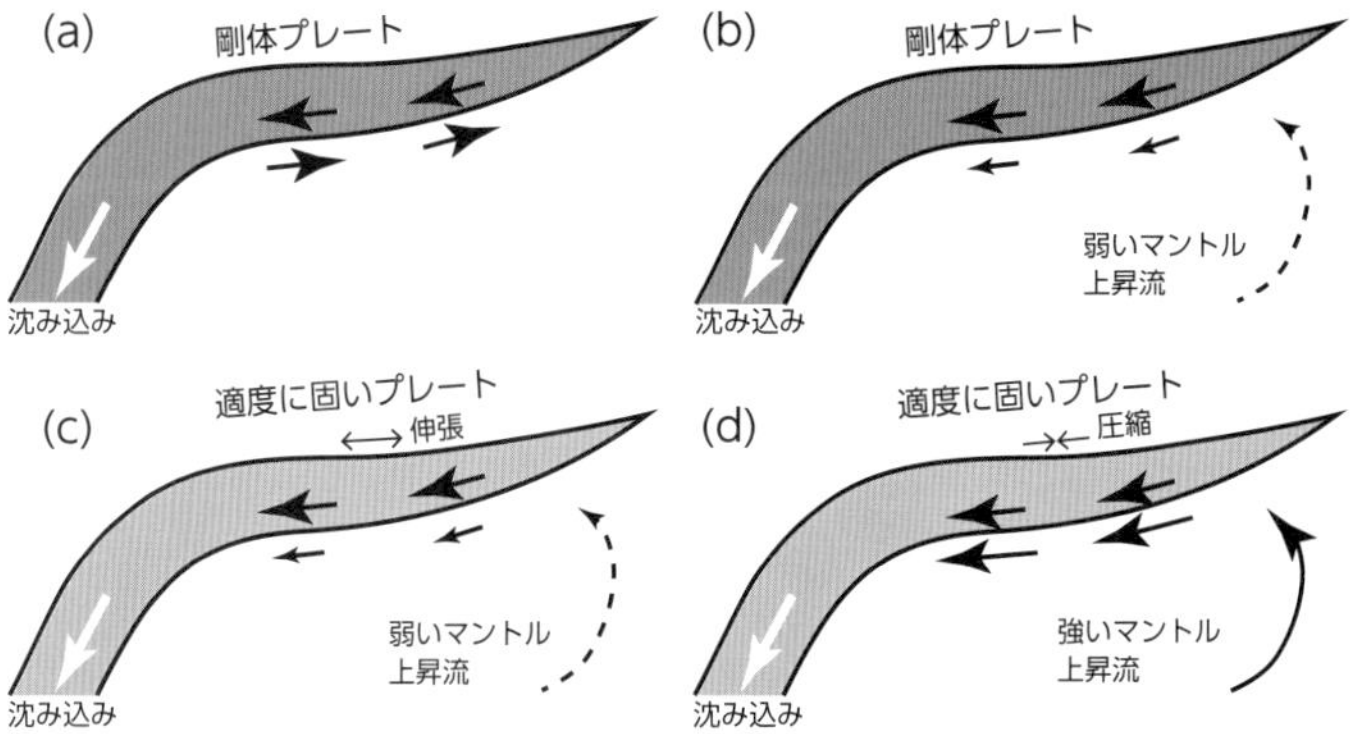

(a) と (b) はプレートが剛体に近い（ほとんど変形がない）場合。(c) と (d) はプレートが適度な粘性率をもつ場合。Yoshida (2023) より

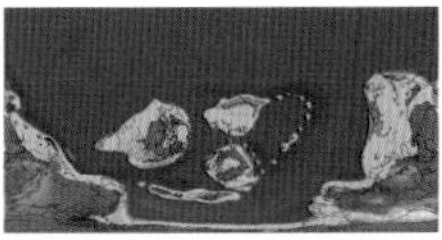

大きく、つまり、プレート運動の「主要な原動力」がスラブ引っ張り力であることがわかりました。また、スラブ引っ張り力とリッジ押し力の大きさは、流体力学にもとづく理論計算から定量的に推定することができ、スラブ引っ張り力がリッジ押し力よりも一桁程度大きいという結果が得られています。図1―6の「スラブ下端抵抗力」は、スラブの先端が周りのマントルから受ける抵抗力で、スラブ引っ張り力を妨げる力ですが、スラブの粘性率は上部マントルの平均的な粘性率よりも高いので、その力は小さいものと考えます。

　スラブ引っ張り力がプレート運動の「主要な原動力」であるという結論は、現在の地球科学でも広く受け入れられ、これは、プレートを完全な剛体と仮定しても説明が可能です。しかし、実際には、図1―5で見たとおり、プレートは有限の粘性率をもち、完全な剛体運動をしているのではなく、内部変形を伴いながら運動したり、沈み込んだりしますので、一筋縄には結論づけられない場合もあります。さらに、マントル引きずり力の大きさを知るためには、プレートをマントル対流システムの一部として扱った数値シミュレーションが必要になります。これについては本書の第4章で紹介します。

1-5 プレートは動き続けるのか

　本書の第6章では、地球の将来について考えます。これは、現在の地球上で当たり前のように運動しているプレートが、遠い将来も、あるいは、永遠に動き続けるのかという疑問にも関係します。これを考える前に、まず、過去の地球に思いをはせてみましょう。

　地球がいつできたのか？という問題は19世紀から物理学や地質学者を悩ませてきました。この問題の解決は、まず、1896年にフランスのアンリ・ベクレル（1852―1908）が、ウラン鉱石が放射線を発すること、1898年にその学生のマリ・キュリー（キュリー夫人：1867―1934）がウラン以外の鉱石からも放射線を発することを発見したことから始まります。そして、紆余曲折の後、半世紀以上経った1953年になって、米国の地球化学者、クレア・キャメ

column

プレートはいくつあるのか

図1—4に示したように、最新の世界のプレート運動モデルでは、地球上にはメジャーなプレートとマイクロプレートを合わせて、56枚のプレートの存在が報告されています。

マーク・ブキャナン氏の『歴史は「べき乗則」で動く』という本があります。「べき乗則」とは、ある観測量が、別の観測量のべき乗に比例する法則で、さまざまな自然現象で見られる法則です。固体地球科学でもっとも有名なべき乗則は、地震のマグニチュードと地震の発生頻度との関係です。M8クラスの巨大地震が日本列島周辺のどこかで10年に1回程度発生するとしたとき、M7クラスの大地震となると、1年に1回程度、そして、M6クラスの中地震は1年に10回程度、M5クラスの小地震は1年に100回程度…、というように、マグニチュードが1小さくなると、地震の発生頻度はほぼ10倍になります。この法則は、発見者であるドイツの地震学者、ベノー・グーテンベルグ（1889-1960）と米国の地震学者チャールズ・リヒター（1900-1985）にちなんで「グーテンベルグ・リヒター則」とよばれます。

ブキャナン氏の本には、地震のほかにも、凍ったジャガイモを割ったときの破片の大きさはべき乗則に従うといった、さまざまな自然現象のべき乗則の話や、都市の大きさや戦争の規模といった人間活動に関係することにもべき乗則が当てはまると紹介されています。プレートも、リソスフェアがバラバラに「破壊」されたものですので、凍ったジャガイモや、あるいは、ガラス板を割ったときと同じように、大小56枚あるプレートの大きさにもべき乗則が成り立つかどうか気になります。

図1-8は、横軸に各プレートの面積を地球の表面積で割った値（S）、縦軸に各プレートの面積が大きい順に1位から56位まで数字（N_c）を割り当て、それぞれを対数でプロットした図です。このプロットができるだけ直線に乗るほどべき乗則が成立することになります。これを見ると、明らかに直線に乗らない、面積の小さいくつかのプレート（青色の丸）は除くと、ほとんどのプレートは二本の直線上（直線AとB）に乗っていることがわかり、これは、地球上のプレートの大きさが、ほぼ、べき乗則にしたがっていることを意味します。

さらに興味深いことは、なぜ二本の直線に分かれるのかということです。直線Bに乗っている7つのプレートは、お気づきの読者もいると思いますが、太

平洋プレートを除き、すべて大陸プレートです。これらの大陸プレートは厚い大陸をもっているがためにマントルの流れのスケールに規定され、海洋プレートとは独立したべき乗則をもっていると考えられますが、太平洋プレートが海洋プレートにもかかわらず直線Aに乗らないことから、おそらくある程度大きなプレートは地球の表面積が限られているため、直線Aから外れるのだとも考えられます。

図1－8　地球上のプレートの面積のべき乗則

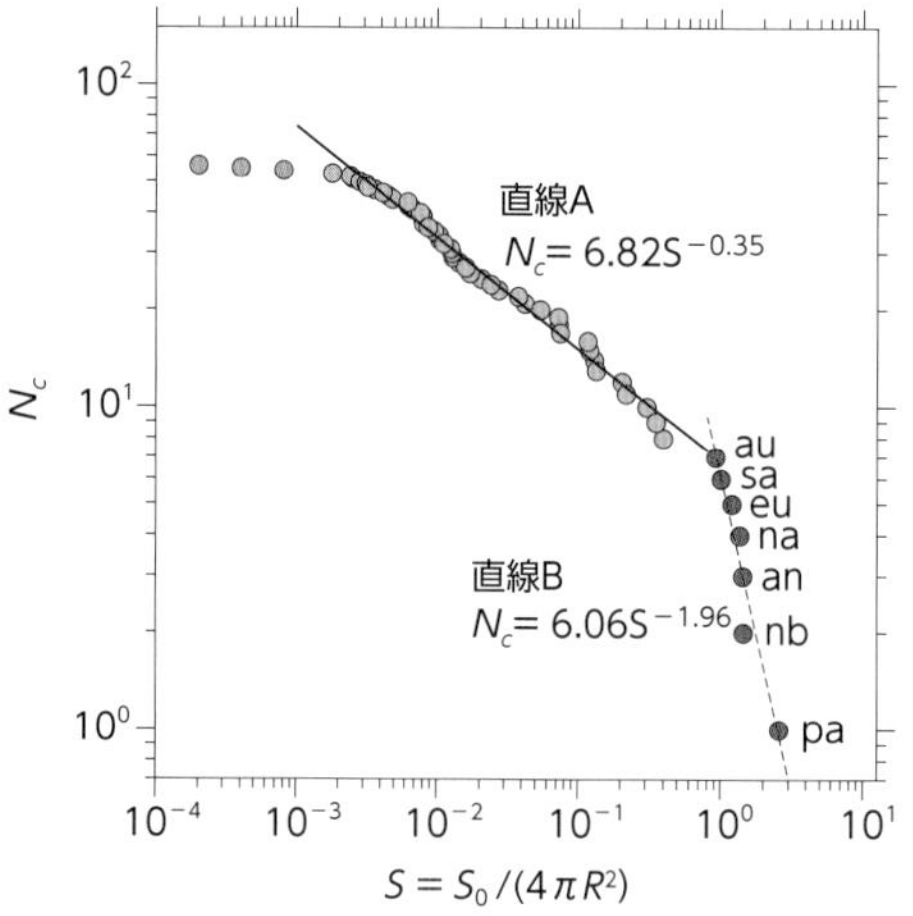

横軸は各プレートの面積（S_0）を地球の表面積（$4\pi R^2$；Rは地球の半径）で割った値（S）。縦軸はプレートの面積の大きい順（N_c）。pa、nb、an、na、eu、sa、auは、それぞれ、太平洋プレート、ヌビアプレート、南極プレート、北米プレート、ユーラシアプレート、南米プレート、オーストラリアプレート（図1－4）。Argus et al. (2011) のデータにもとづく

ロン・パターソン（1922―1995）が、地球に落下した隕石の放射性年代測定を行うことにより、地球の年齢を隕石の形成時期と同時期の約45億5000万年と初めて決定しました。その後の研究により、現在では、地球の年齢は1%以下の誤差で特定され、約45億4000万年（±5000万年）とされています。

地球の年齢を物理的に見積もることは、高温の炎に放り込んで加熱した鉄球を暫くしてから取り出し、それを地面の上において鉄球の表面がある温度にまで冷えるまでの時間を見積もることと、物体のスケールの違いこそあれど、同じです。この見積もりでは、熱伝導の基本法則であるフーリエの法則を使います。フーリエの法則は、フランス人の数学者であるジョゼフ・フーリエ（1768―1830）が発見したもので、物体内で熱が高温側から低温側に移動する速さは、物体の熱伝導率（熱の伝わりやすさ）と温度勾配（ある距離間での温度差）の積で表されるというものです。この法則を、熱伝導を支配する微分方程式に組み込むと、高温の物体がある表面温度まで冷えるのにかかる時間は、熱伝導率と、物体表面の温度勾配の2乗の積に反比例することがわかります。これは、直感的にも容易に想像できるとおり、熱伝導率が大きいほど、また、物体表面から熱を逃がす速度が大きいほど、物体が速く冷えることを意味します。そして、これらの値と、物体固有の物理的性質（密度や比熱）を表す値を代入することで、具体的な時間が求まります。

地球の年齢の問題で、もっとも有名な人物は、アイルランド生まれでイギリスの物理学者であったウィリアム・トムソン（1824―1907）です（図1―9(a)）。トムソンは1892年に男爵の称号が与えられた後はケルヴィン卿として知られています。ケルヴィンは、1862年に、地球表面の熱流量と岩石の熱伝導率の値を用いて、地球の年齢を2000万年から4億年の間と見積もり、もっとも若い方をとって、地球の年齢は2000万年と結論しました。この結果は、泥や砂などが堆積する速度と実際に観察される地層の厚さから、地球の年齢はもっと古いと考える学者や、地球の年齢は無限大とさえ考える学者がいた当時の地質学界の意見とは真っ向から対立しました。

ケルヴィンが地球の年齢を正しく見積もれなかったことで、よく誤解されるのは、ケルヴィンが地球内部の放射性元素の壊変による発熱量（崩壊熱）の存在を知らなかったためとされていますが、地球内部の熱源を考慮してもフーリエの法

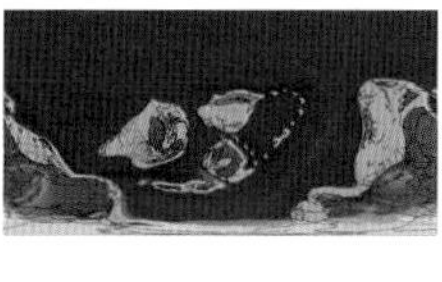

則から見積もられる地球の年齢はさほど違いはありません。世界の地殻熱流量は現在も観測データが蓄積されつつありますが（第2章）、最新のデータをもとに、ケルヴィンが用いた式で地球の年齢を再計算したところ、もう少し絞られて約４３００万年から約1億７０００万年になり、これは放射性元素の発熱量を考慮しても大きく変わるものではありません。

物体の熱の伝達手段としては、熱伝導のほかに、物質の移動によって熱を運ぶ熱対流があります。ケルヴィンの見積もりで欠けていたのは、熱伝導率など地球内部の物性値を一定にしていたのに加え、熱伝導よりも効率的に熱を運ぶ熱対流が考慮されていなかったことです。これは当時、イギリス・グラスゴー大学のケルヴィンの助手で、アイルランド人の数学者、ジョン・ペリー（１８５０―１９２０）（図１―９（ｂ））によって、放射能が発見される前の１８８５年に「地球の内部が対流する流体からなるとするとケルヴィンの地球の年齢は若すぎる」と指摘しました。これはつまり、熱対流が地球内部の熱を宇宙空間に逃がすもっとも主要な手段だとすると、地球の年齢がもっと古くても現在の地球表面の温度を説明できるのではないかということです。また、地球表面の熱伝導率が地球内部のそれよりも小さいときは、地球表面が内部に比べて相対的に熱を伝えにくい蓋の役割をするようなものなので、地球の年齢はケルヴィンの見積もりよりも古くなるだろう、とも指摘しました。この指摘も現在、岩石学的に見積もられている地球内部の熱伝導率分布から見れば、おおよそ的を射ています。

しかし、当時ケルヴィンが物理学界の権威であったという理由などから、ペリーの指摘をもとに地球の年齢を再検討されることはありませんでした。また、地球の年齢に興味を持つ地質学者は、ケルヴィンやペリーのような物理学的な手法で地球の年齢を決めようとする研究者とは対立し、彼らの見積もりを鼻から信用しておらず、議論は停滞していました。なお、ペリーは明治政府から東京大学に招かれ、日本の教育改革運動にも尽力し、データを視覚的するため方眼紙を日本に広めた人物としても知られています。

地球内部の熱が熱対流という物質の移動によって運ばれているという現在の地球科学の常識が理解されるようになった

のは、それから半世紀もたった後です。第2章で触れるとおり、イギリスの地質学者であったアーサー・ホームズ（1890—1965）は、地球内部の熱の輸送手段として熱対流の概念を初めて取り入れ、マントルが大規模に対流運動するイメージを描き出しました。また、ドイツの気象学者、アルフレッド・ウェゲナー（1880—1930）の「大陸移動説」以来、謎に包まれていた大陸移動の原動力が、マントルに含まれる放射性元素の壊変による熱（崩壊熱）であると考えました。

地球には、崩壊熱に加え、約45億4000万年前の地球誕生時に蓄えられた莫大なエネルギーによる「始原熱」があります。マントルが対流しているのは、地球の表面が大気や海水によってほぼ一定温度で冷やされているのに対し、地球の内部にこういった熱源があり、地球の表面と内部とで温度差があるからです。したがって、始原熱も崩壊熱も使い切れば、地球内部から熱源が完全になくなり、マントル対流が停止し、やがてプレート運動や大陸移動も停止します。地球のプレート運動はマントルの熱対流運動システムの一部ですので、マントル対流が停止するとプレート運動やプレートテクトニクスによる「地殻変動」は確実に停止してしまうのです。

一方、惑星探査からは、現在の金星や火星の表面は一枚の岩盤で覆われており、プレート運動があるようには見えません。しかし、地球、金星、火星といった地球型惑星や地球の衛星である月のマントルが内部熱源を失い、マントル対流が完全に停止するのは、単純な理論解析からは、おそらく、早くても100億年以上先で、プレート運動が停止しているからといって、惑星内部のマントルの対流活動が停止しているとは限りません。本書の第4章では地球のマントル対流について、第6章では地球の将来の予測を行うための比較対象として金星や火星のマントル対流についてできるだけ詳しく触れたいと思います。

本章では固体地球科学を理解するうえで基本となるプレートテクトニクスにまつわる話題について触れました。地球の将来を決めるのは、プレート運動として観測される地球表層の運動ですが、地球の将来予測やその検討材料になる地球の過去の歴史にまつわるさまざまな問題を突き止めていく上で、プレート運動の中でも、大陸移動を研究することは避け

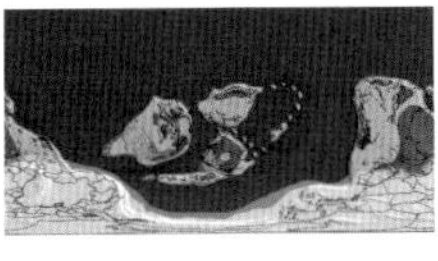

られません。それは、現在の地球上でもっとも古い海洋プレートは2億年前にも満たず、約45・5億年の歴史の謎を解き明かすには、大陸に残されたさまざまな地球科学的証拠に頼らざるをえないからです。そこで、次章では、まず、大陸移動の研究の歴史から見た固体地球科学の発展に続き、現在わかっている地球内部の構造や運動について紹介します。

図1－9　(a) ウィリアム・トムソン（ケルビン卿）、(b) ジョン・ペリー

(a) 米スミソニアンライブラリーのウェブページより、(b) England (2007) より

第2章

大陸移動から見た地球の内部

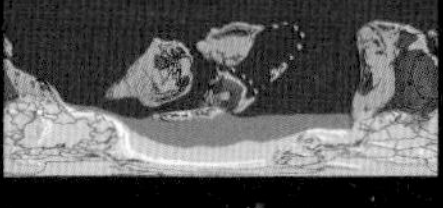

2-1 大陸移動説からプレートテクトニクス理論へ

1912年にウェゲナーがドイツのフランクフルトで開かれた地質学会で初めて「大陸移動説」を提唱した300年以上も前に、フランドル人の地理学者、アブラハム・オルテリウス（1527—1598）が南米大陸の東海岸とアフリカ大陸の西海岸の海岸線が似ていることに気づきました。オルテリウスは世界で初めて近代的世界地図を作成した人物です。その背景には、15世紀後半のいわゆる大航海時代に、クリストファー・コロンブス（1451?—1506）やヴァスコ・ダ・ガマ（1460?—1524）、フェルディナンド・マゼラン（1480—1521）らが世界探検によって、紀元前にピタゴラス（前582—前496）やアリストテレス（前384—前322）、エラトステネス（前275—前194）といった古代ギリシャ人が提唱した「地球は丸い」を実証できたことがあります。

ウェゲナーの仕事が偉大とされるところは、当時の地形学、地球物理学、地質学、古生物学、古気候学などの知識を集約し、大陸の海岸線の形のみならず、各大陸に存在する地質帯の分布や動植物の化石の分布、昔の気候を示す氷河の痕跡など、断片的な証拠だけを手がかりに、大陸移動説を論じ、超大陸「パンゲア」を復元したことです。1915年に出版した『大陸と海洋の起源』に掲載されているパンゲアの図は、今世紀になっても最新の地球科学的データにもとづいてアップデートされ続けているパンゲアの復元モデルと比較してもまったく遜色がないといってよいくらいです。

『大陸と海洋の起源』が出版された1915年はまさに固体地球科学の幕開けと言ってよいかもしれませんが、よく知られているように、ウェゲナーの大陸移動説は、当時批判が多く、学界でも支持する人は少数でした。特に、イギリスの数学者であり地球物理学者であったハロルド・ジェフリーズ（1891—1989）は、大陸移動を生じさせる原動力を説明できていないと主張し、大陸移動説の反対派の急先鋒でした。

ウェゲナーは、地球上に「シマ」と名付けた地下の玄武岩質（海洋地殻に相当）の層と「シアル」と名付けた花崗岩質の大陸地殻があることを指摘しました。シアルがシマの上に氷山のように浮いているイメージであったようです。しかし、1920年代当時は、シマを対流させる原動力が何であるかがわからなかったため、ウェゲナーが1930年にグリーンランドの探検中に亡くなった後、四半世紀の間、大陸移動説に関する議論は学界で停滞しました。日本だけでなく、ドイツ、イギリス、フランス、アメリカでも地質学者の多くは大陸移動説に消極的でした。しかし、よく一般書で「大陸移動説は消え去られた」のような説明がなされますが、それは正しくなく、学界での議論が停滞したといっても、大陸移動説は世界中に広まりました。

1922年発行の『大陸と海洋の起源』の第3版は1924年から1928年にかけて、英語、仏語、スペイン語、ロシア語、スウェーデン語、日本語に翻訳されました。1922年12月には第3版がイギリスの科学雑誌『ネイチャー』に紹介されました。日本でも、ウェゲナーの大陸移動説と日本の地質学的データを具体的につきあわせた研究は行われませんでしたが、何人かの研究者によって世に広める努力がなされました。旧東京帝大の地理学者であった山崎直方（1870―1929）は大陸移動説を日本へ紹介した最初の人物とされ、1922年に雑誌『学芸』に大陸移動説の紹介記事を初めて発表しました。山崎はその約8年も前、おそらく1915年出版の『大陸と海洋の起源』以前にウェゲナーの大陸移動説を何らかの形でいち早く知り、1914年7月の自分の講演で「シアル」や「シマ」という言葉を使用したとされています。

日本での大陸移動説の普及にもっとも貢献したのは、物理学者で随筆家でもある寺田寅彦（1878―1935）でした。寺田は1923年の日本天文学会の春季定会で「ウェゲナー大陸移動説」というタイトルで講演し、1927年から1928年には大陸移動説にヒントを得て、日本海拡大の論文を発表しました（詳細は第5章）。寺田の直弟子で、地球物理学者の坪井忠二（1902―1982）は、1931年の著書で大陸移動説を詳しく紹介しましたが、実際は大陸移動説には無関心で、肯定的でも否定的ではなかったようです。しかし、寺田と坪井の共著の『地球物理学』第2版（1933年初版）は、版を重ねるごとにウェゲナーの大陸移動説も書き加えられ、1947年には第10版が出版されるなど、

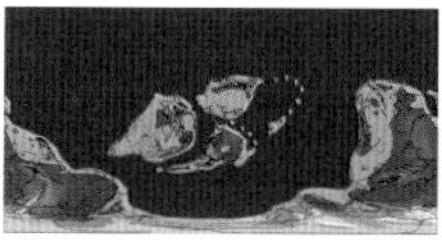

戦前から戦後にかけての地球物理学の代表的な教科書となりました。

　一般にも大陸移動説が知られていた例として、漫画家の手塚治虫（1928―1989）は、漫画『ジャングル大帝』に、幼少のときに興味を持ったとされる大陸移動説の話題を取り入れました。そのシーンでは、「月光石」を探す学者が、風が吹き荒れる広野に立てたテントの中で同僚に以下のようにいそいそと説明するシーンがあります。

「ざっと三億年ほど昔、地球にはたったひとつの大陸しかなかった。ウェゲナーによるとある大きな力で…」

「その大陸がいくつかに分裂して移動したという…」

「これが大陸移動説であるという。この大陸を分裂させた力は何か？」

「最近ではマントル対流のせいだともいう…」

　この漫画が発表されたのが1950年ごろですが、手塚治虫が生まれたのは1928年ですから、1930年代には、日本でも小さい子供が大陸移動説に触れることができるほど、広く知れ渡っていたことがわかります。

　1―5節で述べたとおり、アーサー・ホームズは、大陸移動の原動力がマントル内の放射性熱源によって駆動される熱対流運動であり、それによって海洋底が移動すると考えました。図2―1(a)は、ホームズが1931年に発表した論文の中に描かれているマントル対流のイメージです。マントルの厚さよりも水平スケールが長い対流セル（上昇流と下降流の一対からなる領域）で構成されているという、その後のマントル対流論の原型となるものですが、当時は地球の内部でマントル対流が起こっているという直接的な証拠はありませんでした。

　しかし、第二次世界大戦後に状況が一変しました。それは、まず、1950年代初頭に作成された地球全体の地形図により、海洋底に中央海嶺とよばれる海底山脈があることが知られるようになったことです。そして、1950年代から60年代初頭に開花した古地磁気学の成果で、これは、海洋底の地殻の岩石が過去の地磁気の方向を記録していることが確かになったことから始まります。これにより、1950年代後半に、イギリスのスタンリー・キース・ランコーン（1922―1995）とエドワード・アーヴィン（1927―2014）が、岩石が過去の地磁気の方向を記録していることを利用して、ヨーロッパ大陸と北米大陸の岩石の古地磁気極移動曲線を調べると、それぞれの大陸がかつては一つで、約2億~1億年前の間に大西洋を境に東西に分裂したことがわかりました。この結果はウェゲナーの大陸移動説に対して、独立かつ客観的な証拠を与えたことになります。

そもそも、地球の磁場が反転していることは、松山基範（1884―1958）が兵庫県の玄武洞や、東アジア各地の岩石の磁化を測定することによって、1929年に世界で初めて明らかにしましたが、当時としては、突拍子もない説に過ぎませんでした。その後30年以上経ち、イギリスのフレデリック・ヴァイン（1939―）とドラモンド・マシューズ（1931―1997）が、地球の歴史で地磁気が過去に何度も逆転したことが海洋底に地磁気の縞異常として記録されていることを発見し、1963年に『ネイチャー』誌に発表しました。

この発見は、彼らに先立って発見したカナダのローレンス・モーリー（1920―2013）にもちなみ、「ヴァイン・マシューズ・モーリー仮説」として知られ、米国のロバート・ディーツ（1914―1995）や、ハリー・ヘス（1906―1969）が提唱した「海洋底拡大説」の裏付けとなりました。また、ヘスは、1962年に米国地質学会の論文集に発表した論文で、海洋底がマントル対流によって移動す

図2－1　(a) アーサー・ホームズが1931年に出版した論文に掲載されているマントル対流のイメージ、(b) ウォルター・アルヴァレズが1982年に出版した論文に掲載されているマントル対流のイメージ

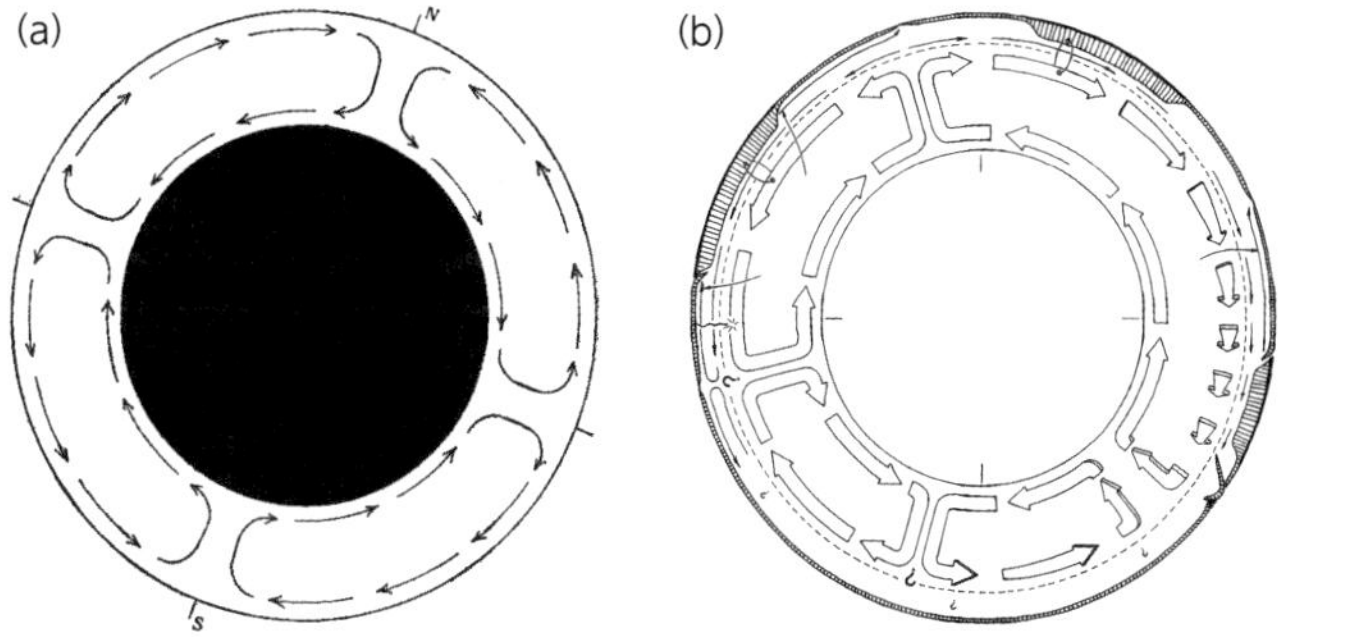

(a) Holmes (1931) より、(b) Alvarez (1982) より

ること、そして、対流の上昇域で海洋地殻が新しく生まれ、下降域で海洋底がマントル内に沈み込むという、現在のマントル対流モデルの原型となる説を提唱しました。これは概念的にはホームズが1929年に発表したイメージ（図2―1（a））と基本的には同じです。

　地球上のプレート運動が球面上の剛体回転運動によって数学的に表現されるという、プレートテクトニクス理論は、海洋底拡大説の提唱後まもなくの1967年から1968年に、固体地球科学の金字塔とも言える3編の論文が雪崩を打ったように発表されて確立しました。これらの論文は、ダン・ピーター・マッケンジー（1942―）、ロバート・ラディスラフ・パーカー（1942―）、ウィリアム・ジェイソン・モーガン（1935―）、ザビエル・ル・ピション（1937―）による、いずれも当時20～30歳代の仕事です。そして、1970年代になると、プレートに働くさまざまな力が分類され、また、それぞれの力の大きさが定量的に議論されるようになりました。それによって得られた大きな結論の一つは、1―4節で触れたとおり、プレート運動の主要な原動力がスラブ引っ張り力であるということでした。

　1980年代に入ると、パンゲアの分裂や、大陸移動の原動力としてのマントル対流を、地球史の視点で理解しようとする研究が活発化するようになりました。1982年には、厚い大陸の底がマントルの大規模な流れによって駆動されているという仮説がウォルター・アルヴァレズ博士（1940―）によって発表されました（図2―1（b））。地震波トモグラフィー（2―3節）によってマントル全域の三次元地震波速度構造が初めて発表された1984年よりも一足先にマントルの大規模な流れが大陸移動の駆動力であることを示唆したことは当時としては画期的な説だったと思います。

　なお、アルヴァレズ博士は地質学者であり、ノーベル物理学賞受賞者である父のルイス・ウォルター・アルヴァレズ（1911―1988）とともに、約6600万年前の中生代白亜紀と新生代古第三紀の境界（K―Pg境界）の地層にイリジウムという鉱物が濃集している層を発見したことをもとに、巨大隕石衝突によって生物が大量絶滅したという説を初めて『サイエンス』誌に発表した人物です。

　このように、ウェゲナーの大陸移動説は、海洋底拡大説とプレートテクトニクス理論の登場と、その後の地球科学の発展によって、その提唱から半世紀以上を経て、ようやく誰もが認める学説となりました。

2-2 大陸移動説とプレートテクトニクス理論の違い

大陸移動説とプレートテクトニクス理論の違いは何かということはたまに話題になります。一つの説明としては、大陸移動説が、19世紀末にイタリアの地質学者、ロベルト・マントヴァーニ（1854－1933）が提唱し、プレートテクトニクス理論の登場まで細々と生き続けた「地球膨張説」に代表されるように、地球内部の鉛直運動によって説明可能であったことに対し、プレートテクトニクス理論は地球表面が何枚もの剛体のプレートから構成され、それらが地球内部の水平運動とともに移動するという考えを提示したことです。

もう一つの説明としては、大陸移動説は、地球表層が地球内部と同程度に軟らかく、大陸地殻（シアル）が海洋地殻（シマ）をかき分けて移動するというイメージであったことに対し、プレートテクトニクス理論は、地球が硬くて厚い殻で覆われ、大陸地殻も海洋地殻もその殻に乗って移動するというイメージであることです。カナダの地球物理学者、ジョン・ツゾー・ウィルソン（1908－1993）が1963年に『ネイチャー』と『サイエンティフィック・アメリカン』という二つの雑誌に発表した論文は、大陸移動説に地球を覆う固いプレートの概念を加え議論したものです。

これより1年前の1962年には、ヘスが米国地質学会の論文集に発表した論文で、海洋底がマントル対流によって移動すること、そして、対流の上昇域で海嶺ができて海洋地殻が新しく生まれ、対流の下降域で海洋底がマントル内に沈み込むという考えを初めて提唱しました。これは、現在の地球科学の常識にも通じるマントル対流の基本イメージが初めて論文で公表されたことになります。このような経緯を考えると、1962年から1965年が大陸移動説からプレートテクトニクス理論へのパラダイムシフト（学問や思想の革命的転換期）の年であったと考えます。その後、1974年にマッケンジーらによって発表された論文で、マントル対流の素過程を支配する流体力学的理論が確立され、コンピューターに

よる数値計算によって、マントル対流をシミュレーションするための扉が開かれました。

プレートテクトニクス理論の確立には、ウィルソンが1965年に『ネイチャー』誌に発表した、トランスフォーム断層の概念も貢献しました。トランスフォーム断層は地学を一度でも学んだことがある方には馴染みがあると思いますが、そのタイプを大きく分類すると、中央海嶺を横切るように発達する断裂帯（あるいは、破砕帯）とよばれる断層（図2―2(a)）と、大陸プレートや海洋プレートが互いにすれ違う場所で必然的に発達する断層に分けられます。後者のタイプのうち、地球上でもっとも顕著なトランスフォーム断層は北米プレート西岸のサンアンドレアス断層で、北米プレートと太平洋プレートが横ずれ運動をしつつ、長さが約1300 kmにもわたって東太平洋海嶺とファンデフカ海嶺を繋いでいます（図2―2(b)）。米国のタニヤ・アトウォーター（1942―）が1970年に発表したサンアンドレアス断層の形成過程を議論した論文は、その後の研究で細かい修正が加えられたものの、あまりに有名です。

トランスフォーム断層は、中央海嶺と中央海嶺や、海溝と海溝のように同じ種類のプレート境界を繋ぐ役割があるだけではなく、アゾレス三重会合点より東に伸びる海嶺からイベリア半島沖の海溝までを東西に横断する断層のように異なる種類のプレート境界を変容（まさに、トランスフォーム）させる役割を果たす場合があります。トランスフォーム断層では、おそらく間隙水圧（地殻の岩石内を通る水の水圧）の上昇によってすべり摩擦抵抗力（図1―6のトランスフォーム断層抵抗力）が小さくなるため、大きな地震が繰り返し起こりやすく、それが陸上にある場合は人的被害をもたらします。

例えば、サンアンドレアス断層では100年以上前の1906年にM7・8の大地震（サンフランシスコ地震）が起きました。また、トルコ北部を約1200 kmにわたって東西に横断する北アナトリア断層も典型的な陸上のトランスフォーム断層であり、直近では1999年にM_w7・4のイズミット地震が起こりました。さらに、南半球のヒクランギ海溝の南端からニュージーランドの南島を横断して、ピュイゼギュール海溝に繋がる長さ約500 kmのアルパイン断層も太平洋プレートとオーストラリアプレートの境界となるトランスフォーム断層です。2016年11月にM_w7・8のカイコウラ地震が起きたことは記憶に新しいですが、2010年9月にもM_w7・0のカンタベリー地震（ダーフィールド地震）、2011年2月（東北地方太平洋沖地震の約半月前）と6月にもＭ６クラスの地震が相次いで起きました。

トランスフォーム断層の概念は、プレートテクトニクス理論の確立に貢献しただけではなく、地球内部の運動の理解にも重要な役割を果たしました。プレート運動の原動力となるマントル対流は、地表面と地球深部の温度差によって「軽い物が浮き上がり、重い物が沈む」ことで起こります。しかし、そういったマントル対流の上下運動だけでは、地球上のプレート運動は駆動されません。プレート運動が起こるためには、固体地球のもっとも外側にある低温で粘性の高いリソスフェアが何らかのきっかけで破壊され、それが拡大して裂け目となり、プレート境界を作ることが必要です。プレート境界のタイプのうち、海嶺は生成されたプレートが左右に発散する場所で、軽くて軟らかいアセノスフェアが能動的に上昇し、マグマが生じる場所です。一方、海溝はプレート同士が収束する場所ですが、プレート運動とマントル対流を一つの熱対流システムとして考えれば、マントル対流の下降域でもあります。したがって、プレート同士がすれ違うタイプのプレート境界であるトランスフォーム断層は、マントル対流の上下運動とは直接関係ありませ

図2－2　(a) 大西洋中央海嶺を横切る断裂帯に沿って発達するトランスフォーム断層と、(b) 北米大陸西岸のサンアンドレアス断層

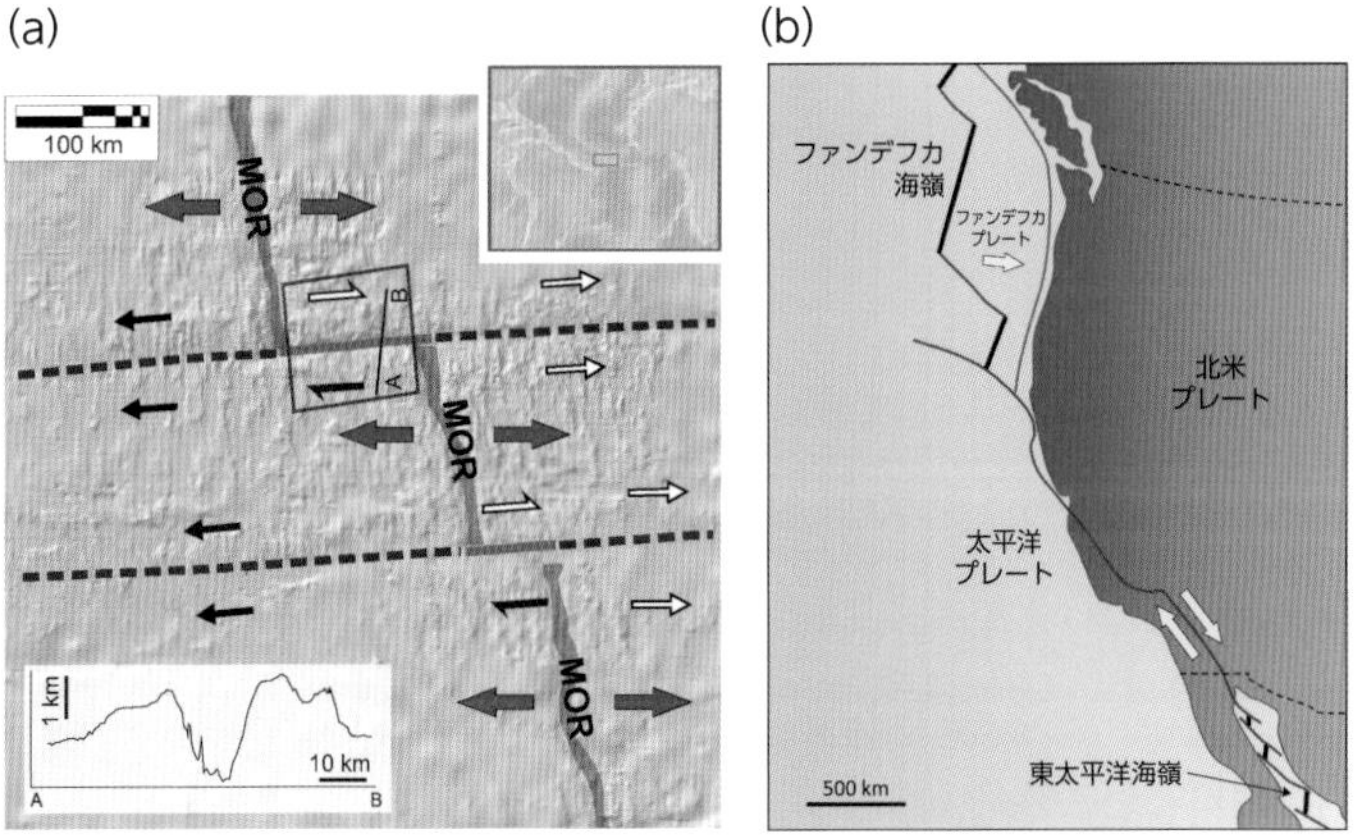

(a) MORは中央海嶺、青色の破線は断裂帯、紫の実線はトランスフォーム断層を表す。左下はA－Bに沿った海底地形の高さを表す。(a) Hensen et al. (2019) より、(b) Earle (2019) より

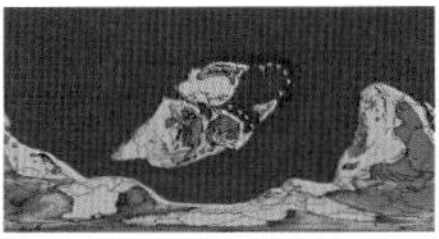

ん。
一般的にベクトル場である速度場は、「ポロイダル成分」と「トロイダル成分」の二つの成分に解析的に分解することができます。ポロイダル成分は、流れの発散と収束に関係し、トロイダル成分は流れのねじれ運動に関係します（図2―3）。地球表面の速度場も、観測によって各プレートの運動方向と運動速度が決まっていますので、これらの二つの成分の組み合わせで説明できます。1―3節で述べたように、地球上のたくさんのプレートが限られた空間で陣取り合戦を行うためには、プレート同士が「適度に」すれ違う必要があります。それに必要なエネルギーがトロイダル成分です。実際、全地球のマントル流れの理論モデルで有名な、米国のブラッドフォード・ヘーガー博士とリチャード・オーコネル（1941―2015）が1978年に発表した解析結果により、ポロイダル成分と同程度のトロイダル成分のエネルギーが地球のリソスフェアに存在することが明らかになりました。

　トロイダルエネルギーの大きさに関する細かい結論は解析手法にもよるものの、ヘーガーらの結果は、ポロイダルエネルギーしかないはずのマントル対流に、強いトロイダルエネルギーが存在することを示唆します。しかし、それでは、なぜそれが生まれるかというと、原理的には、地殻やマントルを構成する岩石が非線形性の強い流動則（レ

図2－3　マントル対流のポロイダル運動とトロイダル運動

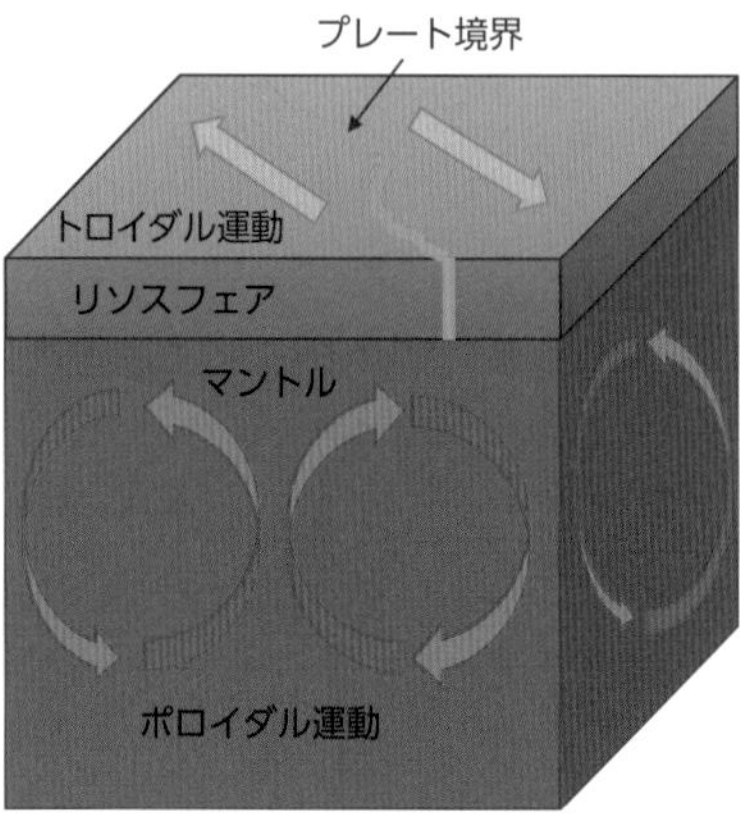

オロジー。2-7節）をもち、結果的に、それらの歪速度や粘性率が水平方向かつ局所的に大きく変化するためだと考えられます。

したがって、大陸移動説とプレートテクトニクス理論の違いの決定的な違いは何かというと、地球の表面が固い岩盤で覆われていること、そして、その岩盤が横ずれ運動をしているという概念が加わったことです。1970年代に発表されたグローバルなプレート運動モデルは、地磁気縞異常から推定されるプレートの拡大速度や、トランスフォーム断層の走向、地震のスリップベクトルの方向から決定されていましたが、1980年代中ごろからは、天体からの電波を利用してアンテナの位置を測定するVLBI（超長基線電波干渉法）や、人工衛星による米国のGPS（全地球測位システム）に代表されるGNSS（全球測位衛星システム）によるプレート運動を実測する宇宙測地技術が急速に発達しました。2000年前後になると、GPSデータのみで主要なプレートの運動が決定されるようにさえなりました。プレート運動が実測され、プレートテクトニクス理論が裏付けられたのは、意外にも最近なのです。

2-3 だんだんよくわかってきたマントルの構造

プレートテクトニクス理論が1960年代後半に確立したあとも、地球内部のマントル対流の様子は観測による証拠はなく、ウィルソンやヘスのマントル対流のイメージは机上の空論に過ぎませんでした。しかし、1980年代半ばになると、米国ハーバード大学のアダム・ジウォンスキー（1936-2016）とジョン・ウッドハウス博士が、全マントル地震波トモグラフィーという解析手法を用いて、地表で起きた地震波の速度がマントルのどの部分で速く伝わり、どの部分で遅く伝わるかという、地震波速度の伝わり方の違い（地震波速度異常）をマントル全体に三次元的に描き出しました。

それによると、上部マントル最上部（深さ150km付近）の低速度領域のパターンが海嶺のパターンとほぼ一致していること、つまり、マントルが周囲よりも高温の場所でプレートが生まれることがわかりました。そして、解像度がまだ十分

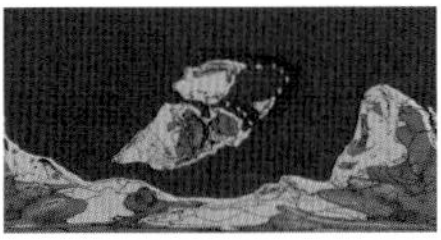

ではなかったのでぼんやりとしているものの、環太平洋の沈み込み帯下の上部マントルで高速度異常域があり、一方、太平洋下とアフリカ大陸下の下部マントル深部には低速度異常域がありそうだということもわかりました。

彼らの成果は、1984年に地球物理学の専門誌に上部マントルと下部マントルそれぞれの地震波速度構造に関して2編出版されました。そして、それと同年に地球科学の大家で米国カリフォルニア工科大学のドン・アンダーソン（1933－2014）がジオンスキーと共著で、この成果を米国の一般向け科学雑誌『サイエンティフィック・アメリカン』にも紹介しました。この記事には、地震波トモグラフィーによってわかったマントルの構造が魅力的なカラーの図で掲載され、地球科学のブレイクスルーに立ち会った瞬間のアンダーソン博士の興奮が記事の内容から伝わってくるようです。

1980年代後半から1990年代になると、世界中の研究者によって全マントル地震波トモグラフィーの研究が加速しました。これによりわかった

図2－4　さまざまな固体地球科学の知見を統合した地球内部の概略図

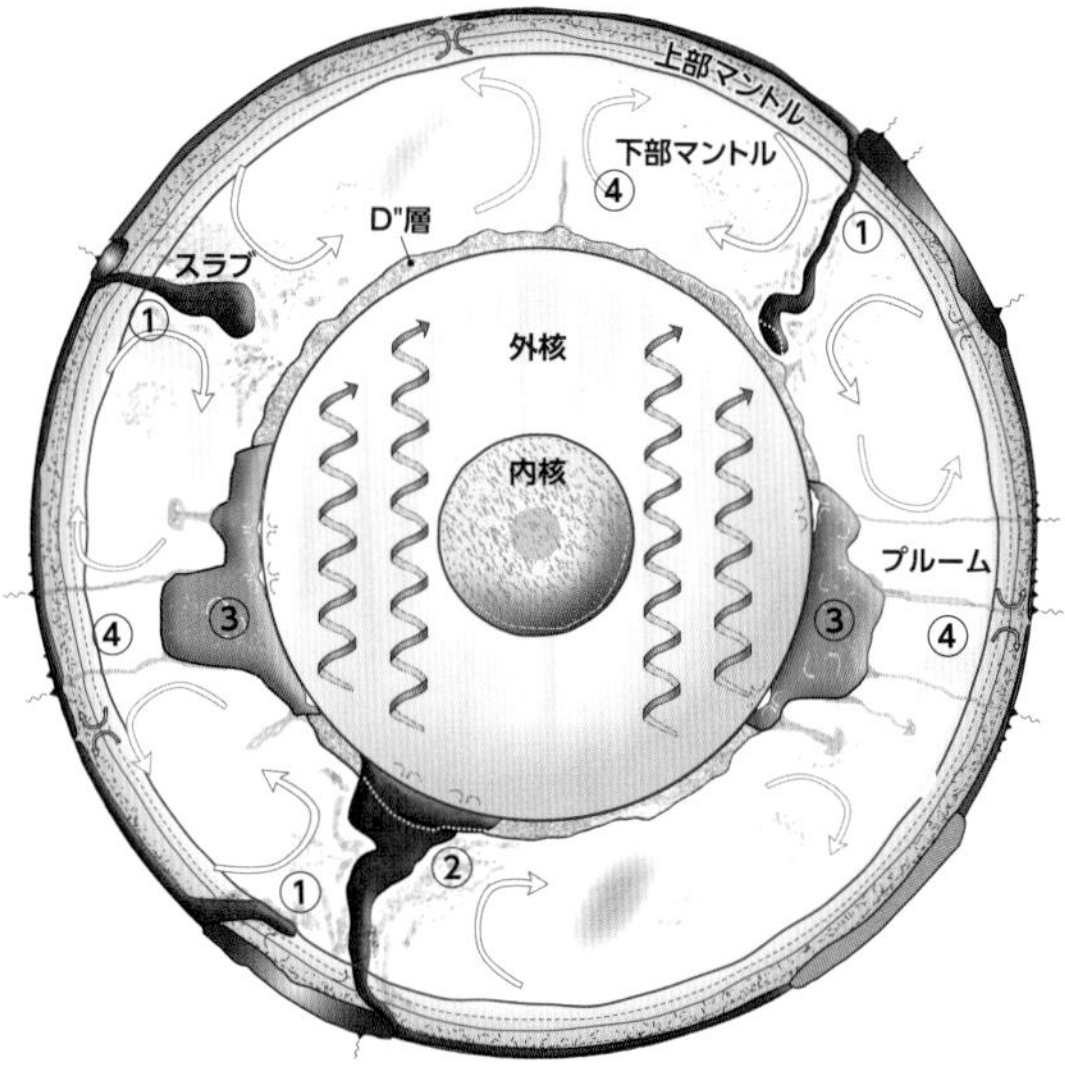

①〜④は2－3節の本文に対応。Garnero et al. (2005) より

ことは次のことです（図2―4）。

①環太平洋で沈み込んだプレート（スラブ）は上部マントルと下部マントルの境界で抵抗を受けて、水平方向にいったん折れ曲がるが、やがて境界を突き抜け、下部マントルまで到達している。

②環太平洋下のコア・マントル境界上には、スラブの「残骸」と思われる地震波高速度異常域が広く分布する。

③一方、南太平洋下、および、アフリカ大陸から大西洋の下の下部マントルの深部に大規模な地震波低速度異常域が存在する。

④コア・マントル境界、もしくは、③の高温域から多くの高温の上昇プルームが発生し、そのうちのいくつかはリソスフェアの底まで到達する。

このうち、①については、世界各地の沈み込み帯でスラブがさまざまな振る舞いをしていることがわかります（図2―5）。これは一つには、プレートの沈み込みが始まった年代が各地で異なるためですが、上部マントルと下部マントルの境界で抵抗を受ける理由の一つは、は深さ４１０ kmから６６０ kmにかけたマントルを構成する岩石の結晶構造の変化（相変化）にあります。図2―6は、上部マントルの主要鉱物であるオリビンがワズレアイト（変型スピネル）とよばれる鉱物に相変化する深さ約４１０ kmでスラブの沈

図2－5　世界各地で沈み込むプレートの多様な形態

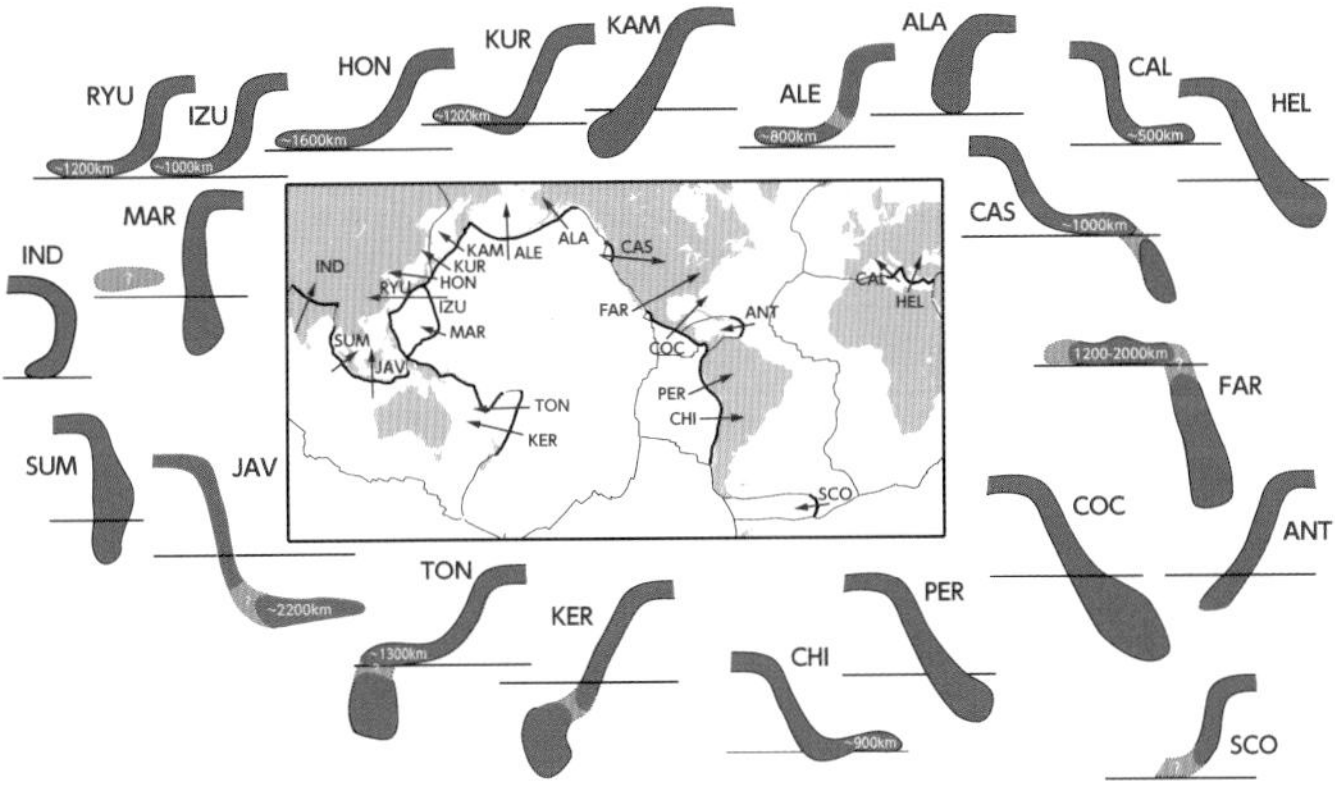

それぞれのスラブに対する水平線は深さ660 kmの位置を表す。Goes et al. (2017) より

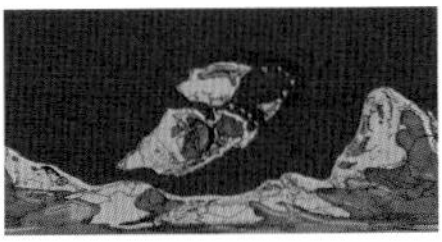

み込み流れが促進され、一方、リングウッタイト（スピネル）という鉱物がブリッジマナイトという鉱物に相変化する深さ６６０ kmで、逆に沈み込みが抵抗を受ける様子を示したものです。深さ４１０ kmの相変化では、冷たいスラブの相変化が遅れて周りの高温のマントルよりも相対的に重くなりますが、深さ６６０ kmの相変化では、逆に、冷たいスラブの相変化が進んで周りの高温のマントルよりも相対的に軽くなり、スラブに見かけ上の浮力が働きます。

しかし、地震波トモグラフィーで観察されるスラブが深さ６６０ km付近で一時的に横たわっている現象は、こういった相変化というよりも、結晶構造の変化によって下部マントルの粘性率が上部マントルよりも大きくなる効果によるものです。マントル対流のシミュレーションでは、スラブが粘性率の高い下部マントルの上を滑るように横たわる様子を再現することができます（図２―７）。横たわったスラブはやがてある段階に達すると下部マントルに長い時間をかけて落下していき、やがてコア・マントル境界上に到達します。図２―８の地震波トモグラフィーによるマントルの地震波速度異常構造に見られるように、環太平洋下のコア・マントル境界上で広く分布する地震波高速度異常域はスラブの「残骸」を表しており（図２―４②）、「スラブの墓場」と例える研究者もいます。

図2－6　マントルを構成する主要な鉱物の相変化と沈み込むプレートにかかる力

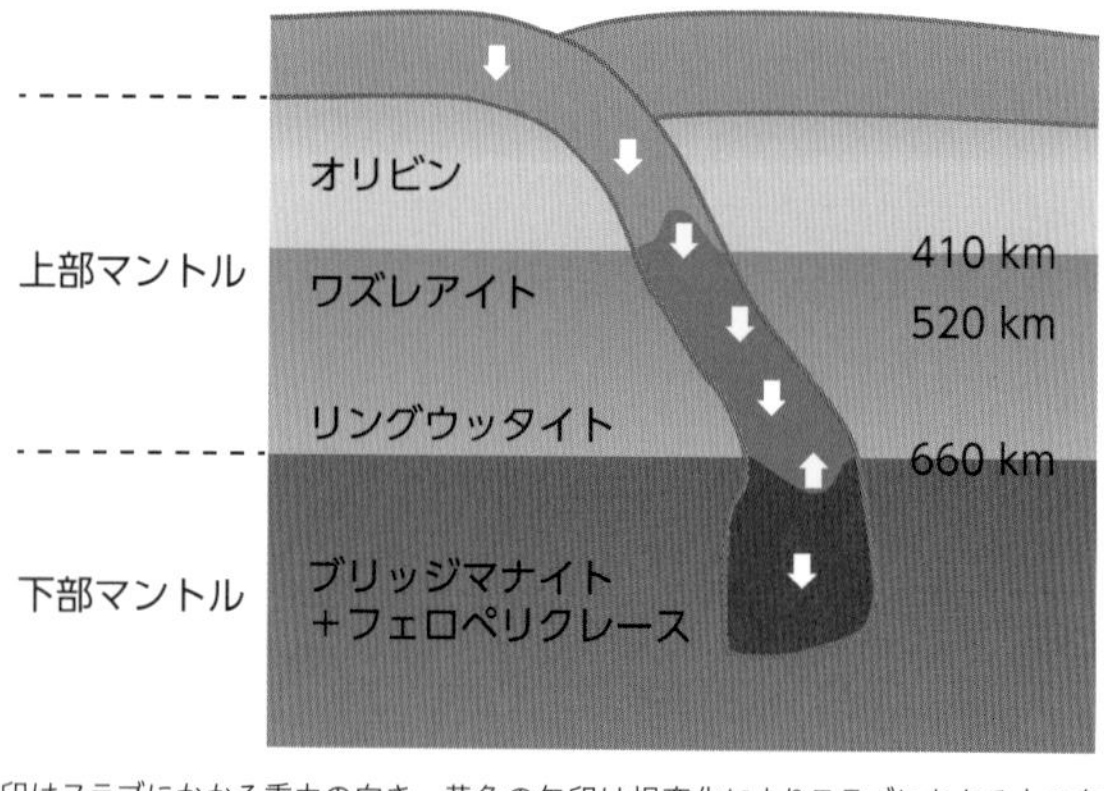

白色の矢印はスラブにかかる重力の向き。黄色の矢印は相変化によりスラブにかかる力の向き。Goes et al. (2017) より

図2－7　プレートの沈み込みを再現する数値シミュレーション

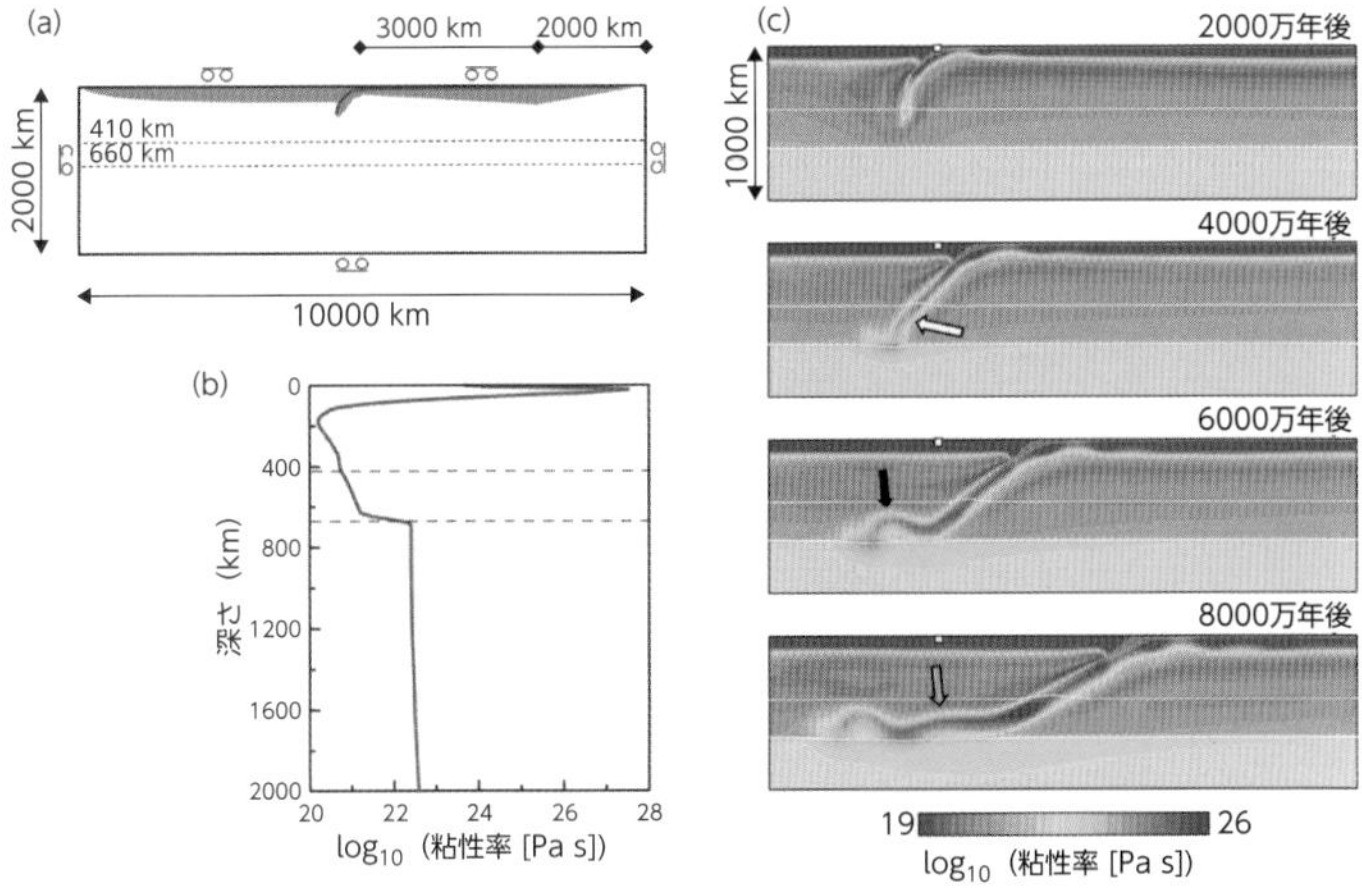

(a) シミュレーションに用いたモデル、(b) モデルで設定したマントルの粘性率分布、(c) 沈み込んだプレートが上部マントルと下部マントルの境界上付近で水平方向に横たわる様子。Čížková et al. (2020) より

図2－8　地震波トモグラフィーによるマントルの三次元地震波速度異常構造

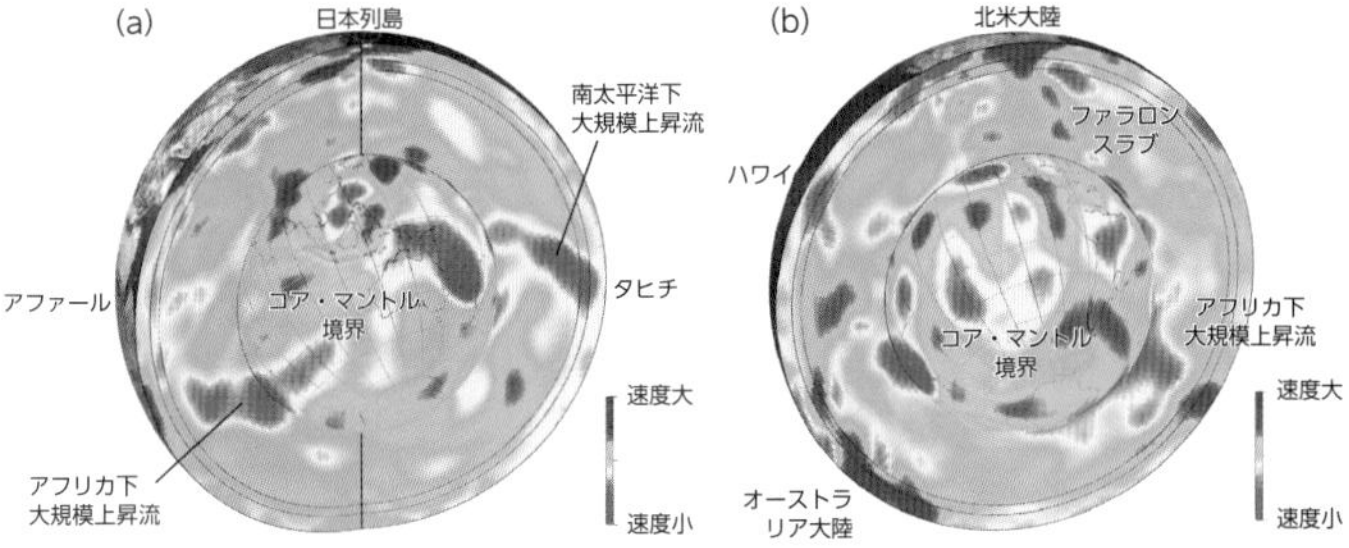

ファラロンスラブについては、5－1節を参照。Zhao (2015) より

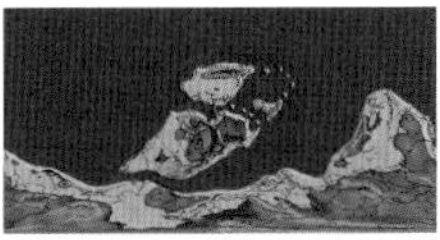

2-4 わかっているようでわからないマントルの構造

沈み込んだプレートの様子は直接観測できませんが、マントル深部から上がってくる高温のプルームは地表面まで到達することもあるので、私たちが住む地表にも何らかの証拠があって、それをきっかけに地球内部の様子が伺えそうです。ジオンスキーとウッドハウスによる1984年の地震波トモグラフィーの結果では、空間解像度の問題もあって下部マントルの地震波速度構造はまだ明瞭ではありませんでした。その後、1990年代になり、南太平洋下と、アフリカ大陸から大西洋の下の下部マントル深部には大規模な地震波低速度領域があることがようやくはっきりとしてきました（図2—4③、図2—8、詳細は2—6節）。また、地球の海嶺の分布がマントル対流の上昇域と必ずしも一致しないこともわかりました。つまり、全マントル地震波トモグラフィーの出現によって発見されたこともあれば、同時に、従来の常識を覆す発見も生まれたのです。

これよりも前に、地球物理学者であるアンダーソンはアフリカ大陸周辺に集中するホットスポットの分布や、測地学的に観測されるジオイドの分布（地球の平均海水面の高さのパターン）から、アフリカ大陸の下の下部マントル深部に大規模な高温の領域が存在することを1982年の論文でいち早く示唆しました。これは、地下に高温で軽い物質からなる大きな塊があれば、万有引力の法則により、その上のジオイドは低くなるはずだからです。そして、超大陸パンゲアの分裂の原動力が、この高温の領域から発生する大規模なマントルの上昇流であると考えました。

地球内部から宇宙空間に放出される熱は熱流量を測ることによって知ることができます。熱流量とは、単位面積あたりで放出される熱量（単位はW/m^2）であり、温度計を取り付けた槍のようなものを陸地や海底の地殻に突き刺すことにより測定された熱流量を、特に「地殻熱流量」とよびます。

図2—9は、世界の地殻熱流量の分布です。全体的に見て不自然にまだらっぽくなっているのは、観測された場所に偏

りがあるためですが、それを差し引くと、もっとも目立つのは海嶺付近で地殻熱流量が高くなっていることです。一方で、マントル深部に大規模な地震波低速度領域がある南太平洋下とアフリカ下は、地殻熱流量が特に高いようには見えません。つまり、地殻熱流量の分布とマントル内部の温度構造は必ずしも対応していないことを表しています。この謎を理解するには、マントル深部から上昇するプルームの実態を正しく知るほかありません。

マントルプルームは直接的に観測できませんが、ホットスポットとして地表面に現れます。ホットスポットとは、地表に火山活動の痕跡として現れる地形の盛り上がりや火山島のことです。ホットスポットは小さな規模を含めれば、世界中に70個以上あることが知られています。図2−10は世界のホットスポットの分布を表しています。本章のコラム（57~58ページ）で触れますが、これ以外にも地表にホットスポットとして現れない規模の小さいマントルプルームが多数あると考えられています。本書では、マントルプルームのうち、地表にホットスポットを作るものを「ホットスポットプルーム」とよぶことにします。

マントルプルームは、キノコに似た形をしており、傘の部分、

図2−9　世界の地殻熱流量の分布

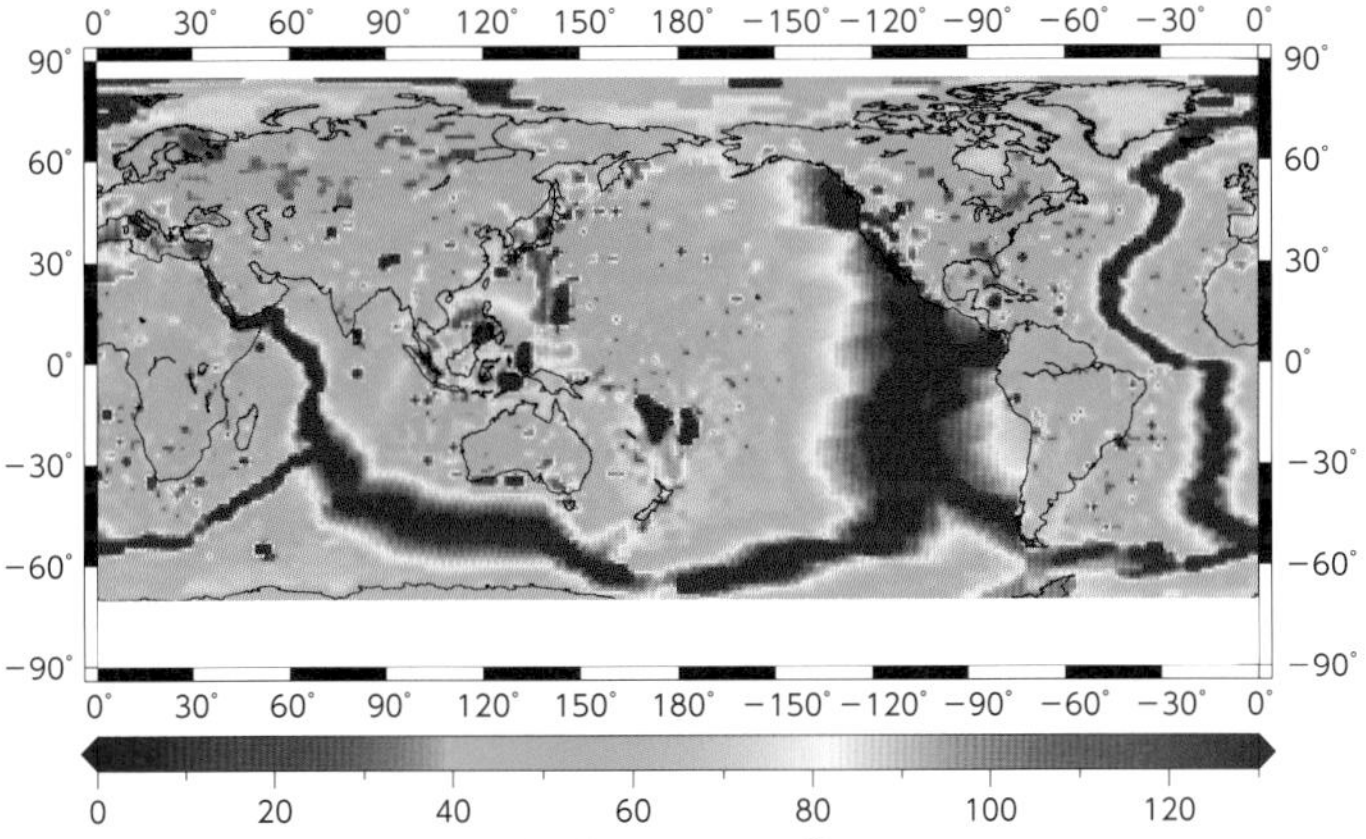

Davies（2013）のデータにもとづく

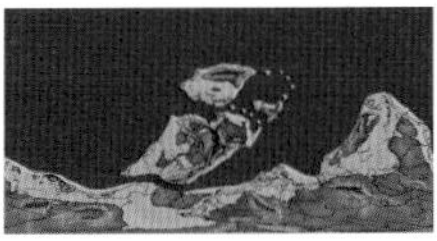

つまり、球状の頭（プルームヘッド）と、柄の部分、つまり、円筒状の尻尾（プルームテイル）の部分に分かれ（図2―11）、熱を深部から上方に効率的に運んだり、周りのマントルの物質を巻き込んだりする役割があります。プルームが高温の熱境界層（対流層内で高温の下面と低温の内部との境界をなす層）の不安定によって発生したあと、プルームテイルとプルームヘッドは、最初は一緒になって上昇しますが、周りのマントルの流れや障害物によって分離することもあります。特にリソスフェアの底面にプルームヘッドがぶつかり、行き場を失ってリソスフェアの下に水平方向に拡がるようなことがあると、深部から続々と熱を運び続けるプルームテイルと分離し、プルームヘッドだけがリソスフェアの下に取り残されることもあります。

本来は、プルームテイルの周りのマントルとの密度差や、プルームテイルの上昇速度と太さ（半径）が実測できればプルームが単位時間あたりに運ぶ熱量を直接見積もることができるのですが、これらの量は現在の地震波トモグラフィーや数値シミュレーションの技術をもってしても、十分な解像度で測ることができません。その代わりに、ホットスポットの地形の盛り上がり（ホットスポット・スウェル）が、マントルプルームによる噴出物によって作られたものであると仮定し、その地形の膨らみの体積からプルームが運ぶ熱量を間接的に見積もる方法があります。

したがって、ホットスポットプルームの規模は、単位時間あたり（毎秒あたり）にどれくらいの質量の噴出物を地表面に放出するかで評価することにします。これは「浮力フラックス」とよばれ、単位はkg／sです。あるいは、熱力学の式を用いて、単位時間あたり（毎秒あたり）にどれくらいの熱量を地表面に放出するかという指標に変換することもできます。この場合、単位はジュール毎秒（J／s）、つまり、電球や家電製品の電力消費量の単位でわれわれに馴染みのある、ワット（W）で表すことができます。

ここでは、単位のことをあまり気にする必要はないので、勝手に「ホットスポットマグニチュード（HM）」というものを定義しましょう。地球のホットスポットプルームの浮力フラックスは、10^3を掛けて、単位を10^3kg／sとすれば、一桁の値に収まるので、この値をHMとします。なお、個々の火山噴火の規模を表す尺度として「噴火マグニチュード」というもの

図2－10　世界のホットスポットの分布

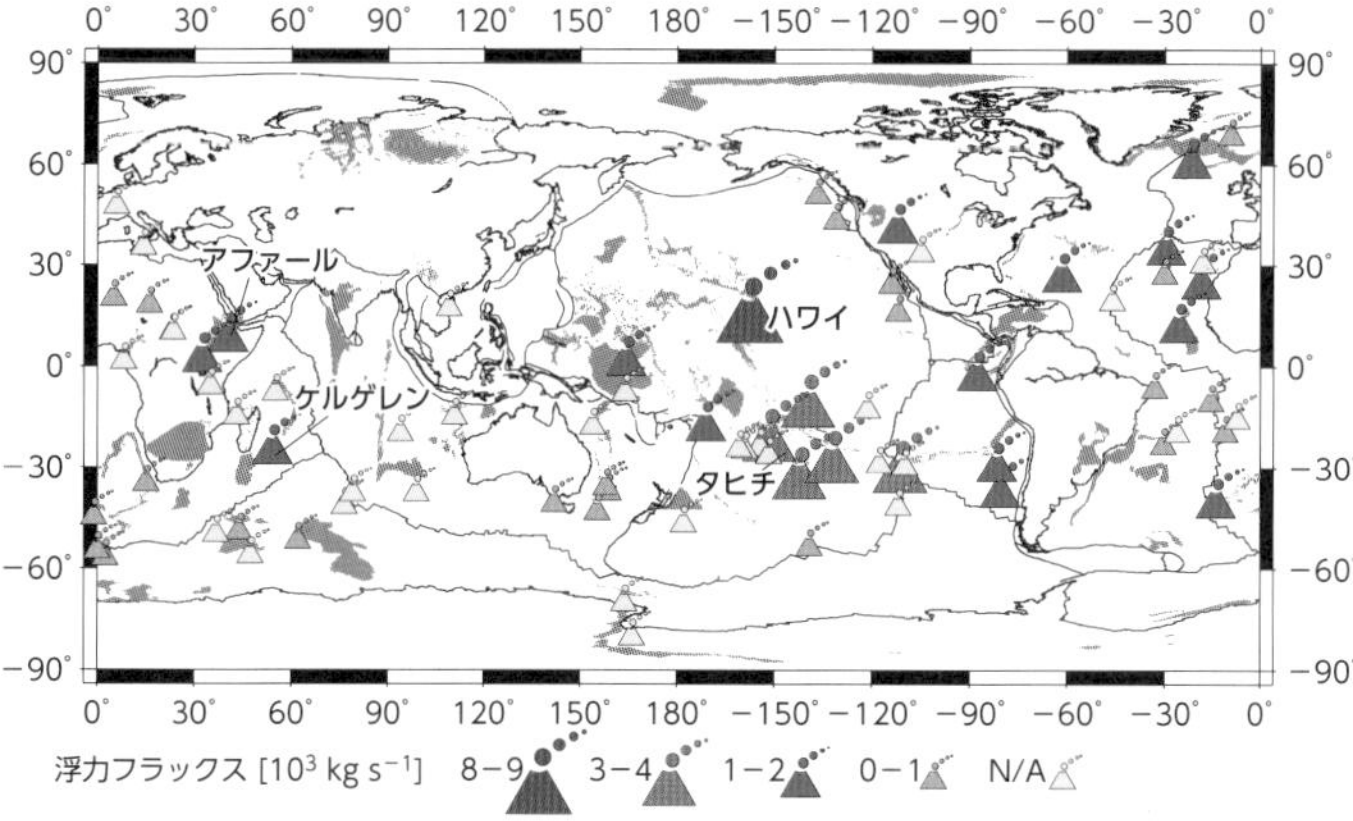

火山のマークの大きさはホットスポットプルームの浮力フラックスの大きさを表す。灰色の領域は巨大火成岩岩石区（6－3節参照）の場所。Yoshida and Santosh (2020) より

図2－11　数値シミュレーションによって再現されるマントルプルームの発生（Farnetani and Hofmann, 2011）

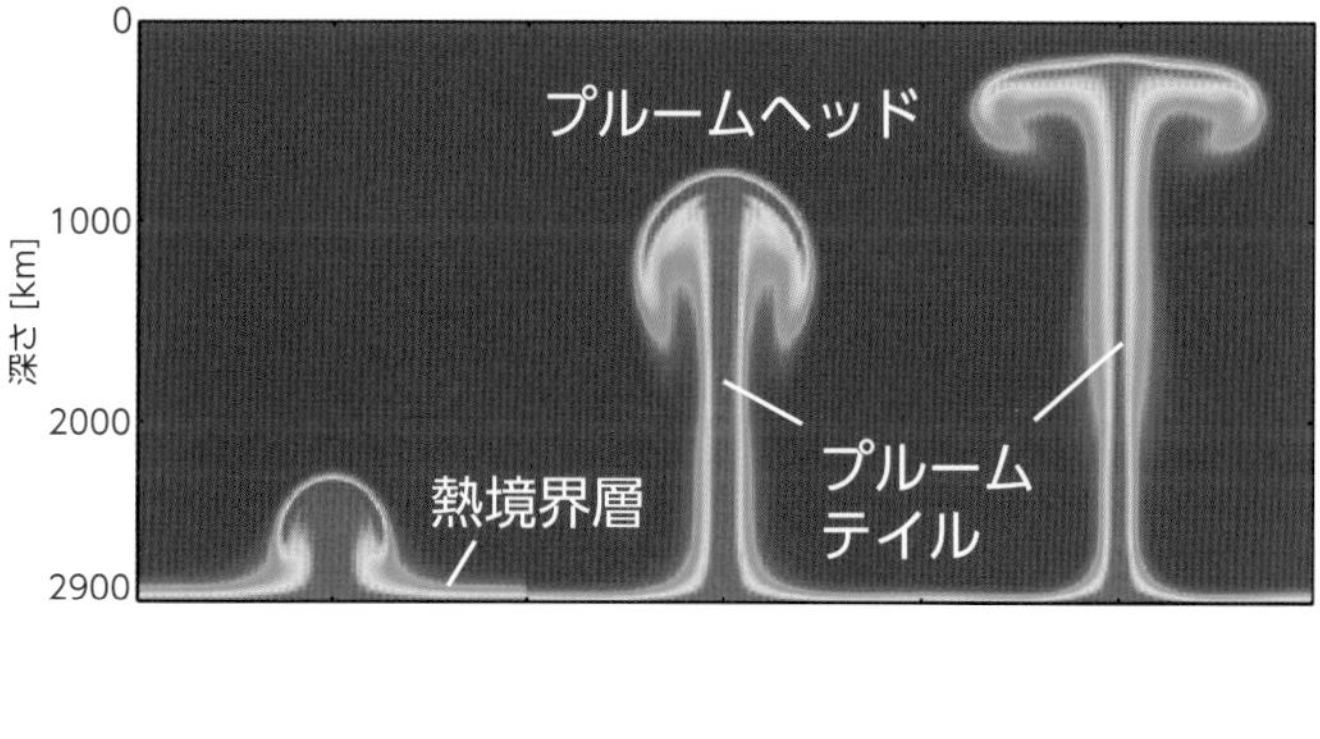

がありますが、これとは異なります。噴火マグニチュードは噴火により噴出したマグマの総重量から直接計算されるものです（例えば、1914〜15年の桜島の大正噴火は5・6、国内で戦後最大級と言われる小笠原諸島の海底火山「福徳岡ノ場」の2021年の噴火は4・5〜5・1）。一方、ここで定義した「ホットスポットマグニチュード」は、数10万年以上の長い時間スケールでの噴出物によって盛り上がった地形の体積によって決められるものであり、瞬間的な火山噴火の規模そのものではありません。

　すると、世界でもっとも大きなホットスポットプルームはハワイ諸島を作るホットスポットプルームで、HMが約8となります（図2―10）。次に大きいのは南太平洋の火山島（リゾート地のタヒチ島など。図2―8（a））を作る5つほどのホットスポットプルームでHMが約3です。それ以外のホットスポットは、おおむねHMが2以下です。したがって、ハワイ諸島の下のホットスポットプルームは規模としてほかを圧倒していることがわかります。

　ホットスポットマグニチュードが推定できる比較的規模の大きい40個程度のホットスポットプルームが一年間に放出する熱エネルギーは、約7・2×10^{19}ジュール（J）です。環境省のエネルギー白書を見れば、世界70億人以上の人間が1年間に消費するエネルギーが、約5・8×10^{20} Jですので（表2―1）、これより一桁程度小さいエネルギーとなります。一方、一年間に世界中で発生するM5以上の地震が放出するエネルギーは約4・5×10^{17} Jですが、すべてのホットスポットプルームが放出するエネルギーは、これよりも二桁も大きいので、火山

表2－1　1年間の固体地球の活動にかかわるエネルギーと全人類が消費するエネルギー

エネルギーの種類	大きさ
1年間に世界の地震によって放出されるエネルギー[a]	4.4×10^{17} J
1年間にハワイホットスポットプルームが放出するエネルギー	1.1×10^{19} J
1年間に世界の全ホットスポットプルームが放出するエネルギー	7.2×10^{19} J
1年間に世界の全人類が消費するエネルギー（2019年）[b]	5.8×10^{20} J
1年間に地球の永年冷却によって放出されるエネルギー[c]	6.6×10^{20} J
1年間にマントルの放射性元素の壊変によって放出されるエネルギー[d]	7.6×10^{20} J
1年間に地球内部から宇宙空間に放出される全エネルギー[e]	1.4×10^{21} J

aは1976年1月～2016年1月のM5以上の地震のデータ。Global CMTプロジェクトのデータベースより。bは経済産業省資源エネルギー庁の資料にもとづく。cはeからdを引いた値。第2章、および、Yoshida and Santosh（2020）の推定より

を作るエネルギーがとてつもなく大きいことがわかります。

2-5 まだまだよくわからないマントルの性質

地球上にあるほとんどの岩石はハンマーで思いっきり何回か叩くと割れます。しかし、高温高圧下にある地球内部の岩石は、このような「破壊」が起こるのではなく、仮に地球内部に潜り、高温・高圧の環境下においてハンマーで叩き続けても、バキッと破壊されることはなく、ゆっくりと変形が進み、逆に叩くのをやめると元の形に戻ろうとしたりします。このような性質を「粘性」とよび、それを定量化（数値化）したものが粘性率です。

花崗岩や、玄武岩、マントルを作るかんらん岩は、それごとに、密度や粘性率、あるいは、熱膨張率や比熱などの性質が異なります。このうち、粘性率は温度や圧力などによって桁で変化するので（2—7節）、マントル対流をコンピューターで再現するうえで、もっとも重要です。図

図2—12　地球内部の各層の平均的な粘性率

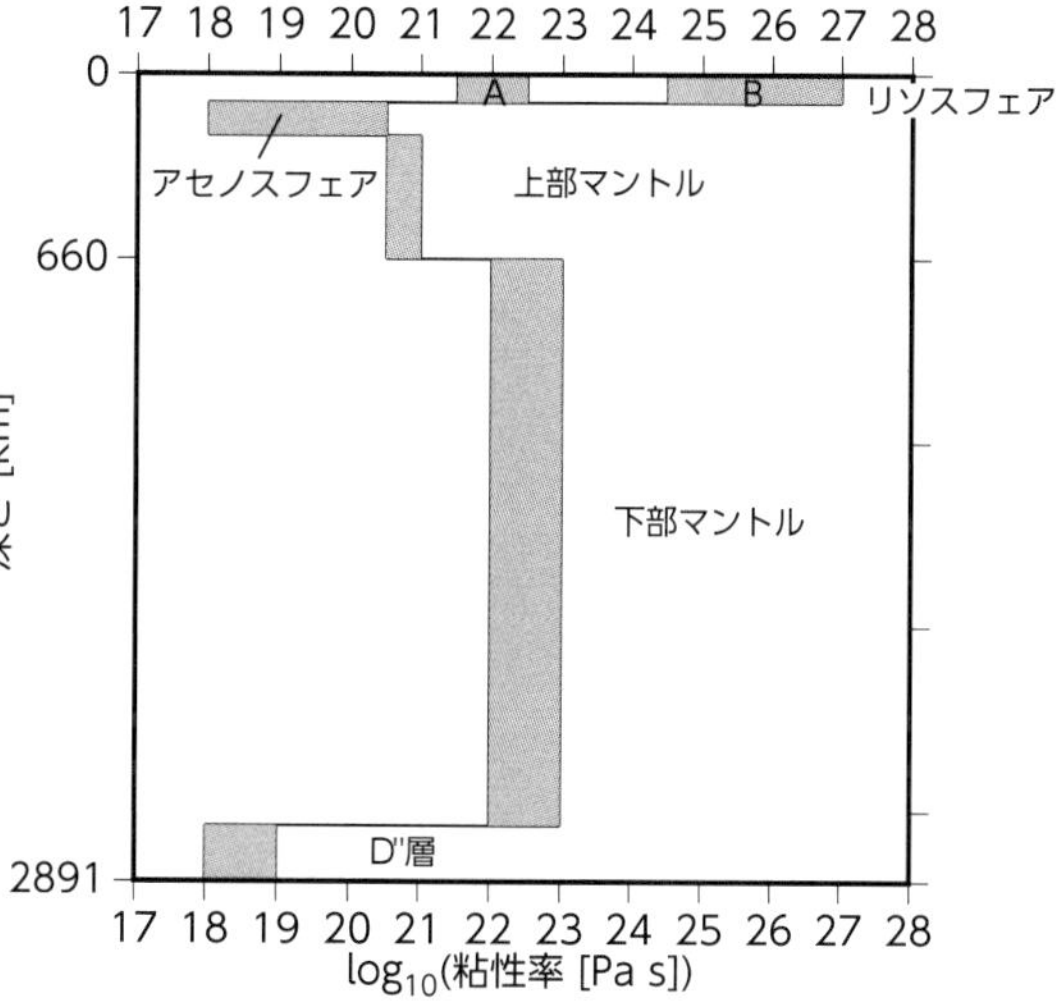

横軸は粘性率（単位はパスカル秒；Pa・s）の対数。灰色は各層の粘性率の不確かさを表す。リソスフェアのAは、大陸プレートの衝突帯や海洋プレートで変形が進んでいる領域の粘性率、Bはプレートの安定した領域の粘性率を表す。

2―12はマントルの各層の平均的な粘性率を表した図です。深さ約100~200 kmから660 kmまでの上部マントルの平均的な粘性率は比較的よく決まっており、およそ10^{21}パスカル・秒（Pa・s）となります。日本語での数の単位だと10垓パスカル・秒（垓は京の1000倍）という、自然科学を支配する物理量の値としては滅多にお目にかかれない非常に大きな値です。また、リソスフェアのうち、変形が小さい領域の粘性率は10^{25} Pa・s（10秭パスカル・秒、秭は垓の1000倍）以上になります。

一方、空気の粘性率が約10^{-5} Pa・s、水の粘性率が約10^{-3} Pa・s、よくテレビのニュースで見るような、噴火する火山から溢れ出てくるドロドロのマグマの粘性率は化学組成（ケイ素が占める割合）にもよって大きく変わりますが、せいぜい10^{3}（ケイ素の割合が少なく、黒っぽい玄武岩質マグマ）~10^{11} Pa・s（ケイ素の割合が多く、白っぽい流紋岩質マグマ）ですので、固体の岩石は〝桁違い〟に固いということがわかっていただけると思います。

マントルの粘性率を知る手段の一つは、「後氷期隆起運動」の解析で、これは、陸地の上下運動の速度により陸地の下のマントルの固さを推定する方法です。約1万年前に氷期が終わったことで（最終氷期は約7万~1万年前）、グリーンランドやスカンジナビア半島、北米大陸のハドソン湾の周辺などでは、北極域に近い大陸に乗った氷床が融け、その反動で、現在でも陸地が盛り上がり続けています（図2―13左）。その隆起速度は、年間1~4 cmで、過去1万年間では300メートル近く隆起している場所もあります。図2―13右は、スウェーデン最大の島、ゴットランド島のさらに東にある小島を上空から撮ったものですが、海岸線が階段状になっており、陸地が徐々に隆起してきた様子がよくわかります。氷床の重しが乗って下にたわんだ、任意の粘性率をもった岩石が、突然重しが取り除かれたとき、たわみが回復するのにどれくらいの時間を要するかはあらかじめ理論的にわかるので、実際の陸地で海岸線が変化した跡を調査すれば、マントルの粘性率が推定できます。こうして求まった、上部マントルの粘性率の平均的な値が、およそ10^{21} Pa・sです。

マントルが部分的に溶融しているアセノスフェアの粘性率は、上部マントルの粘性率よりも小さくなります。これは、後氷期隆起運動のみならず、アセノスフェアが顔を出している場所、つまり、海嶺付近でのプレートの拡大速度でも推定できます。アセノスフェアの粘性率は岩石の溶融度にも依存し、平均的な粘性率はよく決まっていませんが、10^{19} Pa・s程度、もっとも小さく見積もっても10^{18} Pa・sだと考えられます。最近のマントル対流のシミュレーションの研究では、あまりに粘性率が小さすぎると、大陸リソスフェアの底面が変形しすぎて削られ、地球史の時間スケールでみれば大陸がマントル対流に巻き込まれてしまうので、平均的には10^{20} Pa・sに近い値ではないかという考えもあります。

　下部マントルの粘性率は10^{22}～10^{23} Pa・sで上部マントルと比較して、10倍から100倍程度大きいとされています。一方、下部マントル最下部のD″（ディーダブルプライム）層は、コア・マントル境界の下にある高温の外核と接し、温度の深さ変化が大きくなる層（熱境界層）であるため、粘性率は10^{19} Pa・s程度か、もしかしたら、それよりも一桁か二桁か小さいとされています。そんな地球深部の岩石の固さなんてどうやって調べるの？と思われる読者もいるかもしれません。もっとも理想的な方法は、実験室で特別な装置を使って地球内部の高温・高圧の状態を再現し、人工的に地球内部の物質を作って、その性質や変形の仕方を調べる方法です。

　しかし、こういった物質科学的な方法では、対象が地球の

図2－13　（左）氷河作用による沈降と、その後の後氷期隆起のメカニズム。（右）スウェーデン・ゴットランド島の東の小島で見られる隆起海岸段丘

現在の隆起速度は毎年約2センチメートル。Turcotte and Schubert（2014, 2020）より

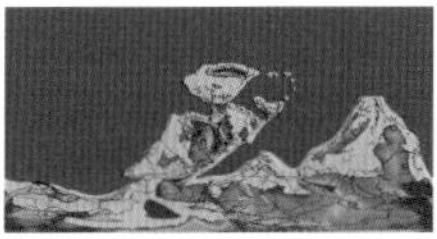

深部になるほど、その高温・高圧の状態を再現するのは技術的に困難になり、多くの実験データはありません。現在のところ、もっとも有効な方法は、マントル対流のシミュレーションで、プレート運動速度や地表面の地形や重力、ジオイドの分布など、地球物理学的な観測データをもっともよく説明するモデルを決めることによって、インバージョン的手法（一般的に、ある観測されたデータや結果から、それに見合うようなモデルや原因を推定すること）を使って下部マントルの粘性率を推定する方法です。

　地震波トモグラフィーから、沈み込んだプレートが下部マントル深部に到達していることから明らかなように、現在の地球のマントル対流は、上部マントルと下部マントルで二層には分かれているわけではなく、上部マントルと下部マントルで熱や流れの交換が行われ、マントル全体で一つの対流システムが成立しています。地震波トモグラフィーの登場以前は、上部マントルと下部マントルの鉱物相の変化により、マントル対流が二層に分かれているという議論がありましたが、最近では、化学組成の違いにより、過去のマントル対流が二層に分かれているのではないかという議論があります。

　兵庫県佐用郡にある大型放射光施設SPring-8は、光の速さほどに加速した電子ビームを曲げたときに発生する「放射光」という光を使って、原子・分子レベルでの物質の形状や機能を調べることができる研究施設です。SPring-8は、生命科学や環境・エネルギー、新材料開発などさまざまな分野の研究開発に貢献していますが、地球内部構造の理解にも大きな貢献をしています。

　2019年にドイツ・バイロイト大学などの国際共同研究チームが発表したSPring-8を使った研究により、下部マントルは、平均的な化学組成でいえば、上部マントルと同じ物質で構成されていることがわかりました。このことは、現在の地球のマントルは地球の歴史を通じて比較的よく撹拌された状態で、上部マントルと下部マントルで対流を遮るほどの密度や粘性率の違いはないと言えます。そして、過去の地球（例えば、30億年前の太古代）では、上部マントルと下部マントルは平均的にみても異なる化学組成からなり、二層対流に近かったという推定もなされています。

　こういった地球の進化を紐解くためには、マントル遷移層の実態が鍵になります。深さ６６０kmでのリングウッダイトからブリッジマナイトへの相変化（図2―6）は従来地震学的には厚さ2km程度で緩やかに変化するとされていましたが、SPring-8を使った解析ではそれがたった250メートル程度の厚さで急激に変化することが報告されました。地震波トモグラフィーによって沈み込むスラブの形態はよくわかってきましたが、コア・マントル境界から発生する上昇プルームは直径100km以下で上部マントルと下部マントルの境界でどのように振る舞いが変化するのかはいまだよくわかっていません。深さ660kmが上昇プルームにとって一つのバリアーになって、そこから枝わかれして地表まで到達するのか、何の抵抗もなく通り抜けるかなど、マントル遷移層付近の謎は、今後の研究で徐々に明らかにされていくものと期待します。

2-6 もっとよくわからないマントルの深部

世界各地の沈み込み帯から沈み込んだプレートがコア・マントル境界上に到達し、「スラブの墓場」を作っていることは2―3節で述べました。スラブの墓場は、高温のコアの熱をより効率的にマントル側に移動させる役割を果たします。それは、熱は高温側から低温側に移動するので、冷たいスラブの残骸がある場所では、同じ深さの平均的な温度をもつマントルよりも、熱伝導により高温のコアの熱を奪ってくれるためです。

逆に、平均よりも高温のマントルには、コアからの熱がマントル側にあまり移動しません。そういったスラブの残骸がない場所は、プレートの沈み込みに伴うマントルの下降流を補償するように、高温のマントルが上昇している場所になっているはずです。地震波トモグラフィーによると、南太平洋下と、アフリカ大陸から大西洋下に、広範な地震波低速度異常域が見られ（図2―4③）、これはよく、大規模低速度領域（Large low-velocity provinces）、あるいは、英語の頭文字をとってLLVPとよばれます。このLLVPの実態は、コア・マントル境界から発生する円筒状の細い上昇プルームがクラスター的にたくさん密集しているのか、あるいは、コア・マントル境界上にある、一つの大きな高温域の塊なのか、いまだよくわかっていません。

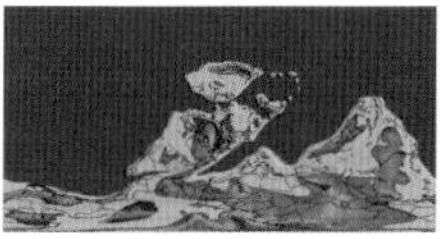

図2―14はLLVPの考えられる4つのシナリオで、「クラスター型」、「ドーム型」、「安定パイル型」、「巨大安定パイル型」とよぶことにします。ここで、「パイル」とは、積み重なった山を意味します。結論から言うと、この中でもっともらしいのは、「クラスター型」、「安定パイル型」、「巨大安定パイル型」です。「ドーム型」のような高温領域の塊はマントル対流のシミュレーションからは再現されず、パイルと周囲のマントルの密度差や粘性率の差からも物理的に考えにくいからです。一方、「安定パイル型」と「巨大安定パイル型」では、パイルの縁の不安定な場所から上昇プルームが発生することが分かっており、「クラスター型」とあわせて、合理的です。

　パイルは高温なのに密度が大きいという、周囲のマントルの岩石とは異なる化学組成ともつ不思議な正体をしており、そのために、地球の長い歴史で、マントル対流によってあまり撹拌されずに安定して存在し続けてきました。地球科学のさまざまな研究から、パイルの実態は地球形成時に蓄えられた重い物質（鉄やニッケルを多く含む岩石）が現在でも残っているもの

図2－14　地震学的に観測される大規模低速度領域（LLVP）に関する4つのシナリオ

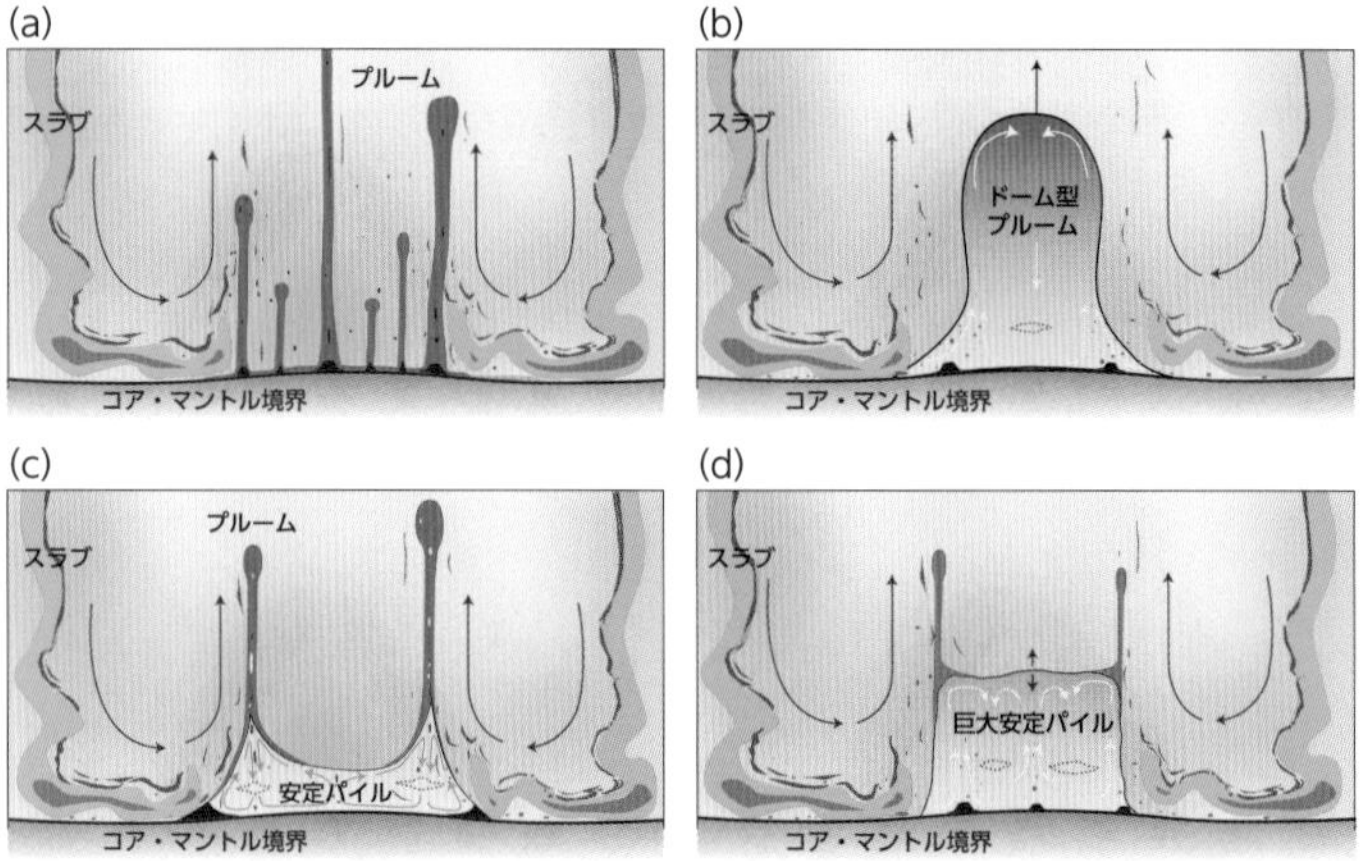

(a) コア・マントル境界上の熱境界層から多くの細いプルームが上昇する場合、(b) 背の高いドーム型のプルームが上昇する場合、(c) 背の低いパイルの上部からプルームが上昇する場合、(d) 背の高い巨大なパイルの上部からプルームが上昇する場合。(c) よりもパイルの構造が不安定なので「準安定パイル」とも呼ばれる。Garnero et al. (2016) より

か、あるいは、地球の長い歴史で、沈み込んだ海洋地殻が徐々にかき集められたものと考えられています。いずれにしても、多くの放射性元素を含んでいる可能性があり、マントルの放射性熱源の大部分がパイルに存在することになります。

マントル深部の化学組成変化を考慮した、本格的なマントル対流の三次元全球モデルのシミュレーションは、２０００年代から行われるようになりました。その中で、世界でいち早く行った、米国コロラド大学のグループは、約４億５０００万年前から現在までの段階的なプレート運動の歴史を考慮したシミュレーションを行い、２０１０年に発表しました。その結果によると、超大陸パンゲアの分裂後、最近の約1億２０００万年間のプレート運動の歴史がアフリカ下の「安定パイル」の形成に重要な役割を果たしたことがわかりました。このことは、現在の環太平洋で沈み込んだプレートが高温・高密度のマントル物質をアフリカ大陸から大西洋にかけた領域のマントル深部にかき集め、安定パイルを形成させたことを意味します。

一方、太平洋下のLLVPは、それ以前、つまり、超大陸ロディニアの分裂過程で形成された可能性があります。今後、海洋底で起こる地震の観測網がさらに増え、下部マントル最深部の構造を十分に解像できるほどのデータが得られるようになれば、パイルの実態、特に、それを構成している物質の起源や化学組成、そして、二つのLLVPの形成の歴史がもっと解き明かされていくと思います。

2-7 マントルのレオロジー

マントル対流をシミュレーションするときの、もっとも根幹の問題はレオロジーです。レオロジーとは一般には聞き慣れない言葉ですが、地球上のあらゆる物質に関係し、物体にある力を与えたときに、その物体がどのように変形したり、流れたりするかといったルール（流動則）のことです。あらためて調べると、レオロジーの語源はギリシャ語に由来するそうです。マグマの語源もギリシャ語のようで、練り粉や糊など粘り気のある物質をまとめて指すそうですが、おそらく、物質

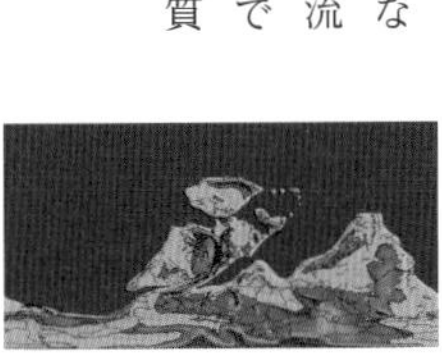

の根本の性質に関わるような用語はほとんど古代ギリシャの文化から広まったのでしょう。

地殻やマントルを構成する岩石の歪速度は、温度や圧力、応力、構成鉱物の結晶の粒径、構成鉱物に含まれている水の量などに依存します。粘性率は物質にかかる力を物質がずれる速度で割ったもの、つまり応力を歪速度で割ったもので定義されますので（1―2節）、粘性率もこれらの物理量に複雑に依存します。

地殻やマントルを構成する岩石が変形するメカニズムには、「拡散クリープ」と「転移クリープ」があり、実際のマントルでどちらのクリープが支配的であるかは地球内部の温度や圧力の条件によりますが、拡散クリープが卓越する状態ではマントルは、歪速度と応力が線形（比例）関係にある流体（いわゆる、ニュートン流体）として振る舞い、転移クリープが卓越する状態では、歪速度が応力のべき乗に依存する非線形流体（非ニュートニアン流体）として振る舞います。歪速度と応力を関係づける式は、「構成方程式」とよばれます。

ここでは、グローバルな現象から離れて、先ほどせっかく、マグマの語源の話題を出したので、火山の下にあるマグマの組成がマグマの上昇にどのような影響を及ぼすか例に出してみましょう。図2―15はマグマがケイ素の枯渇した融けた岩石（苦鉄質のメルト）からなり粘性率が低い場合と、ケイ素に富んだ珪長質のメルトからなり粘性率が高い場合の両方において、

図2－15　数値シミュレーションで再現される、リソスフェアと地殻を通過するマグマ

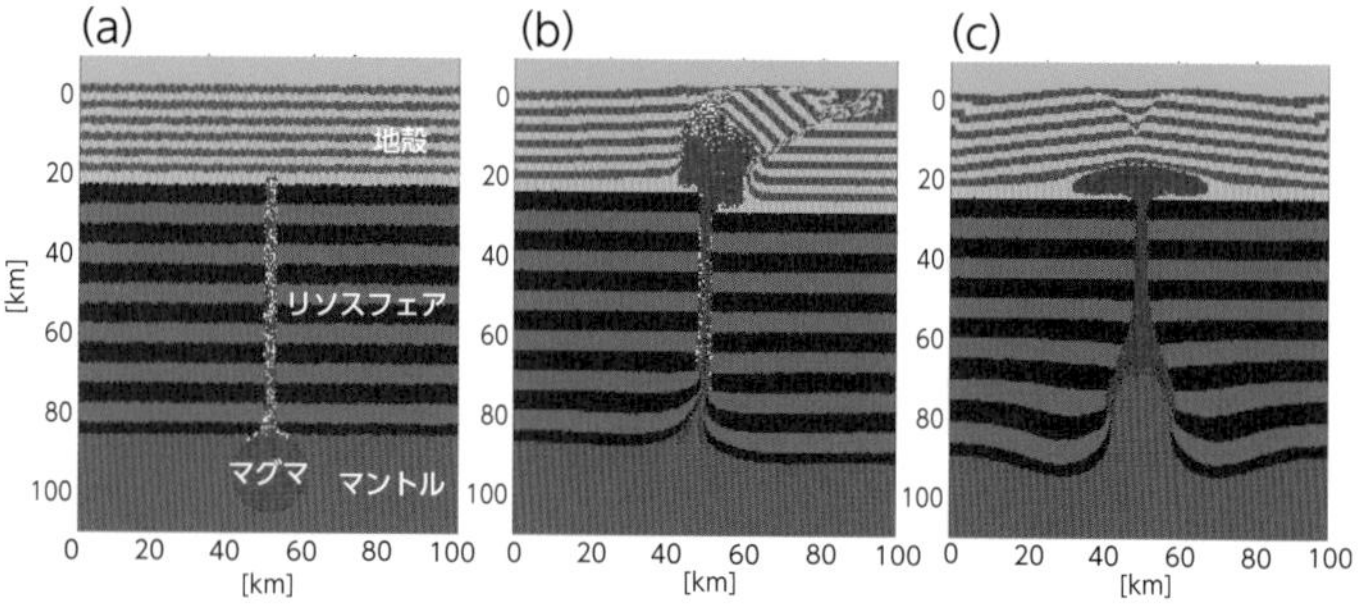

(a) 設定したモデル、(b) マグマの粘性率が低い場合 (10^{13} Pa・s)、(c) マグマの粘性率が高い場合 (5×10^{14} Pa・s) の結果。

マグマがリソスフェアと大陸地殻をどのように通り抜けるかを調べた簡単なシミュレーション結果です。前者の場合では、粘性率が小さく、上昇速度が速いので地殻を勢いよく突き抜けてやがて浮力と周りの地殻の岩石の抵抗力が釣り合うところで止まりますが、後者の場合では、地殻を突き抜けずに地殻とマントルの境界に溜まるようになります。

　このシミュレーションでは、実際にマグマの噴出までを再現するモデルではありませんが、教科書的な代表例として浅間山や桜島の火山の下のマグマは安山岩質、アイスランドのラキ火山やクラプラ火山の下のマグマは玄武岩質、伊豆大島や三宅島の火山はその中間です。テレビなどでアイスランドの火山から溶岩が流れ出ている映像を見た方は多いと思いますが、マグマの粘性率が小さいほど、割れ目から大量に流れ出ます。一方、伊豆大島の最近の噴火は1986年で、こちらもテレビのニュースなどで山頂から花火のように吹き出している映像が記憶にある方もいると思いますが、比較的粘性率が高いとマグマが火山弾やスコリアといった岩石の欠片と一緒に間欠的に噴出します。

　岩石の歪速度、あるいは、粘性率に対する温度の依存性の程度は、活性化エネルギーという、物質がある状態から別の状態に変わる時に乗り越えなければならないポテンシャル（エネルギー）の障壁の高さで表されます。さらに、地球内部は高圧で、そのエネルギー障壁も圧力によって大きく依存しますので、その圧力に対する依存性の程度は活性化体積とよばれる量で表されます。これらの値は、地殻やマントルの岩石種を構成する鉱物によって異なり、世界中の研究者によって室内実験で調べられています。こうした実験では、岩石の破壊強度を知ることを目的として、地下の温度や圧力などのさまざまな状態を再現できる実験装置を開発し、これを用いた岩石がどのように変形するかを調べる実験を行います。

　しかし、そのような岩石変形実験では、地殻やマントルを構成する代表的な鉱物ごとに多くのデータが出されているものの、拡散クリープと転移クリープの違いや、鉱物に含まれる水の量、また、実験の条件に違いによって、活性化エネルギーや活性化体積など、レオロジーを決定する物理量が大きく異なる場合があります。したがって、著者のような実験データを使用する側の研究者にとっては、扱う研究課題や数値モデルによって慎重にデータを選択する必要があります。特に、活性化体積は、高圧下でも、鉱物に含まれる水の量が多いほど小さくなります。図2―16（a）は拡散クリープの場合で、

活性化体積の違いによってリソスフェアの下の深さ400 kmまでのマントルの粘性率がどの程度変わるかといったことを説明しています。活性化体積の選択によって、深さ400 kmで粘性率が何桁も変わることがわかります。

地表面からコア・マントル境界までの粘性率の深さによる変化は、基本的には図2―12のとおりですが、最近10年や20年で特に注目されているのは、一つには、深さ約410 kmと約660 kmの間のマントル遷移層の粘性率がかなり小さいのではないかいうことです。これは、沈み込むプレートからマントル内部に取り込まれた水（水素イオン）が下部マントルには入りにくいのでその上のマントル遷移層で溜まっているのではないかという考えにもとづいています（図2―16（b）の赤線）。

もう一つは、下部マントルの粘性率の急激な増加が、深さ約660 kmの上部マントルと下部マントルの境界ではなく、深さ1000 kmあたりのところにあるのではないかという説です（図2―16（b）の黒線）。これは、一つには、地震波トモグラフィーによって世界中で沈み込んだプレートのうちのいくつかは、深さ1000 km付近で横たわっているように見えるというところから来ています（図2―5）。また、別の地球物理モデルでは、下部マントルに急激な粘性率の増加はなく、深くなるに従い緩やかに増加し、深さ2000 km付近

図2－16　(a) 活性化体積の違いによる、深さ400 kmより浅い部分のマントルの粘性率。(b) 図2－12以外に考えられる、地表から深さ2891 kmまでのマントルの平均的な粘性率分布の一例

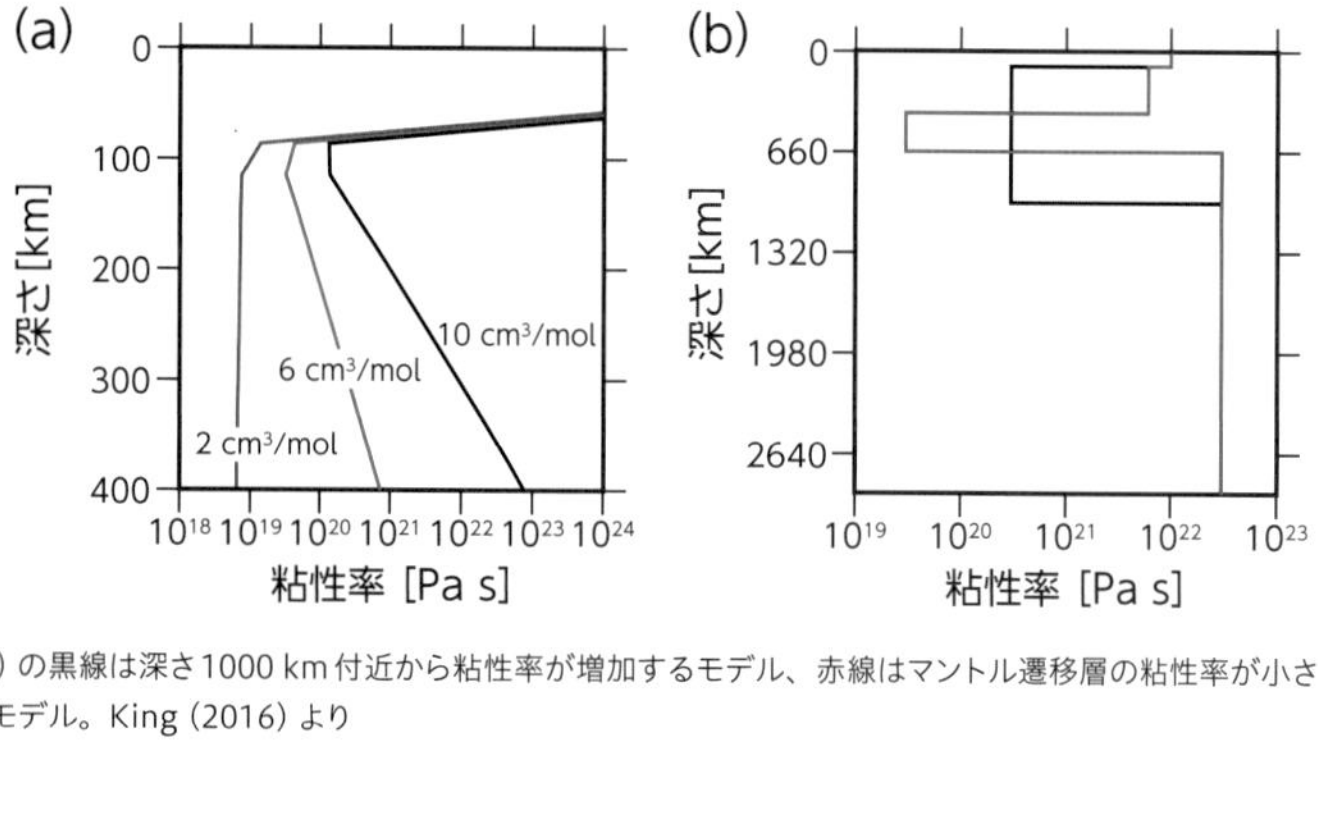

(b) の黒線は深さ1000 km付近から粘性率が増加するモデル、赤線はマントル遷移層の粘性率が小さいモデル。King (2016) より

で粘性率のもっとも高いピークがあり、さらに深くなると減少するというモデルもあります。

いずれにしても、マントル遷移層より深い場所の粘性率は、後氷期隆起運動の解析や、マントル対流のシミュレーションのような地球物理学手法からは厳密に決定するのは困難で、一筋縄にはいきません。将来、物質科学的、鉱物物理学的な手法により、マントル深部までの粘性率が決定されることを期待しています。

2-8 マントルのエネルギー収支

地球の内部は深部にいくほど高温ですので、基本的に内部から地表へ熱が移動しています。この地球内部の熱はどこから来るのかといった問題は、固体地球科学の第一級の問題です。地殻熱流量の合計（全地殻熱流量）は、観測から45～49TW（テラワット＝10^{12}）程度と推定されています。その熱量の内訳は次のとおりです（図2—17）。

①コアからマントルに入ってくる全熱量が約5～15TW。
②マントルの冷却によって放出される全熱量が約9TW。
③上部マントルと比べて大量の放射性元素が濃集している大陸地殻の発熱量が約7TW。
④上部マントルを構成する岩石に含まれる放射性元素（ウラン、トリウム、カリウム）の壊変による発熱量が約2TW。
⑤下部マントルを構成する岩石に含まれる放射性元素の壊変による発熱量が約12～16TW。

このうち、内訳①はコアの対流の理論解析や数値シミュレーション、あるいは、もう少し直接的には、コア・マントル境界の直上にある岩石を高温高圧実験で再現し、その熱伝導率と、コア・マントル直上の温度勾配が推定できれば見積もることができます。この値は、さまざまな研究から5～15TW程度とかなり不確定さがありますが、最近の議論では、15TWに近いとする研究もあります。

地球は約45億4000万年前に形成された時に蓄えられた熱、つまり、もともと地球がもっている熱（始原熱）が放

出され続けていますが、内訳②はその熱量です。この熱量は、マントルの熱収支の理論モデルで求まりますが、マントルを構成する岩石の物性値の選択や理論モデルの違いによって大きな幅があります。ここでは標準的なモデルから得られている値として、約9TWとします。

内訳③と④は、地殻やマントルには、ウラン、トリウム、カリウムといった放射性元素が壊変する際に熱（崩壊熱）で、それぞれの半減期によって時代ともに発熱量は小さくなっていきます（図2―18）。これらの放射性元素はマイナーな元素ですが、なにより地球自体が巨大ですので、すべての崩壊熱を足し合わせると膨大な量になります。地殻の岩石は直接測定することで推定できますが、地殻やマントルに含まれる放射性元素の総量は隕石の分析から推定することができます。コアに関しても、主成分である鉄との親和性などから、どの程度の放射性元素が含まれるかを推定することができますが、それによるとコアには放射性元素はほとんど含まれていないことがわかっています。

内訳③の約7TWは、大陸地殻の代表的な岩石である花崗岩の崩壊熱で、内訳④の2TWは上部マントルを代表する放射性同位体に枯渇したカンラン岩の崩壊熱とし、そ

図2－17　地球のマントルの熱収支

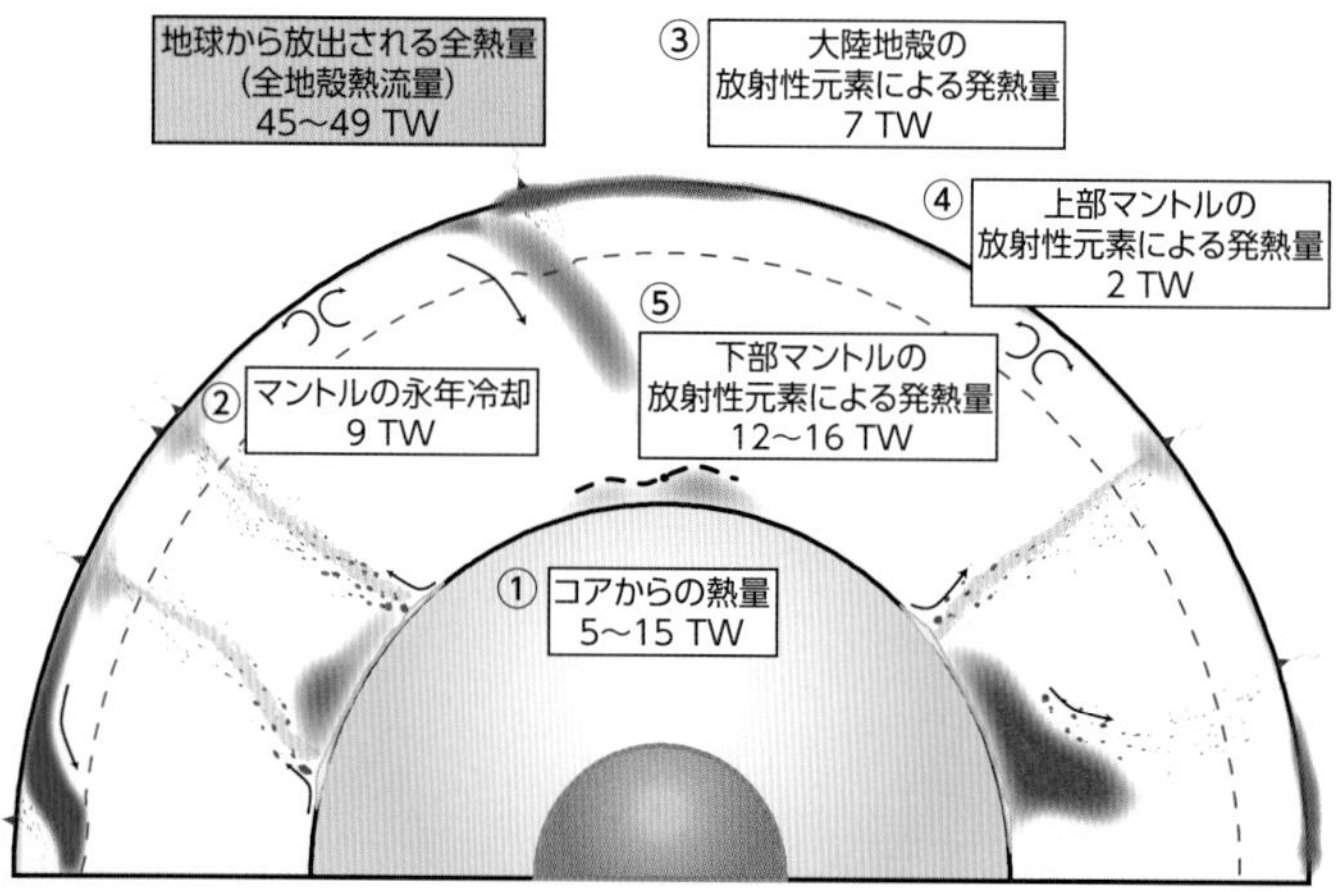

全地殻熱流量はDavies（2013）、コアからの全熱流量はFrost et al.（2022）にもとづく。その他の内訳は著者の推定。

れらの岩石の単位質量当たりの発熱量から計算した値です。一方、内訳⑤の下部マントルを構成する岩石についてはよくわかっていないので、全地殻熱流量の45〜49ＴＷから内訳①〜④を差し引いた、間接的に見積もった値となっています。

　近年では反ニュートリノによる観測でマントルの内部発熱量を求めることが可能になっています。カムランド（KamLAND）は、東北大学大学院理学研究科付属ニュートリノ科学研究センターが所有する反ニュートリノ検出器で、岐阜県飛騨市の神岡鉱山の地下１０００メートルという、たいへん深い場所に設置されています。放射性物質が崩壊する際には、反ニュートリノという素粒子が放出されるので、反ニュートリノの量がわかれば放射性物質の崩壊熱の量がわかります。

　２０１１年に発表された論文によると、大陸地殻のウランとトリウムの崩壊熱は③の見積もりと同じで７ＴＷで、マントルのウランとトリウムの崩壊熱の量は不確かさが大きいですが、約10ＴＷ、大陸地殻とマントルのカリウムは検出限界を下回りますが、約４ＴＷでした。したがって、大陸地殻とマントルのウラン、トリ

図2－18　マントル内の各放射性元素の壊変による発熱量と、それらを足し合わせた全発熱量の時間変化

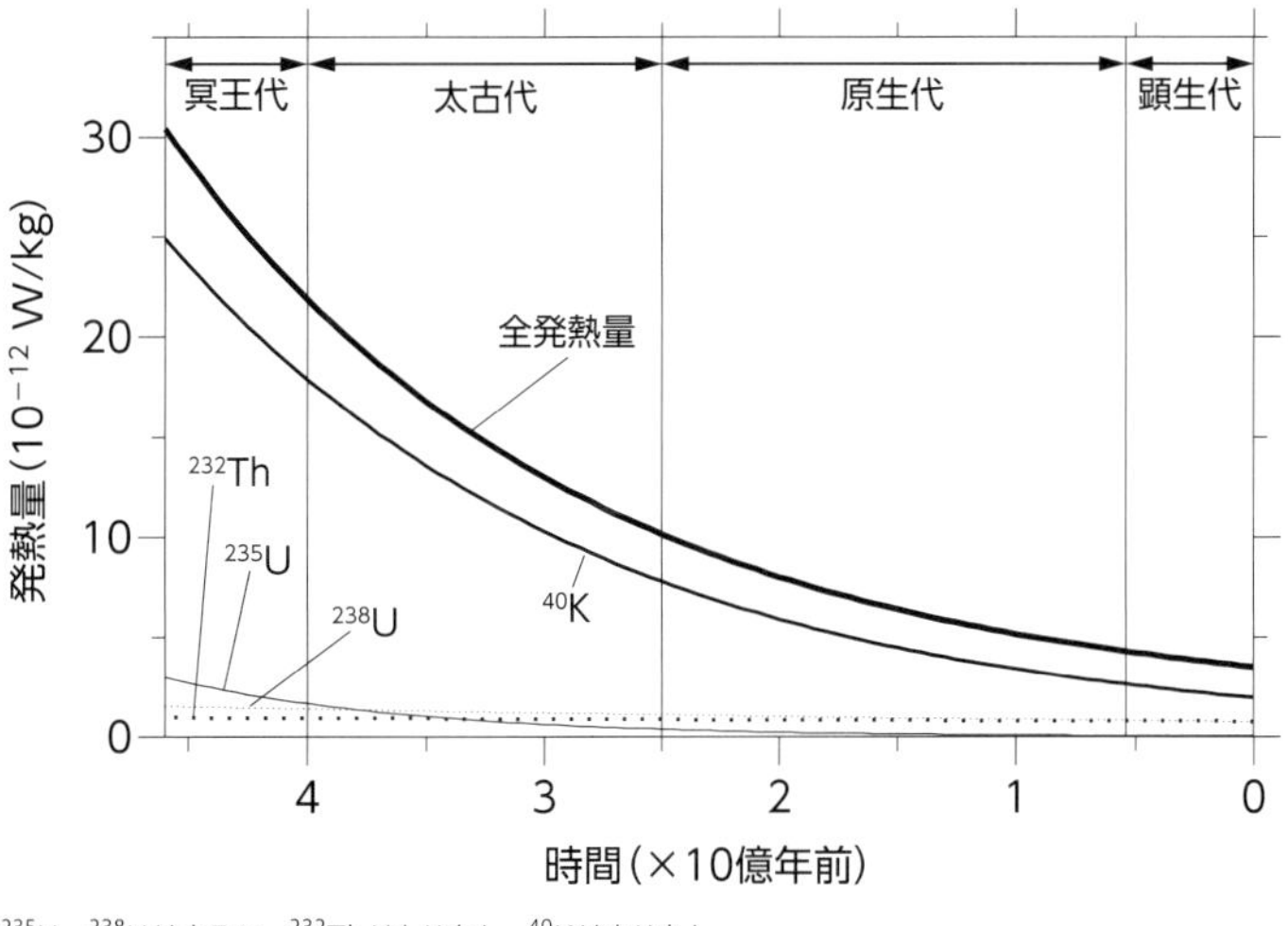

^{235}U、^{238}Uはウラン、^{232}Thはトリウム、^{40}Kはカリウム。

ウム、カリウムの崩壊熱は約21TWになり、③と④と⑤を足し合わせた値（21〜25TW）と整合的と言えます。いずれにしても、重要なことは、下部マントルでの崩壊熱は全地殻熱流量の半分程度にも達する可能性があることで、2—6節で触れたとおり、その多くの発熱量は下部マントル深部のパイルに含まれているものと考えられます。

　全地殻熱流量の内訳を探る研究も重要ですが、それだけの熱量がどのような手段で運ばれるかも興味深い問題です。ホットスポットはマントルの内部の熱を宇宙空間に放出する役割を果たしていますが、ホットスポットプルームが運ぶ熱流量は、地球上のホットスポットプルームをすべて足し合わせても、たかだか2〜3TWとされています（表2—1の7・2×10^{19}Jを熱量に変換した値）。これはコアからマントルに入ってくる全熱量である約15TWのたった20％以下です（もし、5TWだとしても半分程度）。したがって、約15TWのうちの大部分はコア・マントル境界に溜まっている、地表から沈み込んだ冷たいプレートを熱伝導で温め、周囲のマントルの温度と同化させるために使われているものと考えられます。

　このように地球内部の構造や運動の研究は進んでいますが、いまだわからないことだらけで発展途上です。したがって、現在の地球がどういう道のりを歩んできたのか、将来どうなるのかといった予測を行うためには、現在の地球内部の研究と同時に、現在の地球の表層に残された「記憶」を掘り起こす必要があります。そして、地球史でもっとも時間スケールが長い地質現象である大陸の離合集散のメカニズムや原動力を解明することで、逆に地球内部の運動の歴史の理解に繋がります。そこで、次章では、大陸移動に力点を置いて、地球の表層や内部の歴史について紹介します。

column

プルームはいくつあるのか

2-8節で触れたとおり、地球上のホットスポットプルームが運ぶ熱流量は合計で2〜3 TWですが、これは全地殻熱流量45〜49 TWのたった約5%程度です。活発な熱対流運動をしているマントルではプルームによって効率的に熱が上方に運ばれているはずなのに、これはやや驚くべきことです。

したがって、地球上にホットスポットとして現れない小さなマントルプルームが実はもっとたくさんあるという考えがありますが、これは非常に規模の小さいプルームを検知できる地震学的な観測技術が必要で、なかなか答えが出るものではありません。そこで、著名な地球物理学者でフラクタルの専門家でもあるドナルド・ターコット博士らは、1999年に「どのくらいの数のプルームがあるのか？」というタイトルの論文を発表しました。彼らは、大規模〜中規模のホットスポットプルームの累積頻度分布が、べき乗則でよく近似できることを示し、地球の海底上に海山がたくさんあるのは、海底上にホットスポットとして現れない規模の小さなプルームがたくさんある証拠だとしました。

図2-19は、横軸にプルームの熱流量（Q）で、単位は10^9 W = 1 GW（ギガワット）、縦軸にホットスポットプルームの規模を大きい順（N_c）にプロットしたものです。ホットスポットプルームのうち、比較的規模がよくわかっている43個のデータのみを用い、明らかに直線に乗らないもっとも規模が小さいホットスポット（青色の丸）は省いて直線を引いています。プレートの面積のべき乗則（図1-8）と同様に、このプロットができるだけ直線に乗るほどべき乗則が成立することになります。

ターコットは、リソスフェアを突き抜けないで、大陸リソスフェアや海洋リソスフェアの底面を暖めているプルームが多くあるとすると、図2―19の直線を左側にさらに外挿することで、そのような小さい規模のプルームの数を推定できるのではないかと考えました。ここで、コア・マントル境界から発生するプルームのうち、もっとも規模の小さいプルームを想定して、そのテイルの直径を100 km、上昇速度を10 cm/yr、周りのマントルとの温度差を100℃と仮定すると、プルームが運ぶ熱流量は、ざっくりと10 GWと見積もられます。そして、ターコットのアイデアにもとづいて、プルームの熱流量の下限値を、仮に10 GWとすると、図2―19のように、N_cは約184となります。先に、ホットスポットプルームは「世界中に70個以上ある」と書きましたが、この推定が

正しいとすると、このほかにあと100個以上の地表に現れない規模の小さいプルームがあることになります。

米国スミソニアン博物館のデータベースによれば、過去1万年に噴火した火山（活火山）は世界中に1350個以上、さらに新生代第四紀（約250万年前）以降に噴火したと思われる火山も加えるとさらに1300個以上あります。活火山の原動力となる熱の起源の多くは、地球深部からのホットスポットプルームによるものだと考えられますが、そのほかに、海洋プレートの沈み込みによって海水を含んだ地殻がマントルの比較的浅い部分（深さ数10～100 km程度）で脱水するために、マントルウェッジで水によって融かされた軽いマントルが上昇するものもあります。海底や陸上に現れないマントルプルームがプレートの下にたくさん隠れているとしても不思議ではありません。

図2－19　ホットスポットプルームの規模のべき乗則

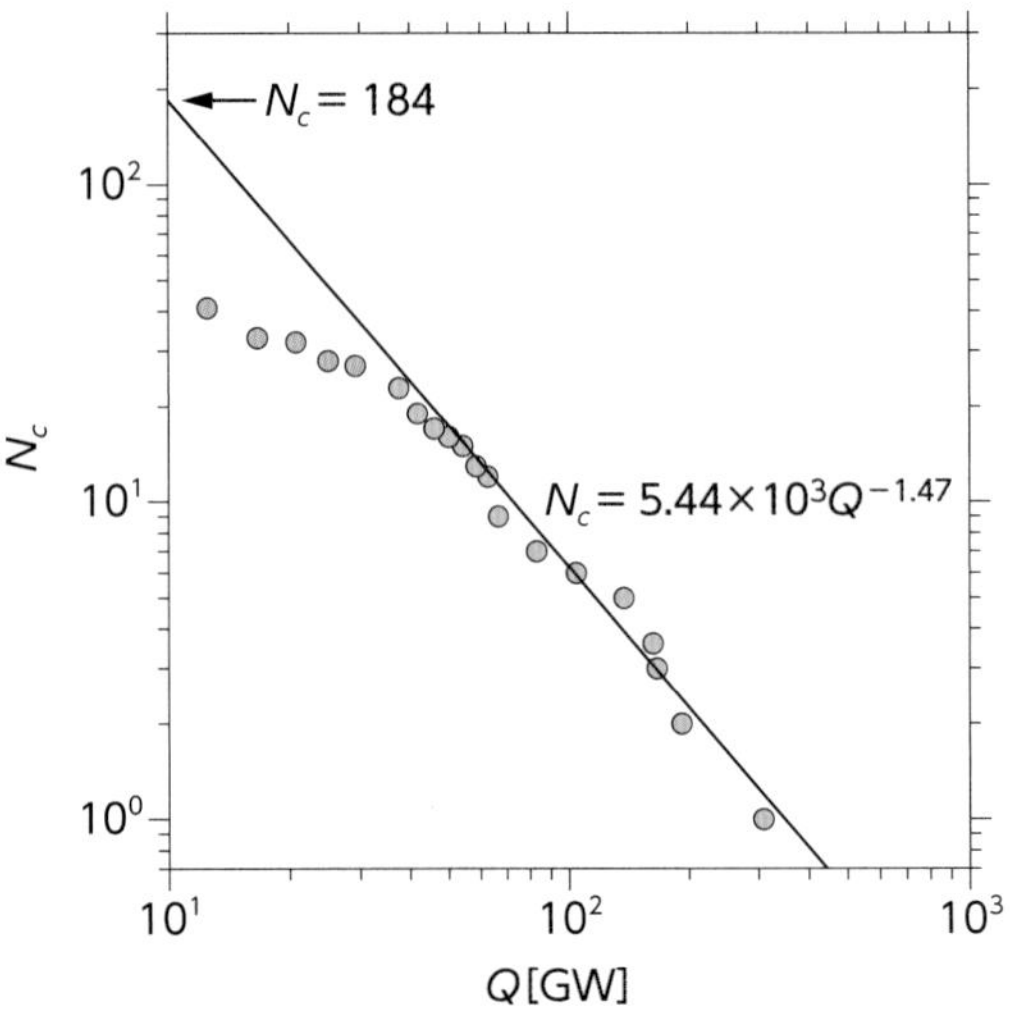

横軸はプルームの熱流量（Q）で、単位はGW（ギガワット＝10^9ワット）。縦軸はホットスポットプルームの規模の大きい順（N_c）。Malamud and Turcotte (1999) のデータにもとづく

第3章

大陸移動から見た地球の歴史

3-1 超大陸と「メガコンチネント」の誕生

地球の歴史を地質時代で区切ると、地球形成時から40億年前が冥王代、40億～25億年前が太古代、25億～5億４１００万年前が原生代、5億４１００万年前～現在が顕生代とよばれます。顕生代をさらに区切ると、約2億５２００万年前までが古生代、約６６００万年前までが中生代、それ以降が新生代と分かれます。原生代は、16億年前と10億年前を境界として、古原生代、中原生代、新原生代と名付けられていますが（図3―1）、本書では、場合に応じて具体的な年代を境とせず、原生代初期（前期）、原生代中期、原生代後期とよぶこともあります。

さて、地球の歴史や大陸移動の歴史を人に教えるときにたまにふと疑問に思うことがあります。それは、過去から現在に順を追って説明すればいいのか、あるいは、現在から過去に遡って説明した方がいいのか、ということです。世界史や日本史の教科書は必ず、過去から現在に向かって説明がなされますので、何も考えなければ、地球史もそれでいいのではないかとも思います。

米国ジョージ・メイソン大学のロバート・ヘイゼン博士が２０１２年に出版した『地球の物語』という本では、地球の約18億～8億年前の地球を『つまらない10億年間（The boring billion）』と例えています。この期間の地球の歴史は、それ以降から現在までの歴史に比べてよくわかっていないことはもちろんのこと、それ以前の歴史よりも理解が進んでいないためです。とは言っても、本章で紹介するとおり、21世紀に入ってから、世界の地質学者によって原生代中期以降の大陸配置の復元が急速に進み、この期間の地球の歴史もだんだん紐解かれつつあります。

したがって、地球の歴史を理解するうえでは、原生代初期から原生代中期の境界ごろが一つの大きな区切りですので、本節では、その時代から現在までの大陸移動の歴史を紹介し、原生代初期や太古代（25億年前）の大陸移動の歴史については3―4節で紹介したいと思います。

地球の歴史で超大陸は少なくとも3回形成されたことがわかっています（図3―1）。それらは約3億年前に形成されたパンゲア、約10億年前に形成された「ロディニア」、約18億～16億年前に形成された「コロンビア」です。ロディニアとコロンビアの形成時期は研究により諸説ありますが、もし超大陸の形成に周期性があるとすれば、6～8億年間隔で形成されると考えられます。そして、いったん、超大陸が形成されると、それが再び分裂が開始するまでには、1～2億年程度の「持続期間」があります。このような、大陸の離合集散に伴う超大陸の形成と分裂の繰り返しは、「超大陸サイクル」とよばれています。

「超大陸」の厳密な定義はなく、地球上のすべて、あるいは、ほとんどの大陸が地球の1箇所に集まった大陸をそのようによびます。ロディニアとコロンビアについては定かではありませんが、パンゲアはギリシャ語で「すべての大陸」が語源であるように、文字通り、地球上のすべての大陸が集まりました。そして、少し重要なことは、これらの超大陸が形

図3－1　超大陸（コロンビア、ロディニア、パンゲア）の形成の歴史

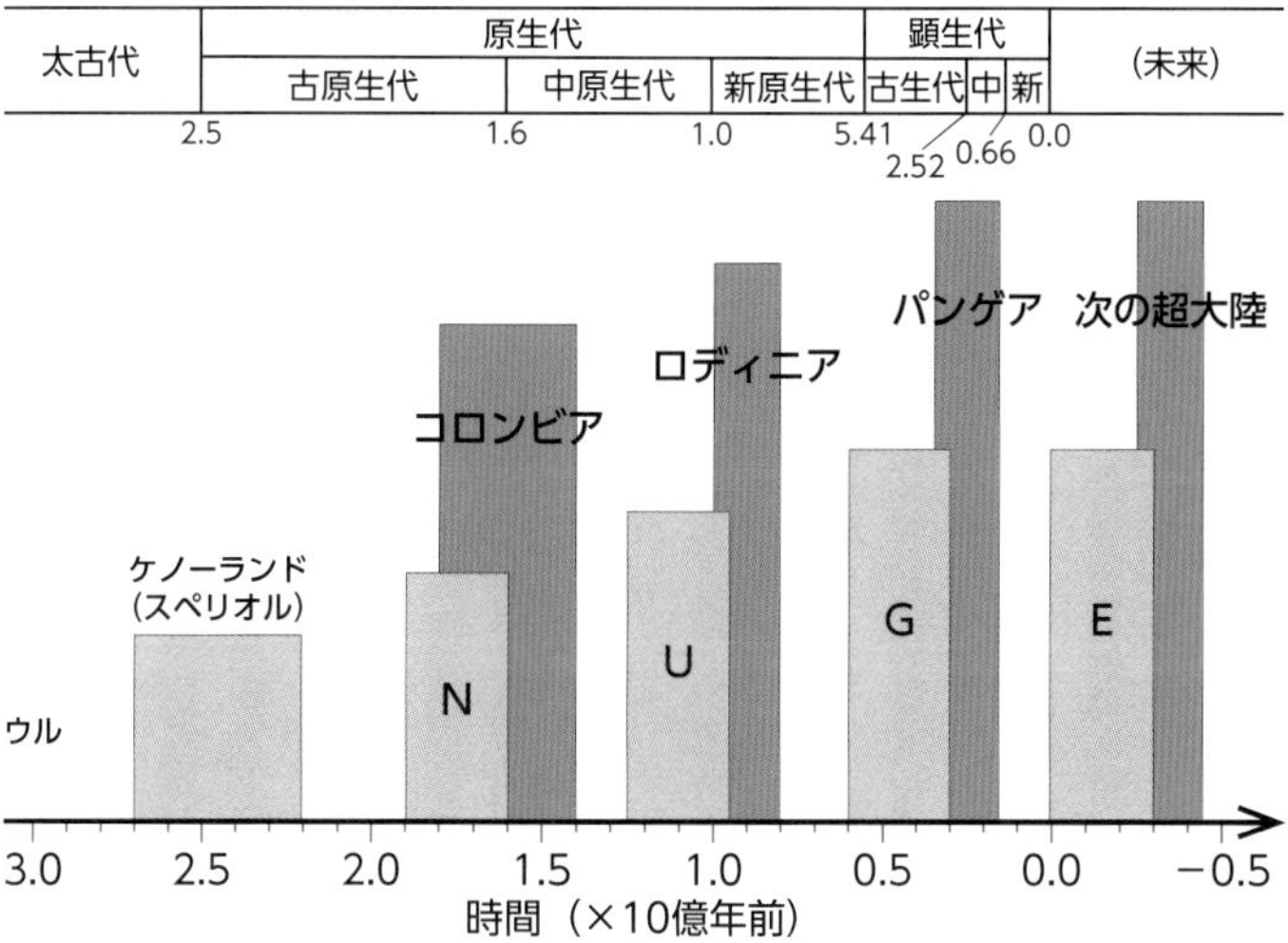

時間軸は30億年前から5億年後までを示している。顕生代の「中」と「新」は、中生代と新生代を表す。略語は、Nはヌーナ（ネーナ）、Uはウムコンディア、Gはゴンドワナ、Eはユーラシアの「メガコンチネント」を表す。

成される前には、すでに地球上の半分くらいの大陸が集まった「巨大な大陸」が存在していたらしいということです。その「巨大な大陸」は最近の論文にしたがって、本書では「メガコンチネント」とよびます。「巨大大陸」と漢字で書いてもいいのですが、「超大陸」と区別するために敢えてカタカナで書くことにします。図3―1にあるとおり、現在の地球のユーラシア大陸は、将来、「メガコンチネント」になりそうです。

　現在の地球にあるほとんどの大陸リソスフェアは太古代や原生代に形成された安定した「芯」をもっています（図3―2）。その厚さは深さ200〜250 km以上に達する場所もあります。この芯は「クラトン」とよばれます（日本語では、安定地塊、あるいは、楯状地と訳される）。3―6節で詳しく触れるように、クラトンは周囲のマントルよりも粘性率が高いとされ、地球の歴史でマントル対流にあまり巻き込まれずに地球上に

図3－2　世界の大陸地殻の年代分布

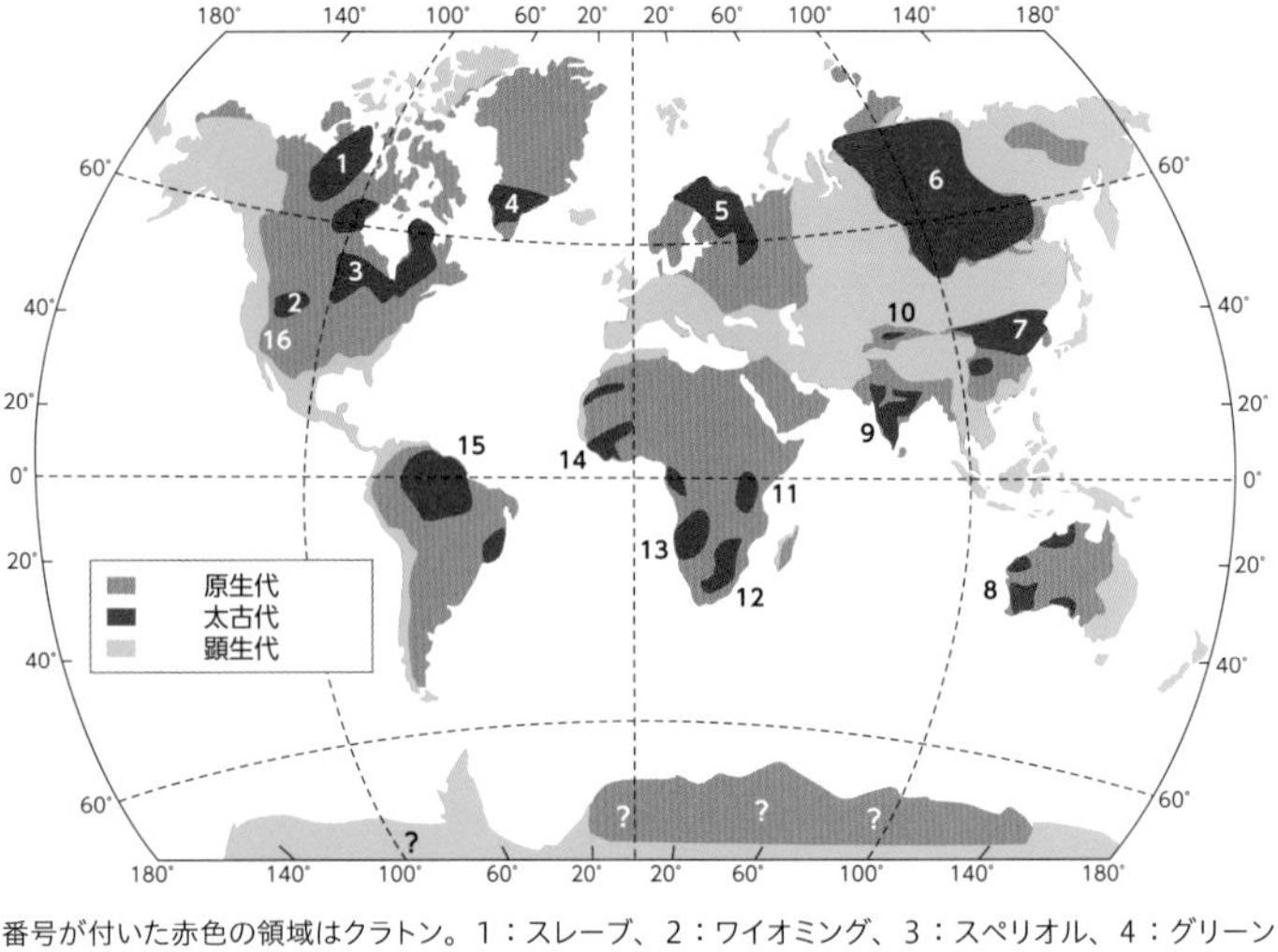

番号が付いた赤色の領域はクラトン。1：スレーブ、2：ワイオミング、3：スペリオル、4：グリーンランド、5：バルティカ（フェノスカンディア）、6：シベリア、7：北中国、8：西オーストラリア、9：インド、10：タリム、11：タンザニア、12：南アフリカ（カープバール）、13：コンゴ、14：西アフリカ、15：アマゾニア、16：コロラド高原。1、3、4を含む北米大陸東部とグリーンランドの一部のクラトンはまとめて、ローレンシアとも呼ばれる。
Lee et al. (2011) より

安定して存在してきたため、クラトンの地質構造が、パンゲア以前の地球の「大陸のパズル合わせ」をするほぼ唯一の手がかりとなります。

原生代初期から中期に存在していたとされる「地球史上最初の超大陸」は、まず、米国のポール・ホフマン博士によって、現在の北米大陸東部を構成するクラトン「ローレンシア」と、現在のヨーロッパの大部分を構成するクラトン「バルティカ」にある、原生代中期の地質帯の連続性にもとづき提唱されました。この超大陸は、「ヌーナ」（エスキモー語で「北洋沿岸の陸地」の意味）と名付けられ、また、ヌーナに現在の南極大陸の東半球部分（東南極）のクラトンを繋げた超大陸を「ネーナ」（North Europe and North America の頭文字）とよびました。

その後、こういった太古代のクラトンに加え、約23億〜18億年前に形成された世界の造山帯に注目して、当時の大陸をひとまとまりにした超大陸が、21世紀に入って復元されるようになりました。この超大陸は、当時米国ノースカロライナ大学のジョン・ロジャーズ（１９３０―２０１５）ら、また、別の研究グループの香港大学のグオチュン・ギャオ博士らによるそれぞれの２００２年の論文で、「コロンビア」と名付けられました。この名前は、復元された超大陸において、東インドと北米のコロンビア河地域の地質構造が繋げられることに由来しています。

超大陸コロンビアは、現在でも多くの研究者によって、より正確な復元をめざすべく、研究が進んでいますが、その復元作業は、現在の地球上のクラトンに残された地質帯の連続性と岩石の古地磁気学的な記録だけを頼りにした、いわば、「大陸のパズル合わせ」そのものでした。結局、コロンビアは、ローレンシア、バルティカ、シベリア、アマゾニア（現在の南米大陸北部）の太古代から原生代初期（約23億年前）のクラトンに加え、地球上のほとんどのクラトンが集まって形成されたものと考えられています（図3―3）。現在では、「ヌーナ」や「ネーナ」は超大陸コロンビアの誕生のもとになった「メガコンチネント」と考える説が有力です（図3―1）。

特に、ここ10年ほどでは、陸上に残された岩石の古地磁気学研究がかなり進展し、コロンビアの存在は支持されています。大陸地殻は形成当時の地磁気を記録していますが、地球は自転軸にほぼ対称的な磁場をもっているため、その地磁

図3－3　復元された超大陸コロンビア

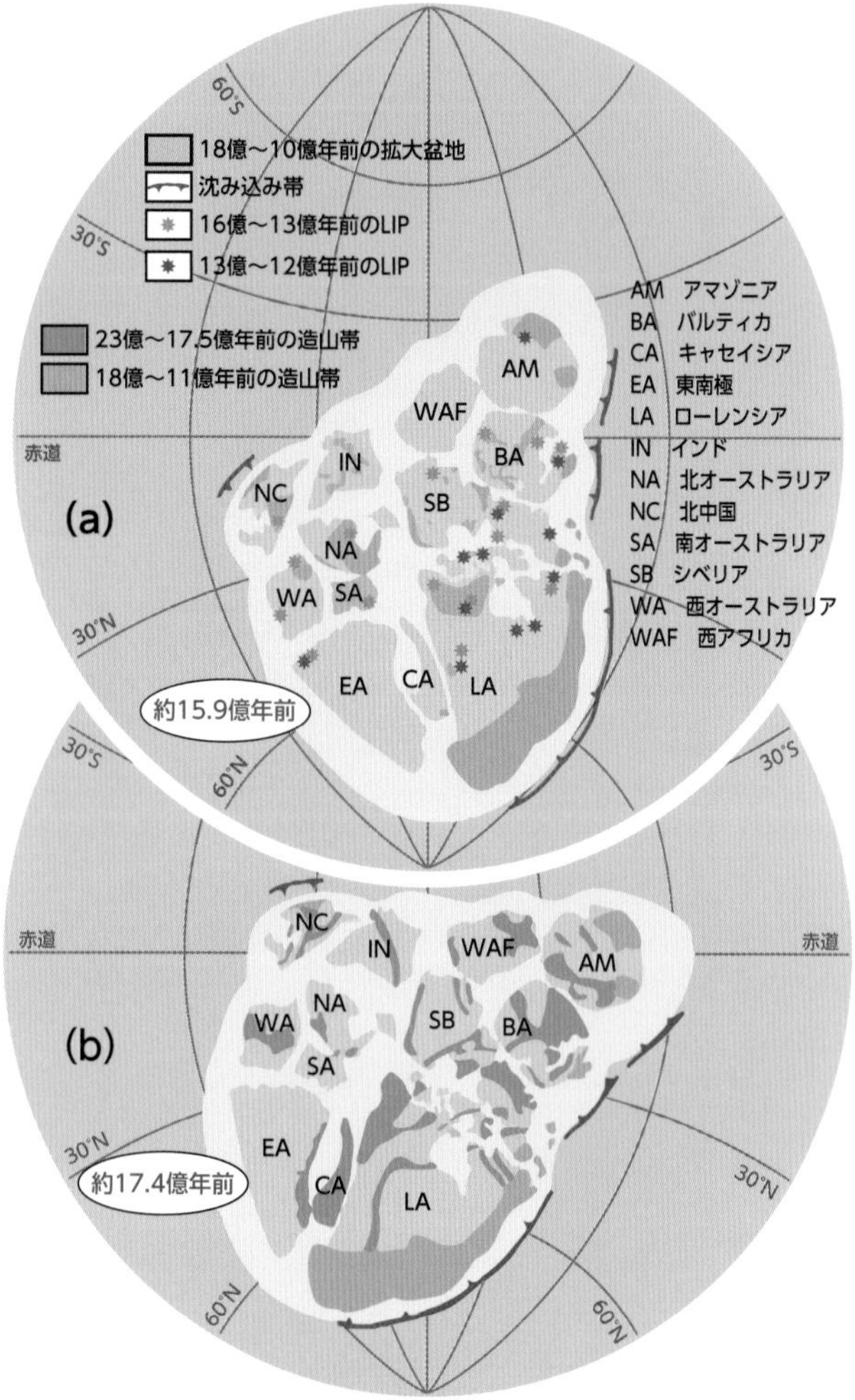

(a) 約15億9000万年前と (b) 約17億4000万年前の超大陸コロンビア。橙色と茶色はそれぞれ、約23億～約17.5億年前、約18億～約11億年前の造山帯を表す。「LIP」は大規模な火山活動の痕跡である「巨大火成岩岩石区」を表す（6－3節）。紙面上方が南半球。Zhang et al. (2012) より

気の状態は緯度のみに依存します、そのため、古地磁気学的証拠からも、復元された超大陸の位置が地球のどの経度を中心に存在していたかはわかりません。しかし、オーストラリア・カーティン大学の李正祥博士や、ロス・ミッチェル博士（現・中国科学院）らの最近の研究では、コロンビアはほぼ赤道をまたぐような低緯度域にあったとされており、加えてさまざまな地質学的証拠から、現在の大西洋付近にあったのではないかと推定されています。

超大陸コロンビアは約18億～16億年前に形成され、約15億～14億年前に分裂が始まったとされます。コロンビアが分裂したきっかけは、まだはっきりとは分かっていませんが、コロンビアの縁、特に大規模な造山帯があったと推定される場所に沿って広範囲に発達した海洋プレートの沈み込み帯によって、コロンビアの下にマントルの上昇流が発達し、それがコロンビアの分裂のきっかけになったとされています。地質学的な証拠からは、そのマントルの上昇流に伴う比較的大規模な火山活動は、約12億年前まで続いたと考えられます。

コロンビアの分裂後、次の超大陸であるロディニアが約10億～9億5000万年前までに形成されました。ロディニアは、北米大陸東岸に分布する約12億～10億年前の衝突型造山帯（グレンビル造山帯）を構成する岩石とよく似た造山帯が、現在のオーストラリア大陸や南極大陸の一部に分布し、かつてはそれらが帯状に分布していたと考えられる

図3－4　復元された超大陸ロディニア

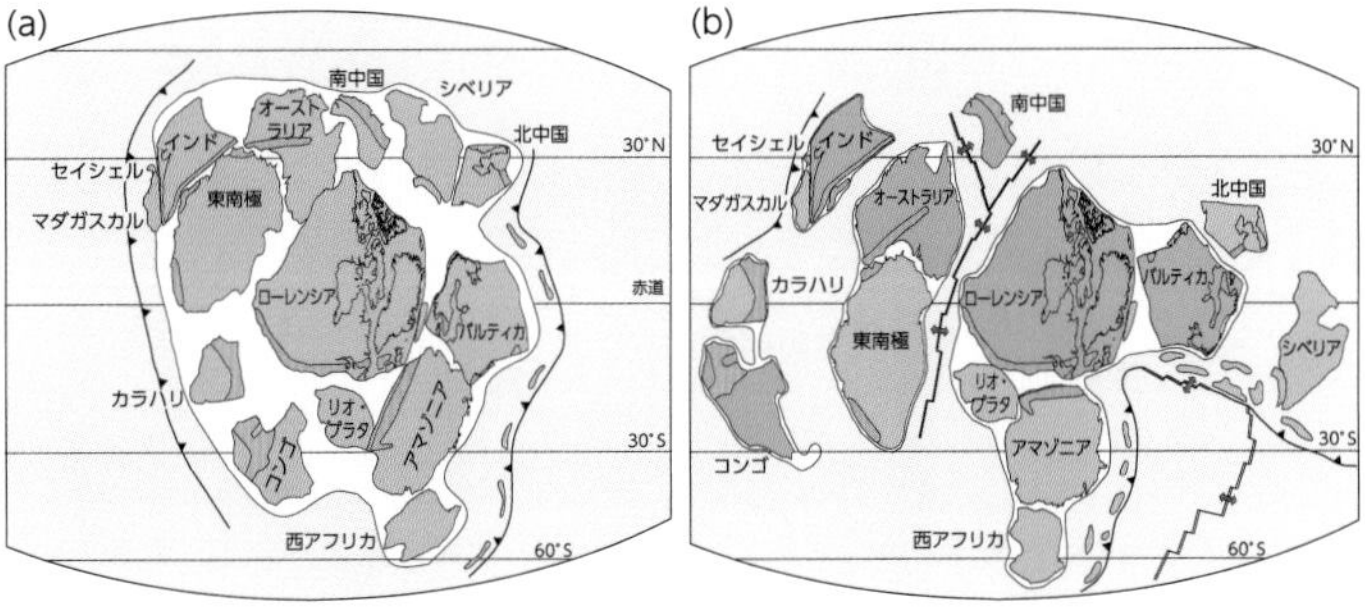

(a) は地質学的な証拠に基づいた復元図。(b) は大陸の古地磁気学データも考慮された新しい復元図。橙色は約13億～約10億年前の造山帯、濃い緑色は約7億5000万年前の古地磁気データをもつ大陸。Torsvik (2003) より

ことから復元できます。ロディニアの正確な形は、これまではっきりと定まっていませんでしたが、最近では、地質学的データと陸上の岩石の古地磁気学的データが整理されることにより、また、ローレンシア大陸やそれを取り囲むクラトンの配置を考えると、赤道をまたぐように低緯度域にあり（図3―4）、経度としてはほぼ地球の真反対、つまり、現在の太平洋付近を中心に存在していたと考えられています。

ロディニアは約8億～7億年前にかけて、おそらく、マントルの大規模な上昇流によって、大陸地殻が隆起し、さらに水平方向への引き伸ばされる「リフティング」とよばれる現象によって分裂したと考えられます。この上昇流によって新しい海嶺と海洋底（現在の太平洋に相当する海で古太平洋とよばれる）が生まれると同時に、ローレンシア大陸から東ゴンドワナ大陸（現在のオーストラリア、南極の一部、インドなど）が反時計回りに回転して分離しました。東ゴンドワナ大陸は、やがて、約6億～約5億年前には、アマゾニア、カラハリ（現在の南アフリカ）、コンゴ、西アフリカなどからなる西ゴンドワナ大陸と衝突して汎アフリカ造山帯とよばれる新しい造山帯を形成しました。この東ゴンドワナ大陸と西ゴンドワナ大陸が集まったメガコンチネントは、「ゴンドワナ大陸」とよばれます（図3―1）。あるいは、後に形成される超大陸パンゲアの南半分を指す「ゴンドワナ」と区別するために、「パノティア大陸」とよぶ研究者もいます。ゴンドワナ大陸は、現在のアフリカ大陸、南米大陸、南極大陸、オーストラリア大陸、インド亜大陸によって構成されたメガコンチネントです。

3-2 超大陸ロディニアから超大陸パンゲアへ

ロディニア分裂以降からパンゲアの形成までの大陸分布は地質学的にも古地磁気学的にも研究者の間でもほぼ一致しており、どの研究者が作った復元図もほとんど同じです（図3―5）。6億年前の原生代後期には、超大陸ロディニアから分裂したゴンドワナ、ローレンシア、シベリア、バルティカの各大陸がありました。5億年前の古生代カンブリア紀になると、ローレンシア、バルティカ、ゴンドワナの間にイアペタス海とよばれる新しい海が誕生し、さらに4億年前のデボン紀には、シベリア、バルティカが北上し、バルティカはローレンシアと合体しました。

やがて、ゴンドワナとローレンシア、シベリアの間にはそれぞれ、レイク海と古テーチス海とよばれる新しい海ができ、このころまでにイアペタス海は消滅しました。3億年前の石炭紀になると、シベリア、ローレンシアはさらに北上し、また、当初東半球と西半球にまたいで存在していたゴンドワナは南に約90度移動して南半球に位置するようになり、南北に延びる超大陸パンゲアの原形ができ始めました。

2億4000万年前の三畳紀のころになると、いよいよ、超大陸パンゲアの輪郭がはっき

図3－5　地質学的、古地磁気学的証拠をもとに復元された6億年前から現在までの大陸移動

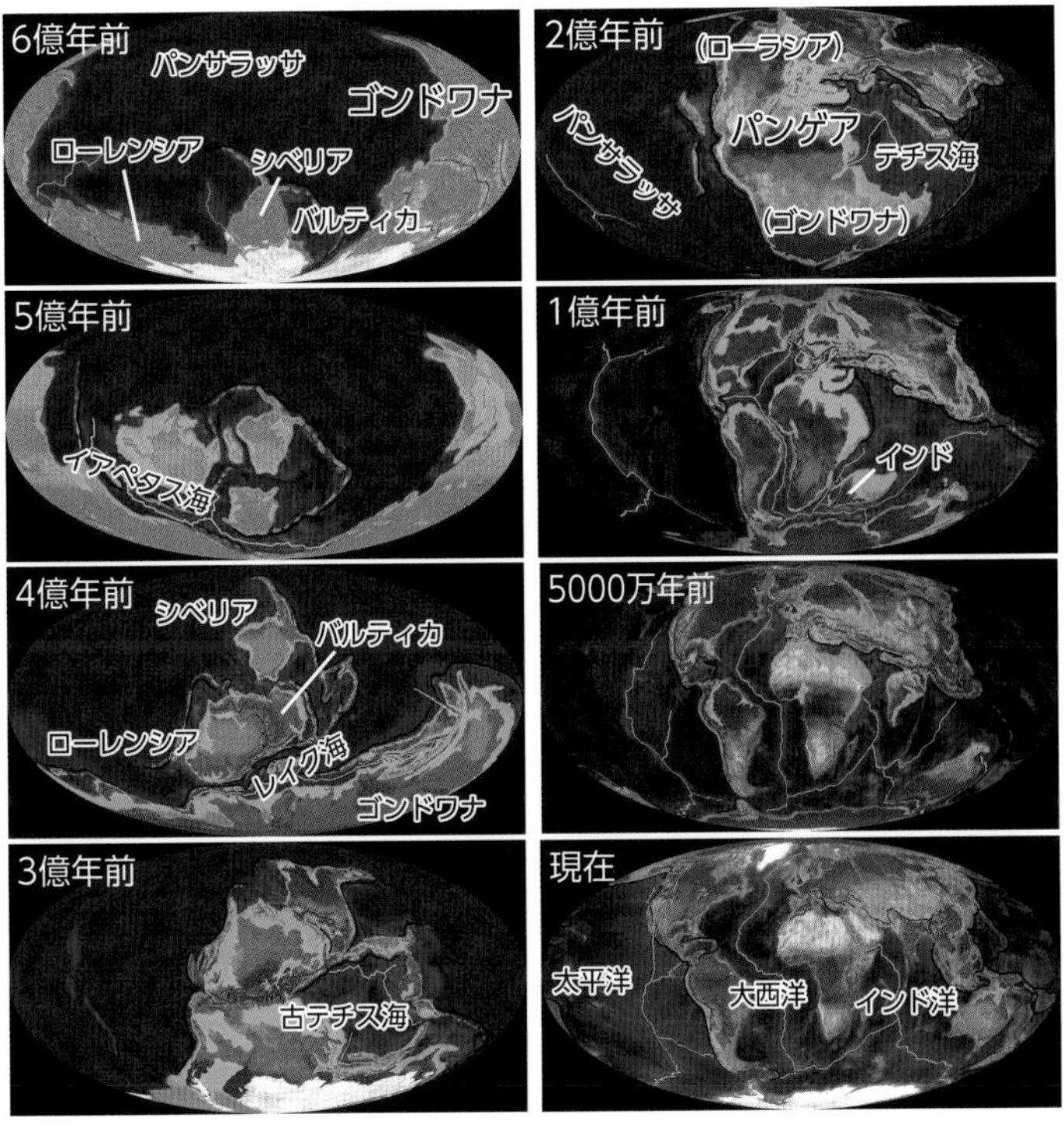

北アリゾナ大学のドナルド・ブレイキー名誉教授から提供

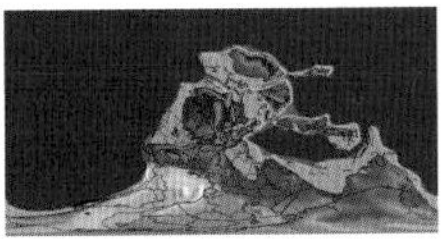

りしました。パンゲアの北半分、つまり現在の北米大陸とユーラシア大陸に相当する領域を、特に「ローラシア」とよび（これまでに出てきた「ローレンシア」とは区別することに注意）、南半分は、前節で紹介したとおり、「ゴンドワナ」とよばれています。それらの内海では、古テーチス海と入れ替わる形で新しいテーチス海が誕生しました。一方、パンゲアを取り囲む「超海洋（スーパー・オーシャン）」は「パンサラッサ」とよばれています。

ゴンドワナ大陸の分裂が始まったのは、約1億8000万年～1億7000万年ごろの中生代ジュラ紀のころで、恐竜がもっとも栄えていた時代です。まず、大陸地殻のリフティングによって南米大陸とアフリカ大陸に分裂を開始し、その後、大きく分けて3段階で分裂しました（図3―6）。まず、1億3000万年前には南米大陸とアフリカ大陸が分裂し、次に、約1億2000万年前には南極大陸とオーストラリア大陸から、インド亜大陸が分裂し始めました。そして最後に、南極大陸とオーストラリア大陸が約1億年前から分裂を始めました。

図3－6　ゴンドワナ大陸の分裂過程

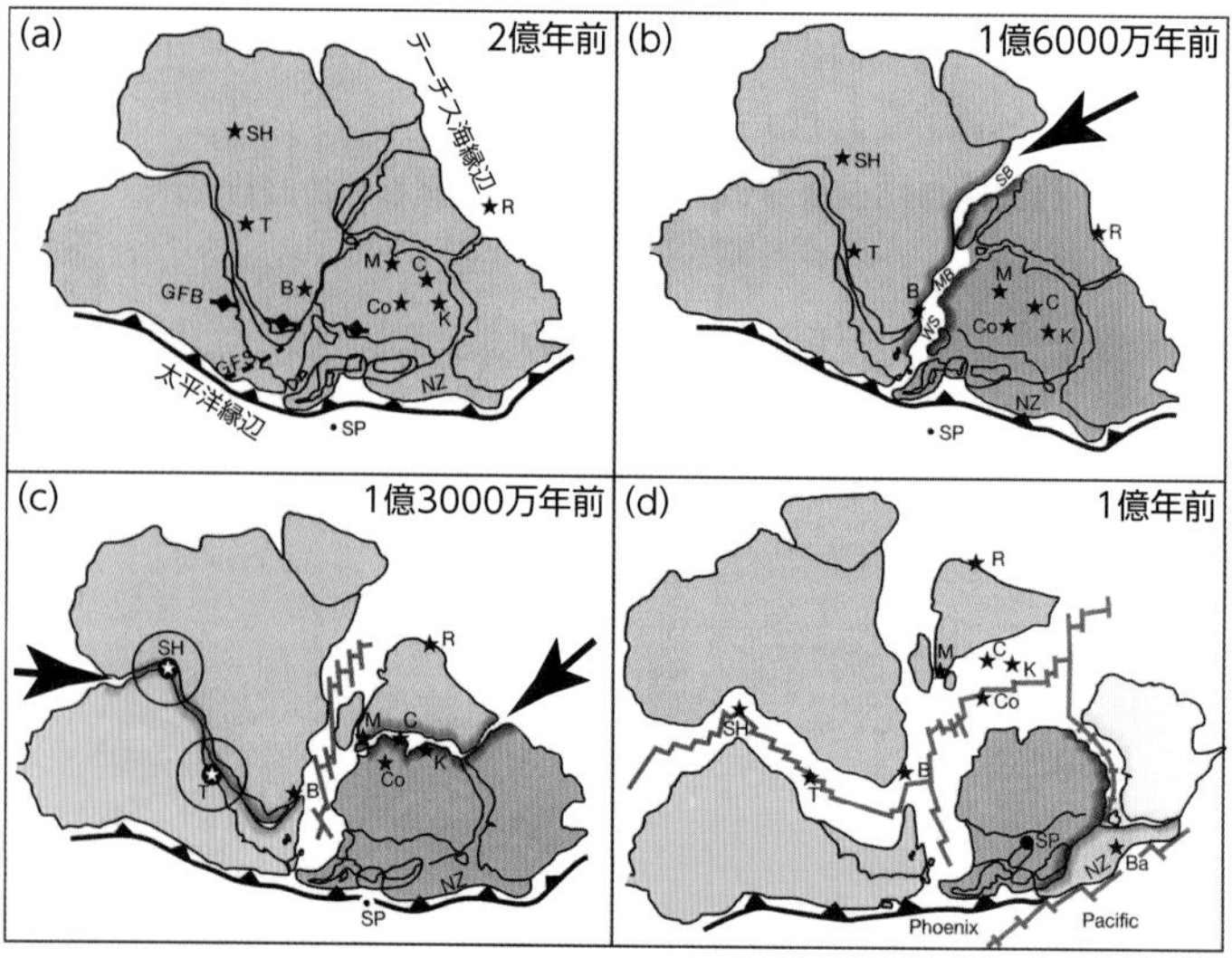

★はホットスポットの位置、矢印は分裂が開始した位置。Storey（1995）より

大西洋がどのように形成されたかという視点から見ると、約1億5000万年前のジュラ紀後期までには、北米大陸とアフリカ大陸の間の中央大西洋が先に拡大し始めました。約1億年前の白亜紀中期までには、南米大陸とアフリカ大陸は完全に分断され、南大西洋が拡がり始めました。その後、北大西洋が拡大し始め、約5000万年前の古第三紀始新世までには、現在の六大陸の大陸配置がほぼ完成しました。

大西洋の誕生に次ぐ、

図3－7　(a) インド亜大陸の北上の様子と、(b) 過去2億年間のインド亜大陸の移動速度

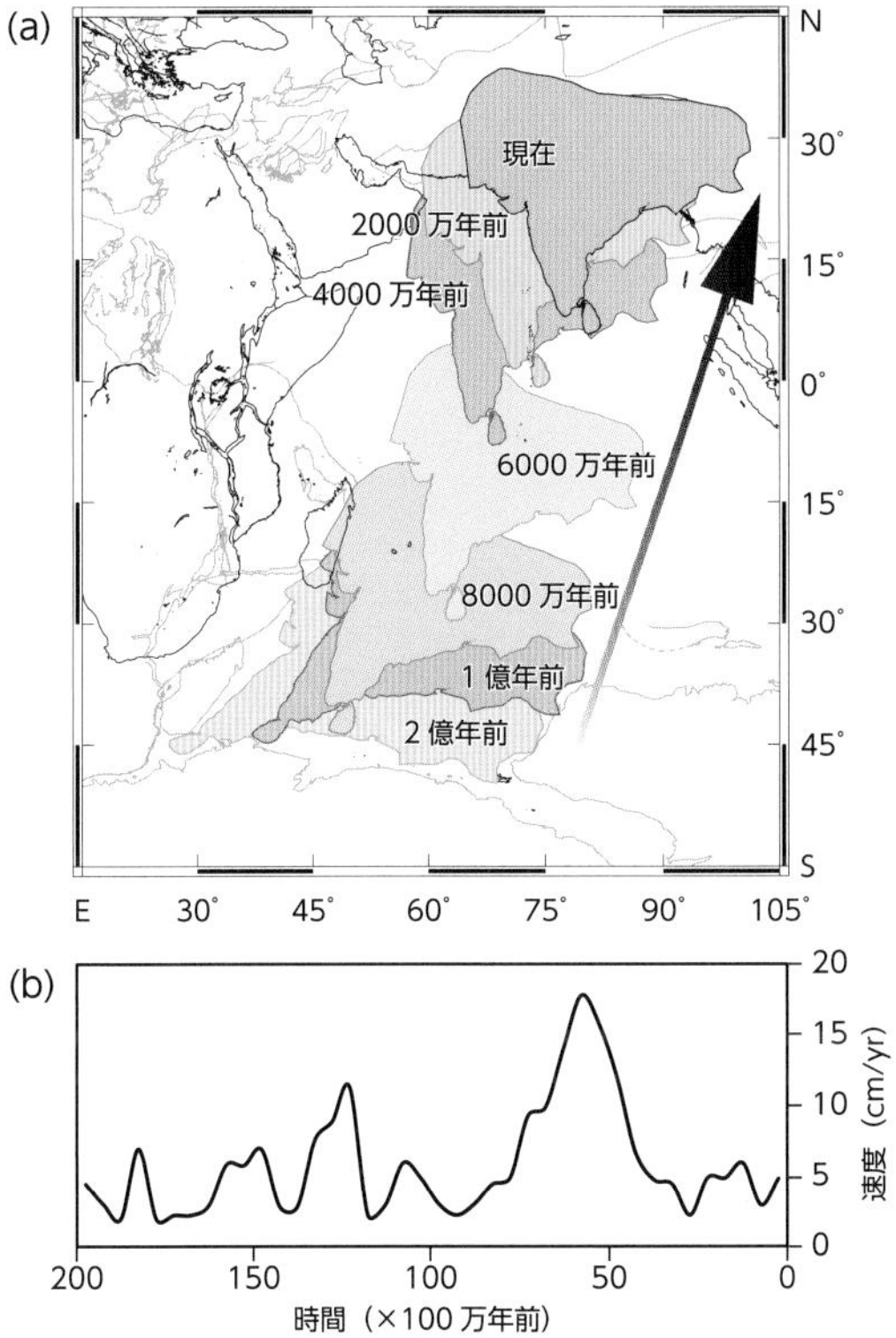

ユーラシア大陸に衝突する直前の約6000万年前で北上速度がもっとも大きくなっている。Yoshida and Santosh (2018) より

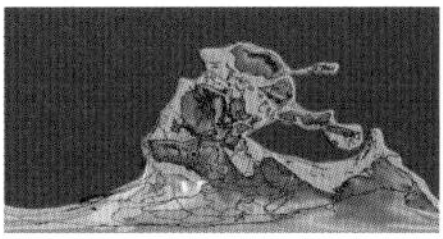

パンゲア以降の分裂の大イベントは、現在のインド洋にある比較的規模の大きいケルゲレン・ホットスポットプルーム（図2―10）によって、約8000万年前にインド亜大陸が現在のマダガスカル島と分裂し、南半球から赤道をまたいで北半球に高速で移動したことです（図3―7（a））。ウェゲナーの著書『大陸と海洋の起源』では、パンゲア時代にユーラシア大陸とインド亜大陸が浅い海の下で陸続きに描かれており、この点が、ウェゲナーが復元したパンゲアと現在復元されているパンゲアの姿のもっとも異なる点です。

インド亜大陸の高速北進に伴い、もともとあったテーチス海は徐々に縮小されていきました。そして、約6000万年前までには、現在のセイロン島がインド亜大陸本体から切り離されました。インド亜大陸は、約5000万年前までにユーラシア大陸に衝突する直前には、年間で最大18センチメートルという、現在の太平洋プレートの2倍以上の速度で北上し（図3―7（b））、衝突後も年間で最大5～6センチメートルの速度で北上を続けています。このようにして、最終的に広大なインド洋が形成され、太平洋、大西洋とともに現在の3つの「大洋」が揃いました。

3-3 隠れた大陸・ジーランディア

約1億年前にゴンドワナから南極大陸とオーストラリア大陸が分裂を始めたあと、パンゲア分裂の最終段階として約8300万年前から「ジーランディア」がゴンドワナ大陸から分裂し始めました。ジーランディアは、もともとはオーストラリア大陸の東縁に接していた大陸ですが、分裂したあと、時代が進むにつれて沈降し、現在の地球上からはその姿が見ません。ジーランディアという言葉は聞いたことがない読者がほとんどだと思いますが、それもそのはずで、1995年に命名されたばかりの大陸だからです。

ジーランディアの面積は約500万平方キロメートルで、オーストラリア大陸（約901万平方キロメートル）の約半分のサイズです。しかし、現在海面上に顔を出しているのはニュージーランドの北島と南島、ニューカレドニアの島々のみであり、面積ではわずか6％で、残りの94％は海水面下にあります（図3―8）。海水を取り除いた海底地形をみれば、ジーランディアは分裂前当時の形を保ち、海底までの水深がおよそ2 kmでその周囲の水深よりも明らかに浅いので、広大な台地のように見えます。

ジーランディアが大陸だと決定づけられるのは、こういった地形学的な観点だけではなく、地質学的な証拠によるものです。ジーランディアは4つの巨大な台地（海台）からなり、ニュージーランドの北西側のタスマン海には、ロードハウ海台とノーフォーク海台、南東側の南太平洋には、チャタム海台とキャンベル海台があります。このうち、もっとも大きいロードハウ海台には、海底調査により複数の場所から花崗岩の破片が見つかっています。これはジーランディアがかつては厚い大陸地殻に覆われており、ゴンドワナ大陸からの分裂によって薄く引き伸ばされたあとも大陸地殻に覆われていることを意味します。

このように海の下にかつての大陸の証拠が隠されているのは、ほかにもあります。例えば、2013年に海洋研究開発機構（JAMSTEC）の有人潜水調査船「しんかい6500」は、ブラジル・リオデジャネイロ南東沖の大西洋のリオグランデ海台における海底調査で花崗岩と思われる岩石の破片をカメラで捉えました。掘削調査による花崗岩の直接採取はまだおこなわれていないものの、これはパンゲアの分裂によって、アフリカ大陸と南米大陸が東西に離れていったときに、海底に残された大陸地殻の証拠

図3－8　ジーランディアを含む世界の大陸の配置（Mortimer et al., 2017）

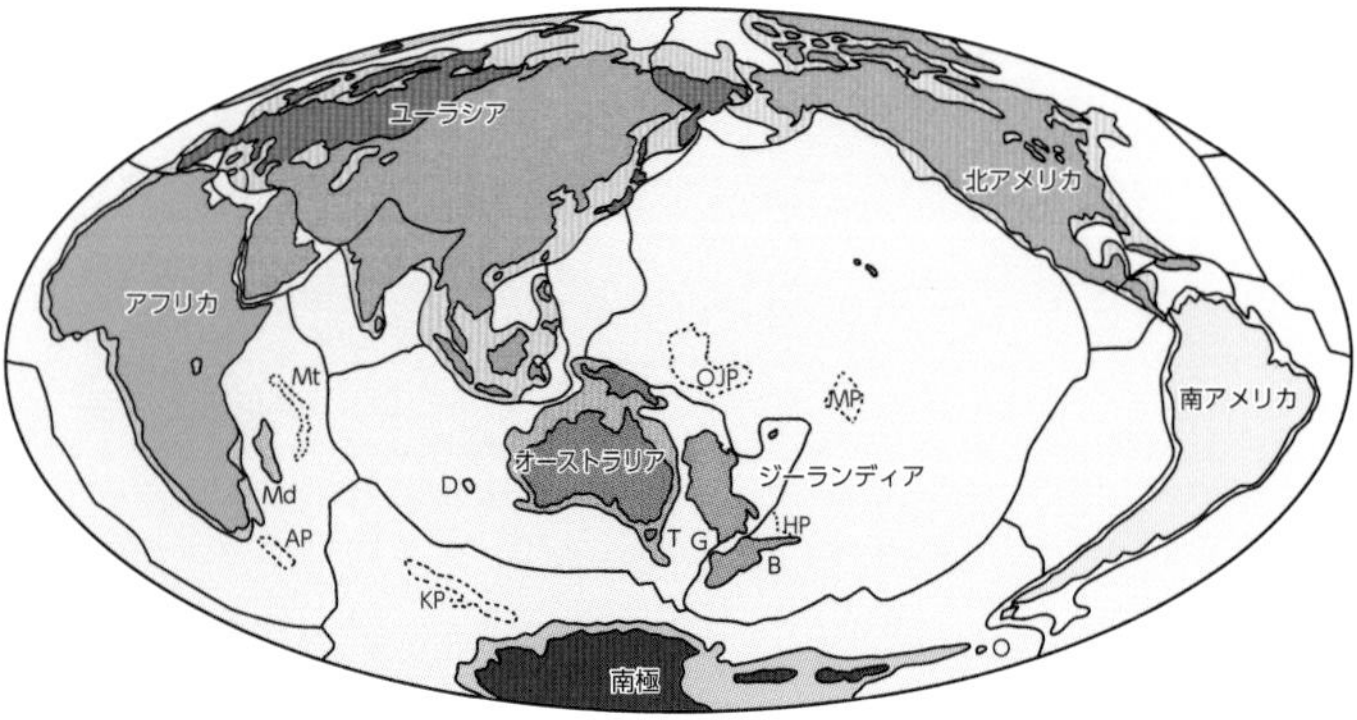

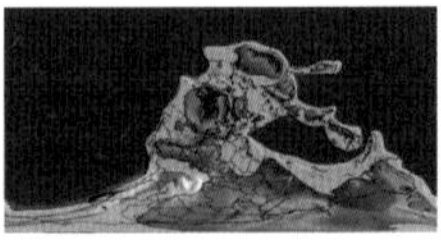

だと考えられています。

また、2020年には、オランダ・ユトレヒト大学の研究グループらが膨大な数の古地磁気学的データによる大陸の復元と、地中海周辺における山脈の形成の歴史から、現在のアフリカ大陸とユーラシア大陸との間に海に沈んだ大陸が存在することを発表しました。この大陸は、約1億2000万年前ごろには南ヨーロッパの陸地の下へと沈み込みましたが、現在のグリーンランドと同程度の大きさであったと考えられ、イタリア半島とバルカン半島の間のアドリア海にちなんで、「大アドリア大陸」と名付けられました。今後も、古地磁気データによる大陸移動の復元と海底調査により、世界のほかの地域でも海の下に隠れた大陸の直接的、間接的な証拠が出てくるかもしれません。

さて、ジーランディアが分裂したメカニズムについては対極的に二つの説が考えられます。一つはマントルの上昇プルームの浮力によって引き伸ばされたとする説と、もう一つは全地球的なプレートの相互運動に伴う海溝の後退によって、ゴンドワナ大陸の東海岸（現在のオーストラリア大陸の東海岸）に見かけ上の「海溝吸い込み力」（図1―6）が働いて引き伸ばされたとする説です。これらの二つのモデルは、大陸の縁がなぜ分裂するかという、プレートテクトニクスの基本的な問題に帰着され、さまざまな観測量が得られる地球表層運動と観測量が限られたマントルの活動との繋がりに関する議論の根幹に関わります。

前者の説については、この時代に本当にゴンドワナ大陸の東縁を引き裂くようなマントルプルームがあったのかという疑問を解決することに尽きます。そこで著者は、現在の世界中に存在する大小さまざまな規模のホットスポットの分布を多くの文献からまとめ、それらを当時の大陸の配置と付き合わせてみました。すると、当時のゴンドワナ大陸東縁下付近にあったホットスポットは、2―4節で定義したホットスポットマグニチュード（HM）にして、せいぜい1以下の非常に小規模なホットスポット数個のみしかないことがわかりました。ホットスポットは基本的にマントル深部に固定されていると考え、その位置が現在までの約1億年間ほとんど変わらなかったと仮定すると、これらのプルームがゴンドワナ大陸東縁域の分裂の直接のきっかけになったとは考えられません。そうすると、この説は却下され、海溝の後退のほうの説が残ります。

そこで著者は、次に当時の地球上に本当にゴンドワナ大陸東縁に沿って沈み込み帯があったかどうかを調べたくなりました。ニュージーランドの地質学者である、ニック・モーティマー博士から地質学的に復元されたジーランディアの緯度経度データを直接取り寄せ、マントル対流のシミュレーションをすることを考えました。その結果、ゴンドワナ大陸東縁に沿って広範な海洋プレートの沈み込み帯が再現されることがわかりました。したがって、約1億～８３００万年前にかけてゴンドワナ大陸東縁が分裂してジーランディアが形成された原因は、ゴンドワナ大陸東縁に沿った沈み込みプレートの後退によって大陸東縁に水平方向に引き伸ばす力が働いた結果だと結論づけました。

大陸が引き伸ばされて薄くなると大陸は沈んでいきます。これはアイソスタシーとよばれる原理で、コップの中で密度の小さい氷が密度の大きい水に浮かぶように、密度の小さい地殻が密度の大きいマントルに浮かんだ状態で地殻の均衡を保っているというものです。氷が厚いほど、水から大きな浮力を受けるので、水面から出ている氷の高さは高いのですが、それが融けて薄くなると、氷の高さは低くなります。大陸地殻も同様で、引き伸ばされて薄くなると標高が小さくなり、海水面より低くなると、現在のジーランディアのように必然的に海水面の下に沈んだような状態になるわけです。

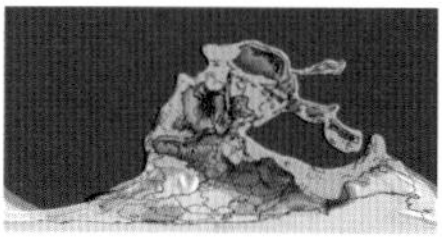

column

七大陸と五大洋

地球上には、面積の大きい順に、ユーラシア、アフリカ、北米、南米、南極、オーストラリアの六大陸があります。大陸の数については、超大陸パンゲア形成時の約3億〜2億5000万年前に形成され、パンゲア形成後も造山運動が続いたウラル山脈を境に、ユーラシア大陸を「ヨーロッパ大陸」と「アジア大陸」に分け、七大陸としている文献も多くありますが、本書ではこれらの大陸を一体として扱います。

そして、地球上には六大陸のほか「大きな島」があります。大きさの順番では、グリーンランド（約218万平方キロメートル、以下単位省略）、ニューギニア島（約77万）、ボルネオ島（約74万）、マダガスカル島（約59万）、カナダのバフィン島（約51万）、スマトラ島（約43万）、そして、次に日本の本州（約23万）です。この中でグリーンランドは別格で、「小大陸」という呼称を与えたいくらいですが、「島」に分類されます。ニュージーランドの南島と北島はそれぞれ約15万、約11万平方キロメートルですので、ジーランディアの総面積の約500万平方キロメートルからみれば本当にごくわずかの面積です。

「大陸」のはっきりとした科学的な定義はありませんが、海水面上で明確な海岸線をもち、周囲の海洋地殻とは異なる大陸地殻で構成されていることが条件です。したがって、ほとんどが海水面下にあるジーランディアも、3-3節で触れたとおり、つい最近まで、大陸という認識を持っている人はわずかでした。しかし、ニック・モーティマー博士が2017年に米国地質学会の専門誌に「ジーランディア：地球の隠れた大陸」という論文を発表した後、新聞や雑誌、ネット記事にも取り上げられて話題になり、一般の人にも「7番目の大陸」として知られるようになりました。

一方、「大洋」にも科学的な定義はありません。米国で19世紀末から発行されている科学誌『ナショナル・ジオグラフィック』誌は、1915年に世界地図を作成し始めて以来、現在まで更新し続けているそうですが、これまでは、世界にある大洋を、大西洋、太平洋、インド洋の3つに加え、北極海の「四大洋」としていました。しかし2021年に、地球温暖化問題など環境保護の啓発の観点から、南極大陸を取り囲む南極海を第5番目の大洋と正式に分類しました。「五大洋」のうち、大西洋、インド洋、南極海はパンゲアの分裂によって生まれた、「新しい大きな海」ということになります。

これまで私たちは、「世界には六大陸と三大洋がある」と教えられてきましたが、これからは、「世界には七大陸と五大洋がある」と次世代の人に教える必要が出てくるのかもしれません。

3-4 大陸はどのように誕生し、成長したのか

地球にいつ大陸（地殻）が生まれたかを知ることは、地球でいつプレートテクトニクス、つまり、地表でのプレートの水平運動とマントルへの沈み込みが始まったかという問題に直結します。それはプレートの沈み込みによって海水を含んだ地殻がマントルにもち込まれた後、地殻から抜けた水がマントルウェッジ（沈み込むプレートと上盤プレートに挟まれたマントル）の岩石の融点を下げ、部分的に融かすことによる火成活動（マグマ活動）によって大陸地殻が作られるからです。つまり、大陸地殻の誕生には海水が必要です。

地球でいつ、どのようにしてプレート運動、あるいは、プレートテクトニクスが始まったかについては、現在でもさまざまなアプローチから研究が進められています。約46億年前に宇宙空間に太陽系が生まれ、微惑星が相互に衝突、合体することによって約45億４０００万年前には現在とほぼ同じ大きさの「原始地球」が形成されました。その後、原始地球はさらなる微惑星の衝突によって表層が融解してマグマの海で覆われたという説（マグマオーシャン）がもっとも有力ですが、大規模な微惑星の衝突によって、地球のかなり深部まで融解していたという説もあります。

地球上の鉛鉱床や隕石の放射年代測定によると、一番古い年代は約45億４０００万年であることがわかり、これが地球の年齢とされています。隕石は地球が太陽系で誕生したときに同時にできた惑星の欠片ですので、隕石が示す年代は地球の誕生とほぼ同じだからです。地球上に広範囲に残されている世界最古の大陸地殻の岩石は、西グリーンランドやカナダで発見されている約40億~38億年前に遡ります。一方、もっとも古い大陸地殻の痕跡は、２０１４年に米国ウィスコンシン大学マディソン校の研究グループらが、オーストラリア西部の岩体で発見した約44億年前のジルコンとよばれる花崗岩を構成する鉱物です。

原始地球の形成後、微惑星の衝突の頻度が減ってくると、マグマで覆われていた地球の表面は、おそらく数千万年かそ

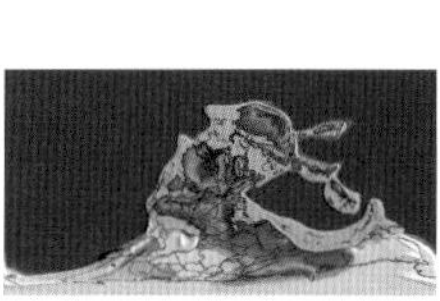

れよりも短い期間で急速に冷え、固いリソスフェアに覆われるようになりました。リソスフェアといっても非常に高温の溶融状態になっている地球内部の熱を宇宙空間に逃がす必要があるので、最初は現在の地球の海洋地殻のような薄い層であり、その後徐々に冷やされて厚くなったはずです。そして、さらに地球の表層が冷えるにつれて大気の水蒸気が凝結し、海が形成されるようになりました。最古の大陸ができた約44億年前には、地球上に海が存在し、それが何らかのメカニズムでマントルにもち込まれていたと考えられます。

原始地球でプレートテクトニクスが本格的に開始された原因は、外的要因と内的要因に分けられます。外的要因としては、揮発性物質を含む隕石が地球に降り注ぎ、地球上に水が存在するようになったという説です。２０１７年に東京工業大学の丸山茂徳博士らが発表した説によると、約43億７０００万～42億年前にかけて、多くの微惑星が地球に衝突して海が作られたと同時に、地球を覆っていた地殻に割れ目ができプレートテクトニクスが始まったとされています。つまり、地球表面に海水ができると、地殻の「割れ目」に染みこんで岩石が変成し、それが潤滑油のような役割を果たしてプレートが沈み込むようになったというものです。

一方、内的要因としては、地球内部の対流運動による火成活動によって海底上に火山が断続的に列になって形成されることによってプレートに広範な割れ目（断裂帯）ができ、それがプレートテクトニクス開始のきっかけになったという考えです。２０１３年に小笠原諸島の西之島で活発な海底噴火が始まり、その後の断続的な噴火により島が拡大していったことは多くの読者がニュースでご存じのことだと思います。海底噴火によって新たに火山島が形成されたり、もとからあった島が拡大したりというのは、まさに、大陸が誕生する瞬間を見ているのと同じです。

外的要因と内的要因のどちらにしても、プレートの沈み込みが地球上のあちこちで同時に起こったのか、あるいは一つの場所で起こった沈み込みが徐々に拡大していったのかという疑問は共通です。プレートの沈み込みが開始するためには、リソスフェアの厚さが地球上で均一ではなく、ある程度の厚さの違いがあることが重要だと考えています。そうすると、何らかのきっかけで割れ目ができて、そこに海水が浸透すれば沈み込み始めるためです。また、このようなプレートの沈み込みが起きるためには、地殻やプレートの上部も海水の浸透によってある程度軟らかくなっていることも必要だと思われます。

地球上で本格的なプレートテクトニクスが開始したのは遅くても約40億年前（冥王代と太古代の境界ごろ）と考えるのが適当だと思います。その後、約40億〜30億年前は、おそらく現在の地球と同じようにプレート運動と沈み込みが起き、それに伴って、地球上の各地で火成活動により大陸が成長し始めました。岩石学的な証拠にもとづく大陸地殻の成長モデル（図3―9）によると、30億年前には、すでに現在の地球上にある大陸の面積の50％近くの大陸が存在していたというモデルもありますが、たった10％程度というモデルもあり、研究により大きくばらつきがあります。

地質学的証拠から復元できる最古の大陸塊は30億年前までに誕生したといわれます。この大陸塊は、カープファール（現在の南アフリカ）とピルバラ（現在の西オーストラリア）、マダガスカル、インドの太古代の地塊を連ねたもので、「ウル」（ドイツ語で「オリジナル」という意味）と名付けられています。ウルは、超大陸というよりも、現在の地球上に存在するいくつかのクラトンから復元できる陸塊の集合体で、ここでは「スーパークラトン」とよびます。その後、約25億〜22億年前には、

図3－9　さまざまな研究にもとづく大陸地殻の成長モデル

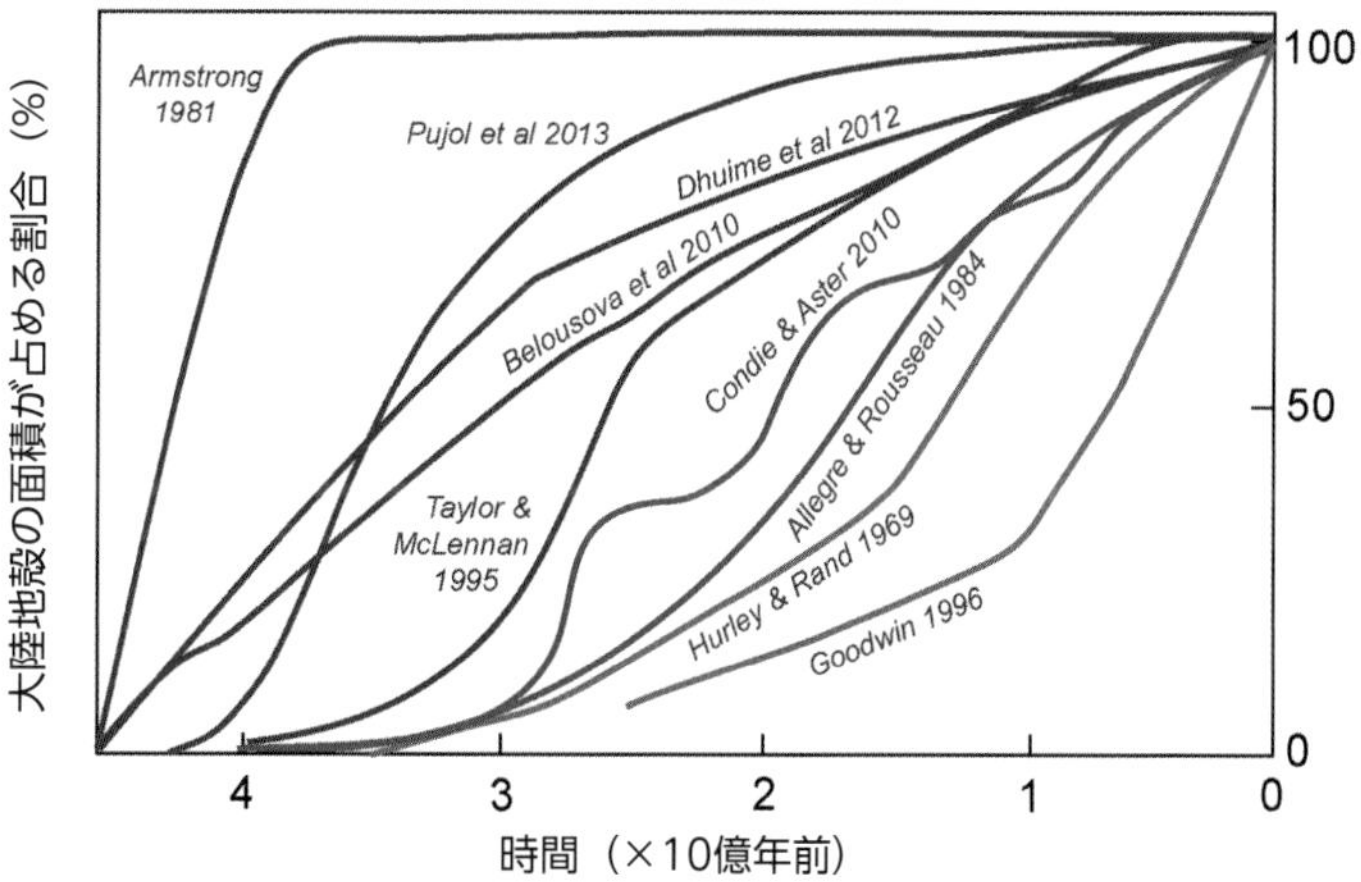

現在の地球の大陸地殻の面積を100%とした場合。Hawkesworth et al.（2019）より

現在の北米大陸とグリーンランド（後のローレンシア大陸）を中心に、バルティカ（現在のスカンジナビア半島の一部と東ヨーロッパ）、ピルバラ、カラハリ（現在の南アフリカ）の各クラトンからなる「ケノーランド」、あるいは、「スペリオル」とよばれるスーパークラトンが存在していたという説や、このころの地球上には、そのほかにもいくつかのスーパークラトンが存在していたという説もあります。

いずれにしても、大陸地殻を構成する物質は、島弧（火山活動でできた連なった島々）同士がマントルに沈み込む前に、互いに衝突したり付加されたりすることによって増加します。一方で、大陸地殻物質は海洋プレートの沈み込みによって削られて侵食され、海洋プレートとともにマントルに沈み込むことによって減少します。図3―9のいくつかのモデルによると、約30億〜20億年前の間に比較的急激に大陸地殻が増加していますが、このころはちょうど、「スーパークラトンの時代」から、最初の超大陸コロンビアが形成される「超大陸の時代」に切り替わる時期と合致し、この時期に火成活動が以前よりも活発になったものと考えられます。

3-5 超大陸サイクルの原動力とパターン

大陸の離合集散の原動力はマントル対流です。したがって、超大陸サイクルの一連の過程は、マントル対流のパターンと密接な相互関係があります。図3―10は、地球上に散らばった大陸が、プレート運動が収束する場所で集合して超大陸を形成し、その後、分裂した各大陸が再び地球上のあちこちに分散する様子を表しています。

超大陸の分裂が始まる原因の一つは、超大陸の熱遮蔽効果です。ただ、熱遮蔽効果といっても、上部マントル自体に含まれる放射性元素の壊変による発熱に伴う温度上昇はわずかですので、超大陸の下に溜まる熱はマントルの深部からの上昇プルームによってもたらされると考えられます。マントルの深部からのプルームは、本来は浮力によって鉛直上方に上昇しますが、超大陸によってマントルが「蓋」をされていると、行き場を失います。すると、その余分な浮力を解消しようと、超大陸の下でマントルの水平方向に流れができます。このとき、必然的にマントルの流れによって超大陸を水平方向に引き裂くような力が働きます。

超大陸分裂の原因としてもう一つ考えられるのは、超大陸の縁辺に接する海洋プレートの後退です。3―3節のジーランディア分裂の例で示したように、超大陸の縁辺に広範囲に沈み込む海洋プレートが海側に後退すると、それまで海洋プレートで圧縮されていた超大陸の縁辺が、逆に海溝側に押し出されるようになります（図1―6の「海溝吸い込み力」）。こういった、超大陸の縁辺にかかる力が直接、超大陸の内部まで伝わるかどうかは超大陸の形に依存すると思われます。また、超大陸の縁辺から沈み込んだプレートがマントル深部まで沈み込んだときに、その流れを補償するようにコア・マントル境界から上昇プルームが発生し、これが超大陸の分裂を間接的にサポートする可能性もあります。

超大陸の分裂後、地球上の各地に分散した大陸が再び集合して新しい超大陸が形成するパターンは、カナダの聖フランシス・ザビエル大学のブレンダン・マーフィー博士と米国オハイオ大学のダミアン・ナンス博士の二人の地質学者によって対極的な2つのパターンが提唱されました。それは、「内転（イントロヴァージョン）」と「外転（エクストロヴァージョン）」です（図3―11）。内転パターンとは分裂した大陸の間に新しい海洋底が誕生し、それがある程度まで拡がると、一転して、その海洋底が閉じるように大陸が近づき始め、やがて元の超大陸に近い場所で衝突し、そこで新しい超大陸が形成されるというものです（図3―11（c））。これは、中学校や高校の教科書で、いわゆる「ウィルソンサイクル」と紹介されるものです。「ウィルソン」は、2―2節

図3－10　超大陸サイクルとマントル対流パターンの関係（Yoshida, 2019; 2023）

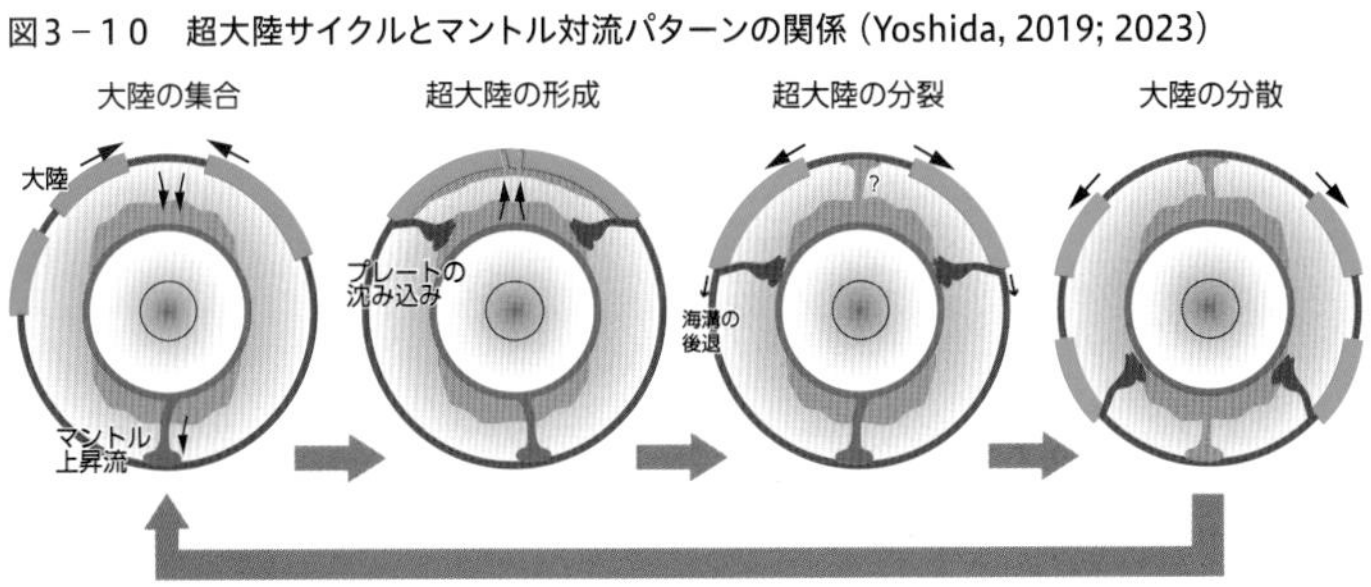

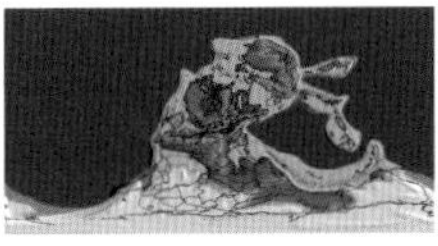

で出てきたカナダの地球物理学者、ジョン・ツゾー・ウィルソンにちなみます。

一方、外転パターンとは、分裂した大陸の間にできた新しい海洋底が広がり続け、やがて古い海洋底が閉じることで、大陸同士が元の超大陸の場所から離れた場所で衝突し、新しい超大陸が形成されるというものです（図3—11（d））。ただし、実際の地球では、このような理想的な対極パターンとはならず、図3—11（e）に示すような両者が複合したものであり、内転と外転のどっちのパターンが優勢であるかという問題になります。

大陸同士が衝突し、新しい超大陸が形成されるときは、必ず、地球上のどこかで海洋底が閉じます。このとき、衝突した大陸の年代t_c、消滅する海洋底の年代をt_oとしましょう。ここで、時間tは現在がゼロで、過去に向かって正とし、tの下付文字cは大陸、oは海洋を表します。すると、内転パターンの場合には、新しい超大陸が形成されたときに

図3－11　超大陸サイクルのパターンの概略図

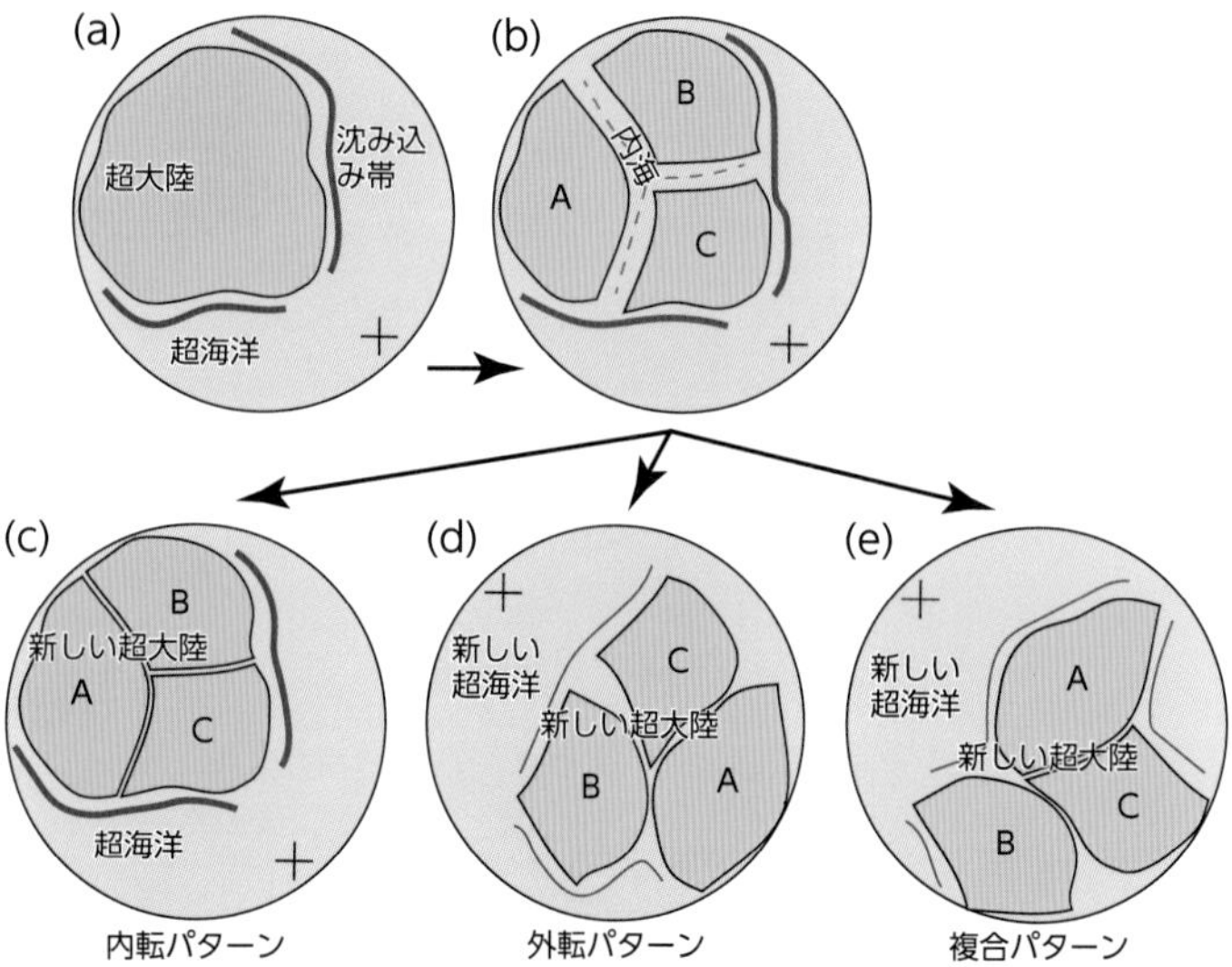

超大陸が分裂した後（a→b）、（c）内転（イントロヴァージョン）パターン、（d）外転（エクストロヴァージョン）パターン、（e）その両方が混在したパターンで新しい超大陸ができる様子。Yoshida（2023）より

消滅する海洋底の年代は、元の超大陸が分裂した年代よりも新しいはずです（$t_C > t_O$）。一方、外転パターンでは、消滅する海洋底の年代は、元の超大陸が分裂した年代よりも古いはずです（$t_O > t_C$）。

海が閉じるためには、海洋地殻を含む海洋底がマントルに沈み込まないと実現できません。しかし、現実には、海洋地殻はすべてがマントルに沈み込むのではなく、一部が剥がれて大陸にくっつき、衝突型造山帯の山脈の一部となります。その大陸に残った海洋地殻の「化石」は「オフィオライト」とよばれています。

新しい超大陸が形成されたときにできる衝突型造山帯の山脈に残されたオフィオライトの形成年代（t_O）と、元の超大陸が分裂した年代（t_C）を比較すれば、新しい超大陸が内転パターンで形成されたのか、外転パターンで形成されたのかがわかります。ある超大陸が内転パターンで形成された場合には、山脈のオフィオライトは元の超大陸が分裂した後の時代にできるので、オフィオライトの年代は超大陸が分裂した年代より新しいはずです（$t_C > t_O$）。逆に、外転パターンで形成された場合には、山脈のオフィオライトは元の超大陸が分裂する以前からあったはずので、オフィオライトの年代は超大陸が分裂した年代より古いはずです（$t_O > t_C$）。

マーフィー博士とナンス博士は、放射性同位体の壊変を利用した岩石の年代測定によって、ゴンドワナ大陸衝突時にできた造山帯から約12億〜7億5000万年前の年代のオフィオライトを発見しました。これは、ロディニア超大陸が分裂を始めたとされる約7億5000万年前よりも古いので、ゴンドワナ大陸は外転パターンで形成されたことがわかります。一方、パンゲア超大陸が形成されときにできた造山帯で採取されたオフィオライトの年代はすべて、ゴンドワナ大陸が分裂した5億5000万年前より新しいことがわかりました。このことから、パンゲア超大陸は内転パターンで形成されたことがわかります。

このように、内転・外転パターンは超大陸サイクルの対極パターンを概念的に示しているだけではなく、この概念を利用すれば、現在の地球の大陸に残された地質学的証拠に基づいた「大陸のパズル合わせ」が理解しやすくなるのです。

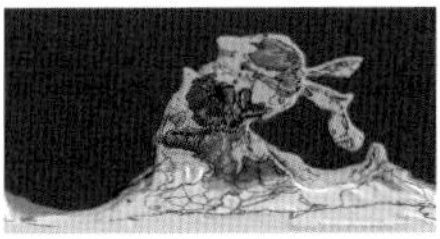

3-6 大陸はなぜ地球上を漂い続けるのか

図3―10で示した超大陸サイクルとマントル対流パターンの関係は、10億年、20億年という地質学的時間スケールにわたって、大陸がマントル対流に巻き込まれず、地球上を漂い続けているという前提のもとで成り立ちます。

大陸リソスフェアは、地球の歴史で繰り返される造山運動や化学分化により、化学組成とレオロジーが複雑です。クラトンの厚さの分布は地震波トモグラフィーで推定できますが、実際に陸上で観測される地殻熱流量の分布からも推定できます。それによると、クラトンは深さ200~250km以上に達する場所もあります（図3―12）。クラトンは化学組成で言えばおおまかに二層にわかれ、上部の化学分化が進んだ年代の古い層と、下部の年代の若い層に分かれます。下部の層はまさにクラトンの「根」の役割を果たし、大陸の安定性にとって重要な部分です。クラトンの根は地震波速度が大きい領域として観測され、「テクトスフェア」とよばれていますが、実際にその領域が低温で粘性率の大きい領域として解釈できるかどうかがよく分かっていませんでした。

クラトンを含む大陸リソスフェアは、平均的に見て、海洋リソスフェアよりも密度が小さくて軽いのもさることながら、海洋リソスフェアよりも大きな粘性率をもって固いがために、その下のマントルの流れに巻き込まれにくいものと思われます。最近のマントル対流のシミュレーション研究からは、クラトンの平均的な粘性率は、周りのリソスフェアの粘性率よりも10~1000倍大きいことがわかってきました。

しかし、そうは言ってもなぜ、古くて約30億年前もの太古代のクラトンが、現在まで残って地球上に漂い続けているのかは、かなり不思議です。なぜなら、仮にクラトンの粘性率が海洋リソスフェアの粘性率よりも1000倍大きいとしても、この程度だと10億年、20億年という非常に長い時間スケールでは、海洋プレートの沈み込みとともに削られたり、クラトンの下のマントルの流れによって変形を受けたり削られたりして、小さくなってしまうためです。

　クラトンの根が地質学的時間スケールでの安定な理由は、軽くて固いからだけではなく、一つは、クラトンの下にあるマントル（アセノスフェア）の粘性率が低いために、クラトンの底面があまり大きな力を受けずに引きずられにくいことが考えられます。もう一つの理由として考えられるのは、クラトンの周りが「変動帯」で囲まれているということです。これにより、マントルの流れによる水平方向の力を受けても、粘性率が低くて軟らかい変動帯がクッションの役割を果たし、クラトン本体の変形を妨げます。この変動帯は、過去に大陸同士が衝突した場所の名残で、まるで、怪我をした場所を縫った傷跡のように残っていますので、地質学的には「縫合帯」ともよばれます。

　図3─13は、マントル対流の三次元シミュレーションで、クラトンを球面上に置かれた簡単な板状の形とし、その周囲を変動帯で囲った場合に、時間が経つにつれてクラトンの変形がどう進むかを調べた結果です。すると、変動帯の粘性率が比較的高い場合には、マントルの流れによる力がクラトンに伝わり、5億年もしないうちにマントル対流によって撹拌され、それぞれのクラトンと変動帯が飴細工のように混ざり合ってしまいます（図3─13（a））。しかし、変動帯の粘

図3－12　地球のリソスフェアの厚さ分布

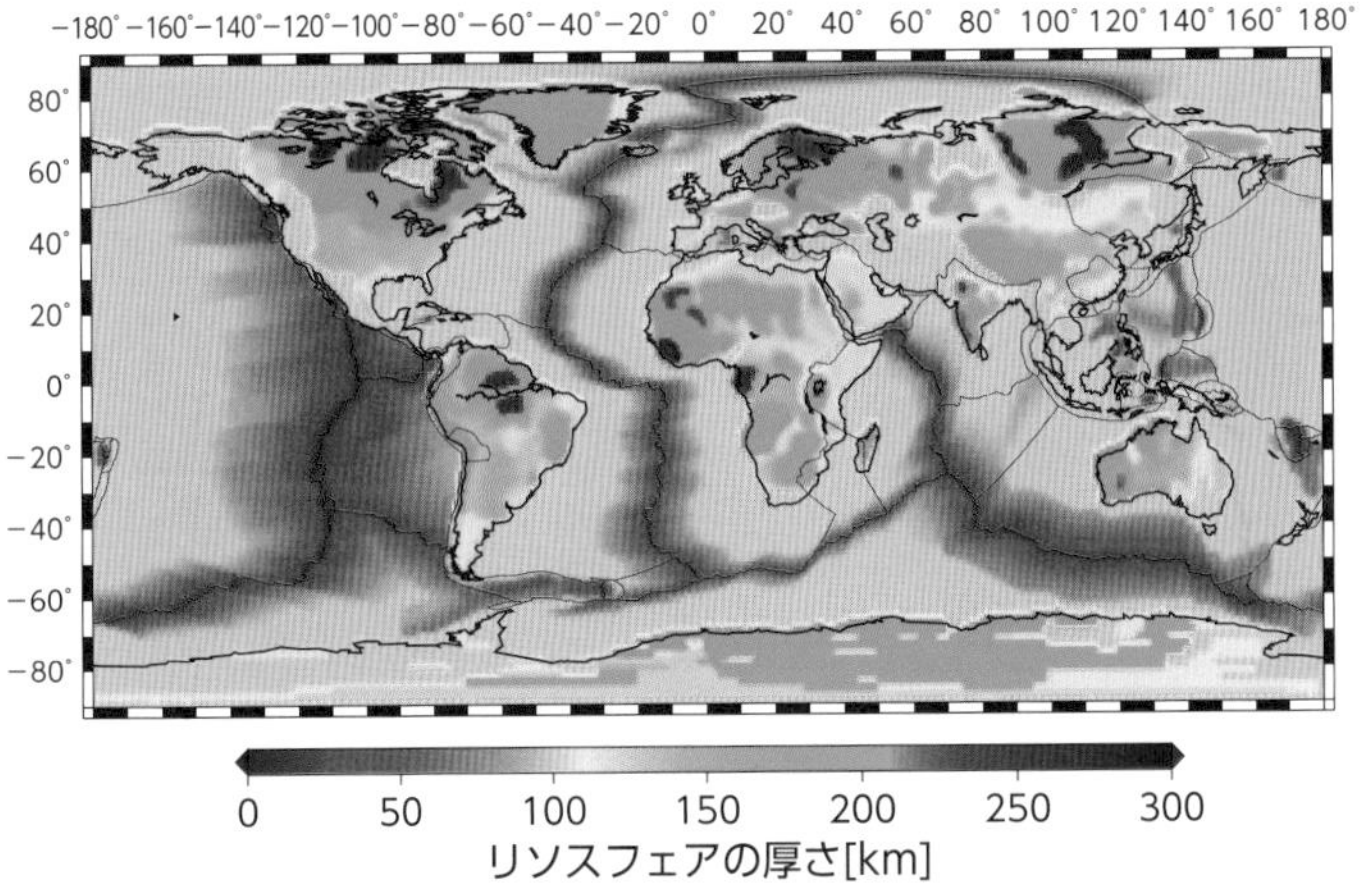

Yoshida and Yoshizawa (2021) より

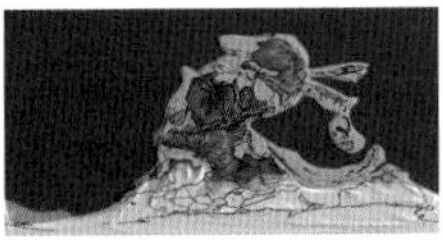

性率をより小さくすると、それがクッションの役割を果たすことで、20億年程度経過しても、クラトンは周りのマントルの流れによってあまり変形を受けず、初期の形を保つことがわかりました（図3―13（b））。

現在では、より現実的な三次元全球（グローバル）モデルを用いたマントル対流のシミュレーションも進んでいます。それによると、計算開始から約20億年以上が経過しても、クラトンが形を変えずに地球上を漂うことがわかりました。第4章でも紹介するように、2010年代になってこのように安定な大陸移動がシミュレーションモデルで再現できるようになったことは、地球のマントルの進化をコンピューターで調べる研究が大きく前進することに繋がりました。

3-7 大陸分裂のメカニズム

超大陸サイクルの一連のプロセスで、もっとも重要な疑問は、大陸分裂がなぜ起こるのか、ということです。この問題は、大きく分ければ、大陸分裂が起こるきっかけと、大陸分裂を加速させるメカニズムの2つの重要な問題にたどり着きます。

図3―14は大陸分裂を説明する4つのケースです。これらは、大陸分裂にプルームが直接関与しているか、あるいはしていないか、大陸自体に水平方向に引っ張る力が働いているかどうかで分類することができ

図3－13　マントル対流の数値シミュレーションによるクラトンの振る舞い

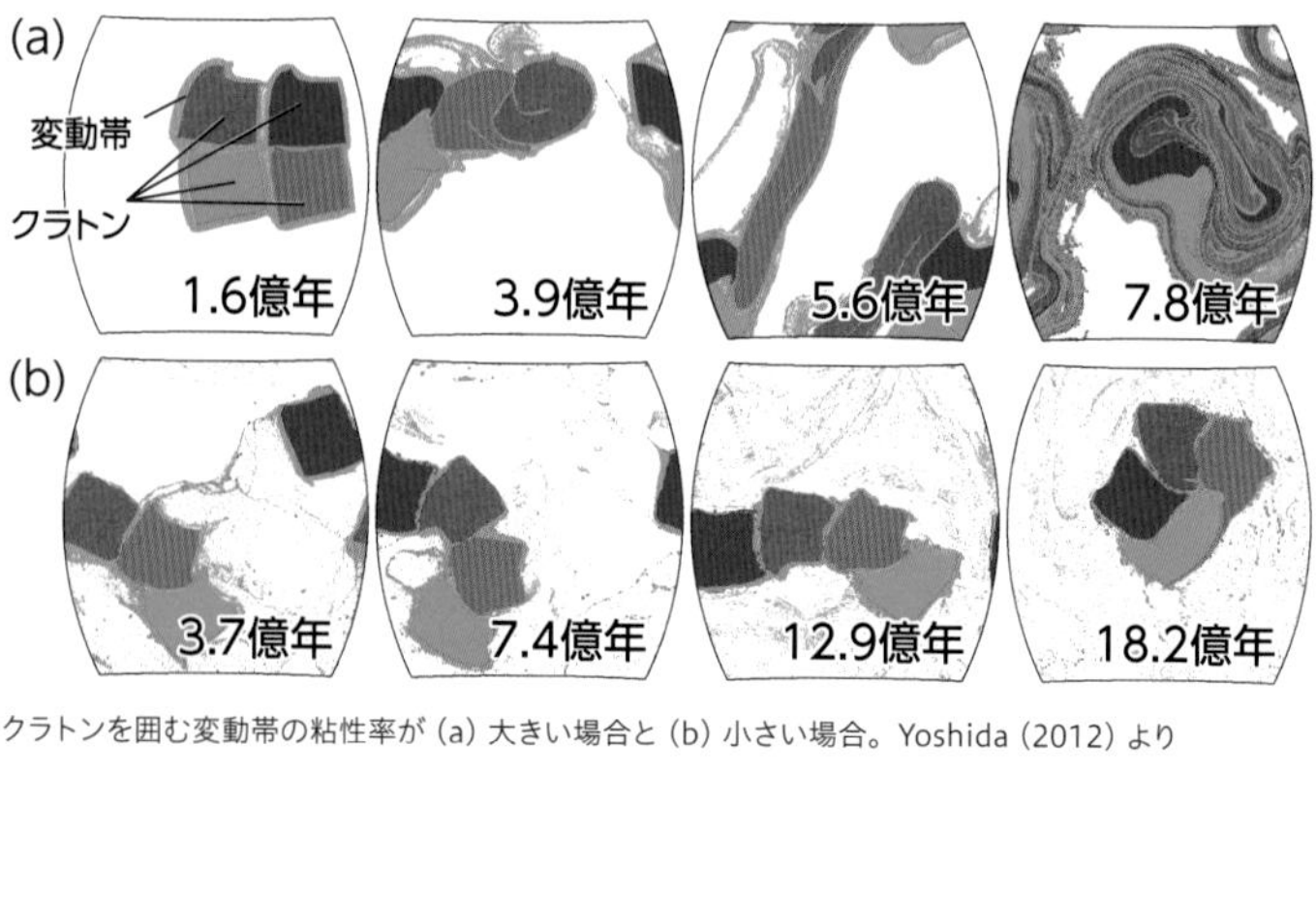

クラトンを囲む変動帯の粘性率が（a）大きい場合と（b）小さい場合。Yoshida (2012) より

ます。まず対極的なケースは（a）と（d）で、（a）はマントル深部からの積極的に上昇するプルームによって大陸が分裂するというもっともわかりやすいモデルです。一方、（d）は大陸自体が水平方向に引っ張られることによって分裂するというモデルです。この場合、分裂した場所に、プルームとはいかないまでもマントルから上がってくる高温の流れによって分裂が加速させることも考えられます。

　これらの対極的なモデルの中間的なケースが（b）と（c）です。マントルプルームは頭（プルームヘッド）と尻尾（プルームテイル）に分かれることは、すでに紹介しましたが（図2―11）、頭と尻尾の上昇速度が異なる場合、マントルを上昇しているうちに頭と尻尾がちぎれて、頭だけプレートの下に取り残されることがあります。高温のプルームヘッドが大陸下に存在すると（a）とほぼ同様の効果で大

図3－14　大陸分裂を説明する4つのモデル（Koptev et al., 2021）

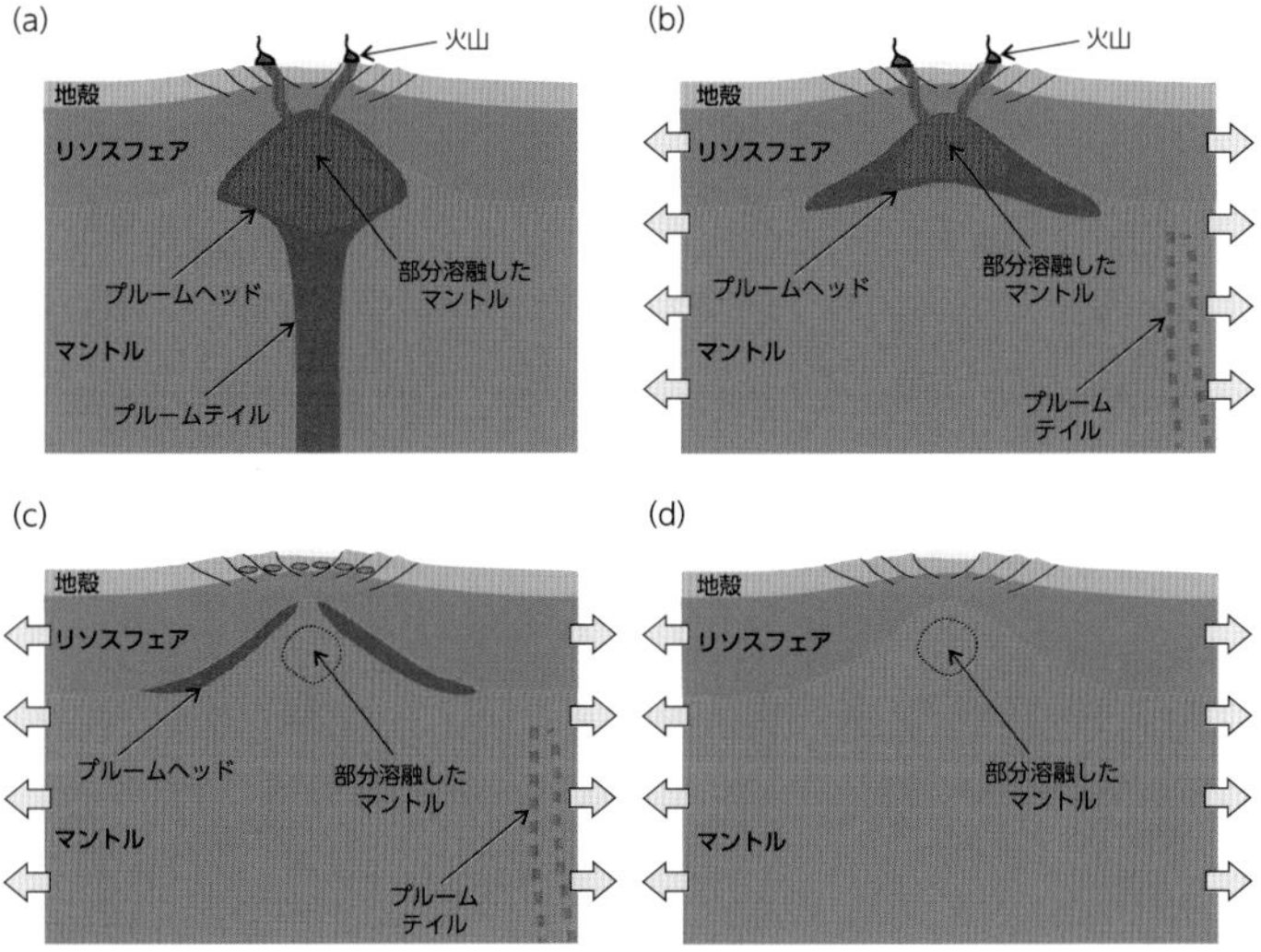

(a) マントル深部から上昇するプルームが直接関与する場合
(b) マントル最上部に取り残されたプルームヘッドが関与する場合
(c) プルームヘッドの関与が小さい場合
(d) マントルプルームが関与しない場合
(b)、(c)、(d) ではリソスフェアを水平方向に引っ張る力が働く。

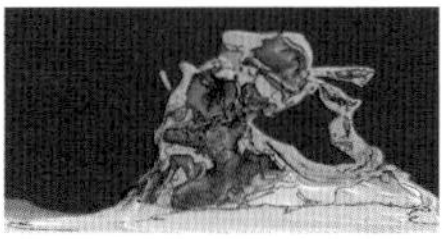

陸を分裂させる可能性があります。ただ、それだけだと力が弱いので、大陸を水平方向に引っ張る力との共同作業モデルが（b）と（c）です。（b）と（c）の違いはどっちの力が大きいかの違いです。

プルームはリソスフェアに「点的な」ダメージを与えるだけですが、それがなぜ、「線的な」大陸分裂に繋がるのかという問題は、大陸分裂のメカニズムのもっとも根幹に関わる問題です。現在の地球でそれが伺えるのは、アフリカ東部にある大地溝帯（グレートリフトバレー）です（図3—15）。アフリカ大地溝帯は、プレートの大規模な裂け目で、長さが4000 km、幅が40～60 kmにもなる現在の地球の大陸上で確認できる最大の裂け目です。図1—4のプレート運動モデルによると、アフリカ大陸を乗せているプレートは、このグレート・リフトバレーを境に東にヌビアプレート、西にソマリアプレートと分かれています。

図3－15　アフリカ大陸のグレートリフトバレー

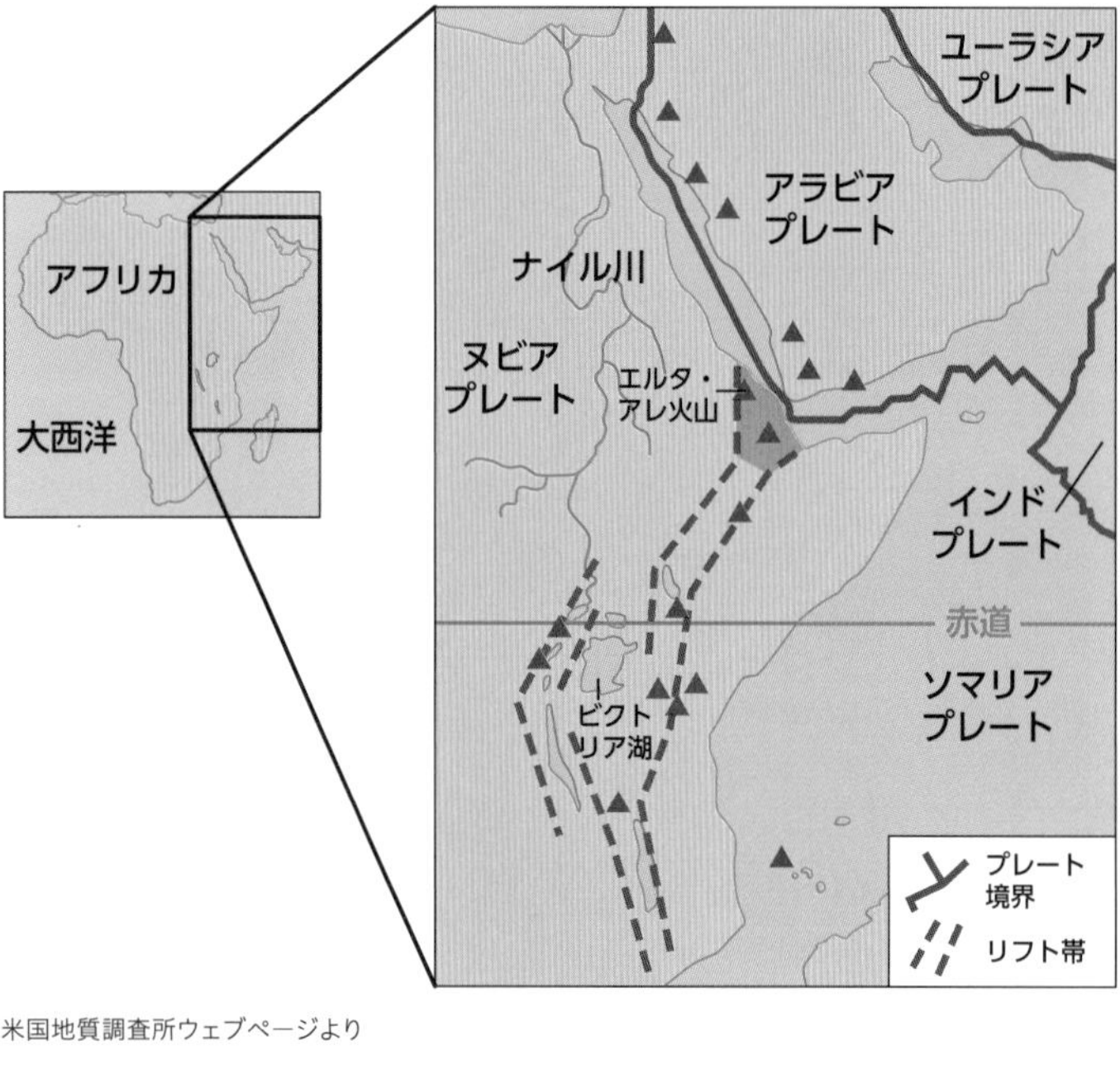

米国地質調査所ウェブページより

アフリカ大陸東部の下にあるマントルプルームはホットスポットマグニチュードとしてはそれほど大きくないのですが、数が多いので、「数打ちゃ当たる」の精神で、大陸プレートが薄かったり、大陸プレート直下のマントルが低温だったり、高温のプルームにとって好条件が揃うと、浮力にまかせてリソスフェアを突き抜けて地表まで顔を出してホットスポットを作る、「エリートプルーム」が現れます。現在のアフリカ大陸の場合、それがエチオピアの下にあるアファールプルームだと考えられます（図2—8(a)、図2—10)。

大陸下のホットスポットプルームが上昇してくると、大陸がドーム状に盛り上がり、その際、数本の裂け目（リフト）ができます。これは七輪で餅を焼いたときに、餅の表面がふくらんで3本や4本の裂け目ができるのとよく似ています（図3—16）。裂け目の数が3本の場合、2本の裂け目が繋がって大きな裂け目に成長しますが、残りの1本は裂け目に成長せず、オラーコジンとよばれる盆地のような凹みとなった大陸に残ります。ここでは、成長に成功したリフトを「成功リフト」、失敗したリフトを「失敗リフト」とよんで区別することにします。

図3—17は、ウィルソンサイクル（内転パターン）の一連のシ

図3－16　七輪で焼いた餅

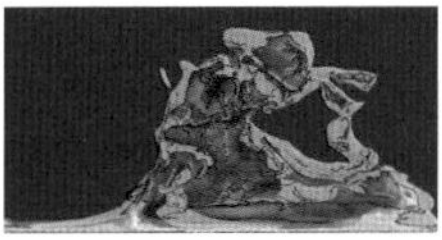

ナリオの概略図です。まず、いくつかのマントルプルームによって大陸に裂け目ができ（a）、やがて、海洋底が左右に拡大すると、大陸が分裂します（b）。数億年後の時を経て、再びそれらの大陸が合体すると（c）、その繋ぎ目で地殻が折りたたまれて地形が高くなり、山脈が形成されます。その後、再度、マントルプルームによって同じ場所で大陸の裂け目ができるとします（d）。このとき、どこに新しい大陸の裂け目ができるかは、元の裂け目の場所とは限らず、新しい裂け目ができると、そこで大陸の分裂が起きます（e）。つまり、大陸は成功リフトに沿って分裂します。

実際のアフリカの大地溝帯（図3―15）を見ると、アファールを中心に裂け目が三つ叉になっており、東方向にはアデン湾に沿って、北西方向に紅海に沿って、海底上にプレート境界を作っています。一方、もう一つの大きな裂け目はアフリカ東部を南北に横断するようにリフトを形成しています。このリフトは東

図3－17　ウィルソンサイクルの過程

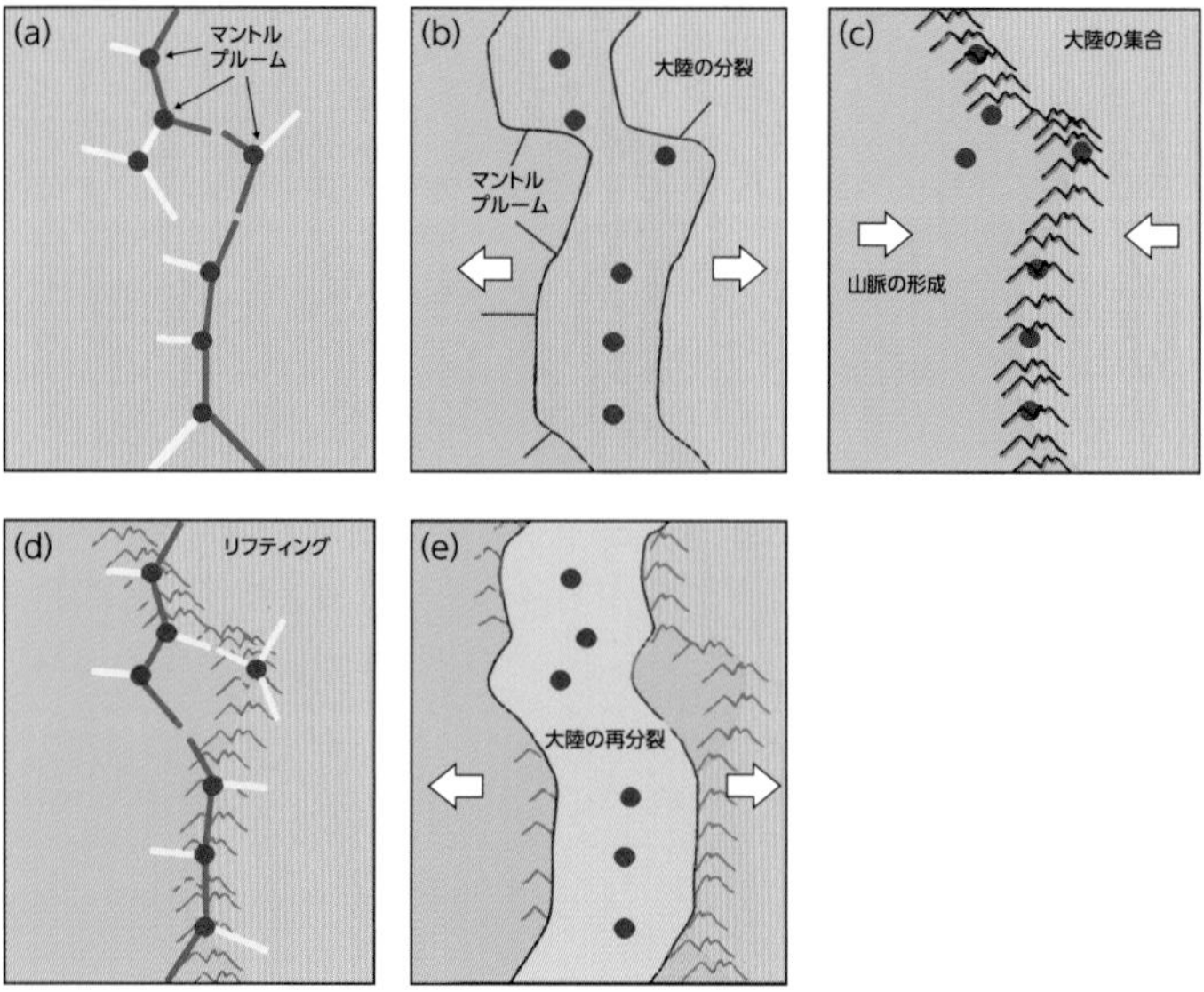

赤い丸印はマントルプルーム、青色と黄色の線は「成功リフト」と「失敗リフト」。大陸は成功リフトに沿って分裂する。Earle (2019) より

リフトバレーとよばれます。東リフトバレーは、ビクトリア湖の南あたりで、異なる二つのリフトバレー（西リフトバレーとニアサ・リフトバレー）と交差しています。これを見ると、大陸分裂が起こる条件は、いくつかのホットスポットプルームが列になって断続的に上昇している場所で起こりうるのではないかと教えてくれます（図3―17）。

　大陸分裂のメカニズムは、地質学と地球物理学により理解が進んできました。しかし、大陸移動の原動力に関しては、地表面の観測量からは推定が困難です。なぜなら、原動力を知るには、地球上のプレートがお互いにどのような力を及ぼし合っているかについて定量的な観測が必要だからです。それを知る一つの大きな手がかりである地震のメカニズムを解析すると、地震が起きた周辺のプレート表面が水平方向に引っ張られているか押されているか、あるいは横ずれ運動をしているかが推定できます。しかし、地球上である規模以上の地震が起こっている場所は基本的に沈み込み帯や内陸の衝突帯といった場所に限られており、海洋プレートの安定した場所ではほとんど大きな地震が起きません（図1―3）。陸上も場所によっては、プレートにかかっている力を調べるための掘削も行われていますが、それもわずかな場所です。

　プレート運動の原動力を追求することは、固体地球科学の第一級の研究課題ですが、人間が実際に地球内部に行く「地底旅行」は原理的に不可能で、それは宇宙旅行、月や火星への旅行よりもはるかに困難です。それを調べるためには、究極的には、地球深部探査船「ちきゅう」のような掘削船を使って、実際に地殻やプレートを掘削するしかありません。「ちきゅう」では、東北地方太平洋沖地震を起こした断層の調査で海底下8000メートルを超える掘削に成功していますが、海洋プレートにかかる力を定量的に知るためには、プレートの厚さを超える深さ以上とは言わないまでも、せめて20～30kmまで掘削し、力がかかっている方向の深さ断面がわかれば、何らかの手がかりに繋がるのだろうと思います。しかし、これは将来、いくら掘削技術が発達しても極めて困難ですので、別の研究手法に頼るしかありません。

　本章で紹介した大陸移動や超大陸サイクルに関する知見は、主に、観測・調査、実験、理論といったさまざまな研究手法から得られたものですが、もう一つ、地球の内部や表層を理解するうえで、コンピューターを使った数値シミュレーションはこれらの研究手法に並ぶ有効な研究手法です。シミュレーションで扱われるモデルは、自然科学を支配する法則や理

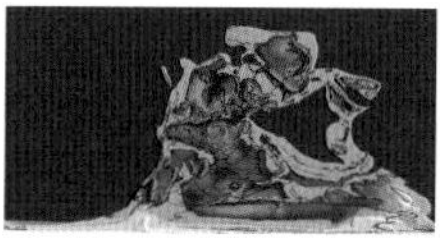

論に裏付けられることが第一条件ですが、ときに、観測・調査から得られる地球科学的証拠もモデルに対する貴重な制約条件となります。そこで、次章では、地球の過去を復元したり、未来を予測したりするための重要な研究手法となる、マントル対流のシミュレーションについて紹介します。

第4章

将来の大陸移動の予測

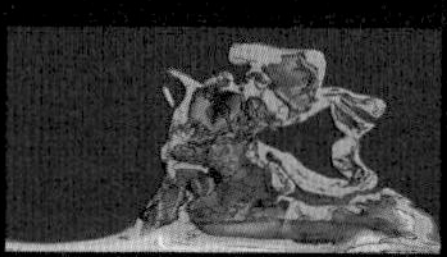

4-1 なぜマントル対流の数値シミュレーション？

前章では、地球史における大陸移動の歴史を紹介しました。また、大陸移動の歴史とマントル対流のパターンの変化が密接に関係していることについても強調しました。そこで、本章では、過去や現在の大陸移動やマントル対流の再現のみならず、未来の大陸移動の予測にも有効な手段である、コンピューターを使ったマントル対流の数値シミュレーションの方法を紹介したいと思います。

地球の内部は大きく分けて、深さ2891kmを境に岩石からなるマントルと鉄を主成分とするコアに分かれます。コアは主に流体鉄からなる外核と、固体の鉄からなる内核に分かれます（図2—4）。地球の外側を覆うリソスフェアはマントルが冷えた層ですので、マントルの一部分を考えることができますが、一応、リソスフェアを取り除いてみても、マントルの体積は地球全体の体積の実に約83%を占めます。したがって、私たちが住む地表で起こるさまざまな地学現象はマントルの中で起こっている対流運動が原動力となっていると言っても過言ではありません。一方、外核では活発な対流運動が起こっているにもかかわらず、岩石からなるマントルは粘性が非常に高いのでゆっくりとした対流運動が起きています。そのため、普通、マントル対流のシミュレーションで使うモデルは、コアの対流の影響は考えず、地表面からコア・マントル境界までの領域を扱います。

マントル対流は、岩石で占められた空間（岩石圏）で起こる対流運動で、その運動の駆動力はマントルの内部の温度の変化、あるいは、化学組成の変化で生じる密度の差による浮力です。対流運動を支配する物理・化学法則は基本的には、岩石圏で起こる現象であることを除けば、海水の中や大気の対流圏で起こる対流運動と同じです。したがって、マントル対流を支配する物理・化学法則を理解し、Fortran（フォートラン）やC言語、あるいは、最近ではPython（パイソン）といったプログラミング言語を習得してプログラムが書ければ、シミュレーションを行うことができます。それに加え、未知の課題を解くためには、世界最先端の地球科学観測や岩石の物質科学的実験の知見が必要になることもあり、これらはシミュレーションモデルの制約条件となったり、改善する材料になったりします。

1930年前後にホームズによってマントルの内部が巨大な対流セルによって構成されているイメージ（図2―1（a））が描き出される以前は、地球の内部がどうなっているのかまったく手がかりはありませんでした。おそらく、18世紀以前の科学者は、世界中のあちこちの火山から吹き出すマグマを見れば、地球の内部はドロドロとした高温の物質で満たされているのだろうと考えていたと思います。現在の固体地球科学の常識をかなぐり捨てて考えてみれば、地球の中心部に、その大きさはわからなくてもなんらかの熱エネルギー源をもつ球体が存在し、その中心部の球体を岩石の層が覆っていると考えていたと想像できます。そして、中心部から地表に通じる道が世界中の地下のあちこちにあって、そこからマグマが吹き出して火山噴火を起こすのだろう、そして、世界中のあちこちで起こる地震は火山噴火の前兆現象なのだろうと考えていたと思います。

ホームズの論文から半世紀を経て、全マントル地震波トモグラフィーによって、マントルの地震波速度異常構造が三次元的に描き出され、ようやくマントル対流のパターンが間接的とはいえ観測で把握できるようになりました（2―3節）。しかし、地震波トモグラフィーによって得られるのは、マントルのどの領域で地震波の伝わる速度が速いのか、遅いのか、また、どの領域で温度が低そうか高そうかといった、現在のマントルの構造の間接的な情報のみです。したがって、過去から現在にどのような過程を経て現在のマントルの構造に至ったのか、そして、現在から未来にどのように時間変化をするのかまではわかりません。マントル対流のシミュレーションが必要な第一の理由はまさにこれです。

それ以前に、地震波速度や温度といった量はスカラー量であり、マントル内部の任意の場所でのマントルの流れの大きさや方向といったベクトル量、さらには、任意の場所にどういう向きや大きさの力がかかっているかといったテンソル量で表される応力は観測量からは簡単にわかりません。そこで、マントル対流のシミュレーションが必要になります。ここでは、ある例をもとにそれを紹介します。

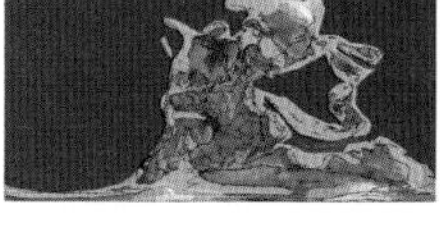

気体や液体である大気や海水と接している大陸や大陸棚はもちろん、海水面下に隠れている海洋底でも山や谷といった地形があるように、固体地球の表面はどこも凸凹しています。一方、岩石でできたマントルと流体鉄からなるコアの境界も凸凹していることが地震学的な解析からわかっています。大陸には最大標高8000メートル級のヒマラヤ山脈があり、海底では、最大で深さ10000メートルを超えるマリアナ海溝があります。つまりザッと言えば、地表面の凸凹の振幅は±10 kmです。しかし、コア・マントル境界地形は、地震学的な解析やこれから紹介するマントル対流モデルで、それよりも小さく、せいぜい±2~3 km程度とされています。この違いは基本的には、大気・海水と岩石との密度差（約2300 kg/m^3）と、岩石と外核の主成分である鉄との密度差（約4300 kg/m^3）との違いで生まれます。

図4―1(a)はある地震波トモグラフィーモデルの深さ約2800 km（コア・マントル境界のすぐ上）の地震波速度異常分布です。対流を駆動させるのは、どこが平均より軽くて、どこが平均より重いかといったマントル内部の密度変化（密度異常）ですので、モデル計算をするためには、まず地震波速度異常から密度異常に変換する必要があります。これは岩石の物質科学的実験から岩石種ごとに変換比がある程度決まっていますので、「密度異常＝変換比×地震波速度異常」というように求めます。ただし、その変換比は観測される地震波速度異常がマントル内部の温度変化に主に依存するのか、あるいは組成変化に依存するのかによって違ってきますので注意が必要です。

密度異常分布が求まると、シミュレーションによってマントル内部の速度場が求められます。その結果が図4―1(b)です。例えば、プロットされた矢印の向きを見ると、南太平洋下とアフリカ下に矢印が集中し、そこで流れが収束していることがわかります。こういった情報は、地震波トモグラフィーで得られた地震波速度異常分布（図4―1(a)）や地表で観測される陸上や海洋底の地形を見ただけでは、絶対に想像ができません。

次に、マントル対流のシミュレーションでは速度場のほかに応力場も得られることも利用し、ここでは、コア・マントル境界地形を解析してみます。応力はテンソル場、つまり、マントルがコア・マントル境界に対して鉛直方向に押したり引いたりする力（鉛直応力）と、水平方向に引きずる力（剪断応力）に分かれます。このうち、コア・マントル境界地形を

図4－1　(a) 地震波トモグラフィーによるコア・マントル境界直上（深さ約2800 km）の地震波速度異常分布。(b) マントル対流モデルで計算したCMB上の速度場の様子。(c) 速度場に、コア・マントル境界の地形を重ねた図

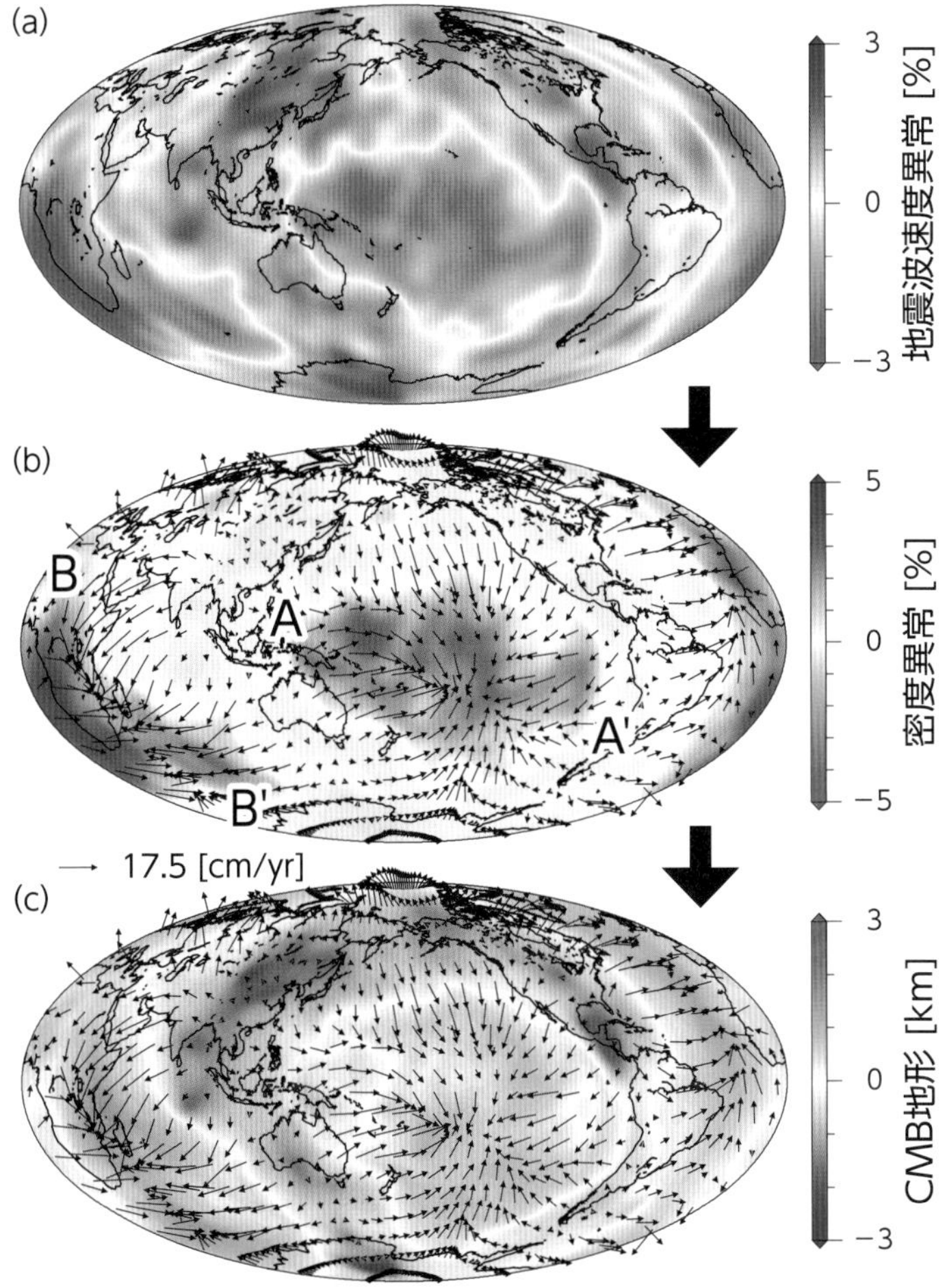

南太平洋下のAとA'、アフリカ大陸周辺下のBとB'を結ぶラインに流れが収束していることがわかる
Yoshida (2008a) より

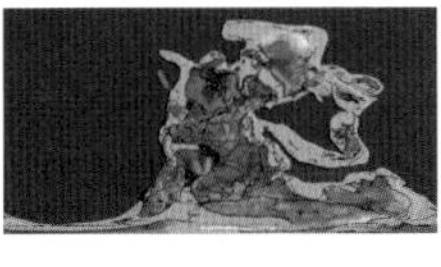

求めるためには、鉛直応力の情報が必要で、それと密度と重力加速度の値を用いてコア・マントル境界のある地点でどれくらいの距離を押し上げたり引き下げたりしているかが推定できます。その力によってもたらされる振幅が図4―1（c）のコア・マントル境界地形の分布です。

将来、いくら観測技術が進歩して地球の内部構造が例えば100メートル格子間隔でわかったとしても、地球の内部や表層の変動を知るためには、マントルの流れ場や応力場を求めるためのモデル計算や、マントル対流の時間変化を求めるためのシミュレーションが必要になると考えています。つまり、ほかの流体のシミュレーションと一線を画すマントル対流のシミュレーションの醍醐味は、過去から現在、現在から未来にどのように時間変化をたどったかを知るだけではなく、観測からは直接分からない現在のマントルの構造をより詳しく把握することができることです。

4-2 マントル対流と普通の流体は何が違うのか

観測・調査、実験、理論といった、地球科学の数ある研究手法の中で、シミュレーションは、マントルの対流運動を再現できる唯一の方法です。マントル対流のシミュレーションでは、マントルを、ものすごく粘性の高い流体と扱うことができることを利用して、基本的には、一般的によく知られた、熱流体のシミュレーションの手法が使えます。しかし、数千万年以上の時間スケールで、ゆっくりと動くマントル対流のシミュレーション方法は、テレビや新聞で私たちがよく見る天気を予報するための大気の運動のシミュレーション方法とは、以下の点で大きく異なります。

1つ目は、ニュートンの第2法則（$ma = F$：加速度aは物体にかかる力Fに比例し質量mに反比例する）を基本とした運動量の保存式（運動方程式）の扱いです。この式は、物体にかかるさまざまな力の釣り合いで表される式ですが、マントルを構成する岩石の粘性率が、空気や水のような流体の粘性率に比べて20桁以上大きいために、粘性力（物質の粘性によって流れを抑制しようとする力）が慣性力（物質が流れ続けようとする力）をはるかに上回り、運動方程式の加速度aがゼロに限りなく近くなります。このために、次節で述べるように方程式の解き方が通常の流体と異なります。

2つ目は、岩石の粘性率が温度や圧力、歪速度、含水量などによって大きく変化することです。これにより、空間的に何桁も変化する粘性率を含む運動方程式を効率的に解くための工夫が必要です。せっかくモデルを作っても、短い空間スケールで粘性率に極端に変化するような場合は、原理的にどうしても解が求まらないこともあり、その場合はモデルを変更するほかありません。

3つ目は、そもそも、岩石がどういう物理・化学条件下でどのように変形するかといった法則（2―7節で触れた構成方程式）が最新の物質科学的研究からさえも、必ずしもはっきり決まっていないことと、そもそもそれが岩石を構成するさまざまな鉱物の種類によって異なることです。これにより、同じ課題を解く場合でも、たくさんのモデルを立てて「実験」をし、地球科学的な観測・調査結果とも比較しながら、モデルの違いによって結果がどの程度変わるかを評価する作業が必要となります。

これらの3つの大きな違いは岩石と水や空気の物質的な性質の違いによるものですが、もう一つ、決定的に異なるのは、地球自体の大きさです。一般的に、物質がどれだけの熱量を溜め込めるかは物質によって異なり、固有の「温まりやすさ」、「冷えにくさ」をもっています。これは言い換えれば、ある質量の物質の温度をある温度まで上昇させるために必要な熱量の違いのことで、比熱（単位はJ/(kg K)）とよばれます。つまり、比熱が大きい物質ほど熱の含有可能量が大きく、温まりにくくて、冷めにくいという性質をもちます。

私たちの身の回りの物質では、水の比熱が約４２００ J/(kg K)、空気の比熱が１０００ J/(kg K)、岩石の比熱はその種類によりますが、おおむね１０００ J/(kg K)です。これからわかることは、水は空気や岩石と比べて温まりにくく、冷めにくいということを意味します。これは、エアコンを付ければ部屋は割とすぐ暖まるし、キャンプで石を熱すると料理ができるほどすぐに熱くなるのに対し、風呂に入ろうと思って水を沸かそうとしても、大きな浴槽ほど、温まるのに何十分もかかり、なかなか温まりにくいことから直感的にわかります。

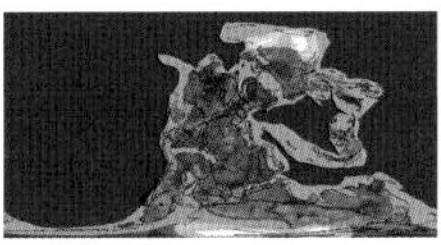

また、水と岩石の比熱の違いは、何気なく吹いてくる風にも影響します。海岸付近の地域では、晴れた日の日中には海から陸に向かう海風が吹きやすくなります。これは、陸地のほうが海水面より早く暖まるので、冷たい海上の空気から温かい陸上の空気に風が吹き込むからです。一方、夜間になると、逆に陸から海に向かう陸風が吹きやすくなります。これは、陸上の空気のほうがすぐ冷えるのに、海上の空気は冷えにくく陸上よりも暖かくなるからです。このように、水と岩石の比熱の違いは陸上と海上で気温差を生み、海風と陸風が1日周期で変わる海陸風とよばれる海岸地域特有の気象現象も生みます。

さらに、地球のようにスケールの大きい物質の熱の溜め込めやすさを考えるときは、流体の容器（＝地球）の質量のほうが重要になってきます。比熱に物体の質量を掛けたものを熱容量とよびますが（単位はJ/K）、これは、同じ比熱でも大きな質量をもつ物体ほど熱を溜め込められることを意味しています。地球は膨大な質量（約6×10^{24} kg＝6ロナグラム）をもっているので、マントル内に存在する放射性元素はごくわずかでも、その放射壊変による発熱量は、地球全体で積算すれば、膨大な熱量になります。そして、地球の熱容量がとても大きいだけではなく、さらに、マントルの粘性の大きさによって対流運動による流れもゆっくりとしているので、地球は非常に冷めにくく、長い時間をかけてゆっくりと冷えています。これは一般に、地球の「永年冷却」とよばれます。理論的、あるいは、岩石学的な証拠から、現在のマントルの最上部（海嶺下の温度）が約1350℃に対して、約30億年前の太古代では約1550〜1600℃と、現在よりも約200〜250℃高かったことがわかっていますので、10億年で約50〜80℃の速度で冷えてきたことになります。

このように、非常にゆっくりではありますが、現在も冷え続けているということは、数億年前から現在までの数億年間のマントル対流をシミュレートしようとするときは、永年冷却の効果は無視しても差し支えありませんが、例えば、太古代から現在までといった、30億年や40億年といった時間スケールのマントル対流をシミュレートしようとするときには無視できません。

このように、地球のマントルのようにシステム全体が地質学的な時間スケールにわたって冷え続けているのも、海水や大気といった「普通の流体」とは大きく異なるところです。

4-3 マントル対流をどうシミュレーションするのか

マントル対流のシミュレーションに必要な計算格子や方程式、地球科学データを図4―2の概略図にまとめました。まず、マントルを一つの「容器」と考え、その容器を格子状にして、たくさんの小さい領域に分割します。そして、それぞれの領域での流体の流れや熱（温度）の移動の変化を決める方程式（基礎方程式とよばれるもの）を用意する必要があります。次節でも触れるように、容器の分割の方法は、大きく分けて、地球の中心に原点を置いた球座標（緯度・経度座標）に沿って分割する方法（規則格子）と、緯度・経度線にとらわれずに自由に分割する方法（不規則格子）があります。

しかし、マントル対流には、マントルの粘性力が非常に大きいため、慣性力のみならず、地球の自転に起因する力（コリオリ力）も効かないので、モデルが全球型ではある必要は必ずしもなく、モデルを三次元の箱型にしてシミュレーションをしやすくすることもあります。もっとも簡単なモデルは二次元の箱型で、例えば、図2―7のプレートの沈み込みのシミュレーションはその一例です。どのモデルを選ぶかは、研究テーマやシミュレーションに必要なモデルの数、コンピューターの能力、1モデルあたりにかかる計算時間などを考慮して決めます。以下では、全球モデルを想定して話を進めます。

私たちがテレビや新聞で見る天気予報は、気象観測で得られたデータに基づいたシミュレーションがもととなっており、その数値予報モデルは3種類あります。それは地球全体の大気を対象とした「全球（グローバル）モデル」、日本列島とその近海の大気を対象とした「メソモデル」、日本列島の、ある領域の大気を対象とした「局地モデル」です。大、中、小のモデルを扱うのはマントル対流のシミュレーションもまったく同じで、地球全体に関わる問題を調べたい場合は「全球モデル」を用い、研究対象領域に応じて、容器のスケールを小さくします。

マントルの対流運動を支配する基礎方程式は、質量保存式（連続の式）、運動量保存式（運動方程式）、エネルギー保

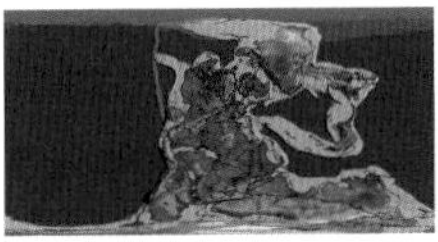

存式（熱輸送方程式）です（図4―3）。これらの式を用いて、細かい時間間隔（時間ステップ）ごとに速度や圧力、温度といった各物理量の時間変化を求め、それを時間積分し、そして次の時間ステップの各物理量の時間変化を求める、という繰り返しの計算を行います。これらの式は、知りたい現象の本質がわかるように、さまざまな近似法を使って式を簡単にしてシミュレーションすることがあります。

質量保存式は、容器の体積が一定であれば、物質の質量は不生不滅、つまり、容器内で増えたり減ったりしないので、容器内の質量の総計が時間的に常に一定であることを保証する式です。一方、運動量保存式は、容器内の運動量（質量と速度の積）が保存されていることを保証する式です。すると、前節で述べたように、ニュートンの第2法則の式で加速度が付く左辺が無視できるほど小さいので、ゼロと仮定できます。そのため、結局、運動方程式には速度の時間変化を表す項がなくなり、「0＝右辺」が釣り合う式を、解が求まるまで反復して計算し、速度場と温度場を求める必要があります。

運動方程式の右辺の圧力傾度（勾配）力とは、大気で言えば、高気圧から低気圧へ、つまり、圧力が高いところから低いところに物質が流れるように、流れの本来の駆動力で、これは鉛直方向にも水平方向にも作用します。そしてさらに、鉛直方向には重力が働きますので、周囲よりも重い物質が沈む代わりに、周囲よりも軽い物質は浮き上がるという、浮

図4―2　マントル対流の数値シミュレーションに必要な計算格子や方程式、地球科学データなど

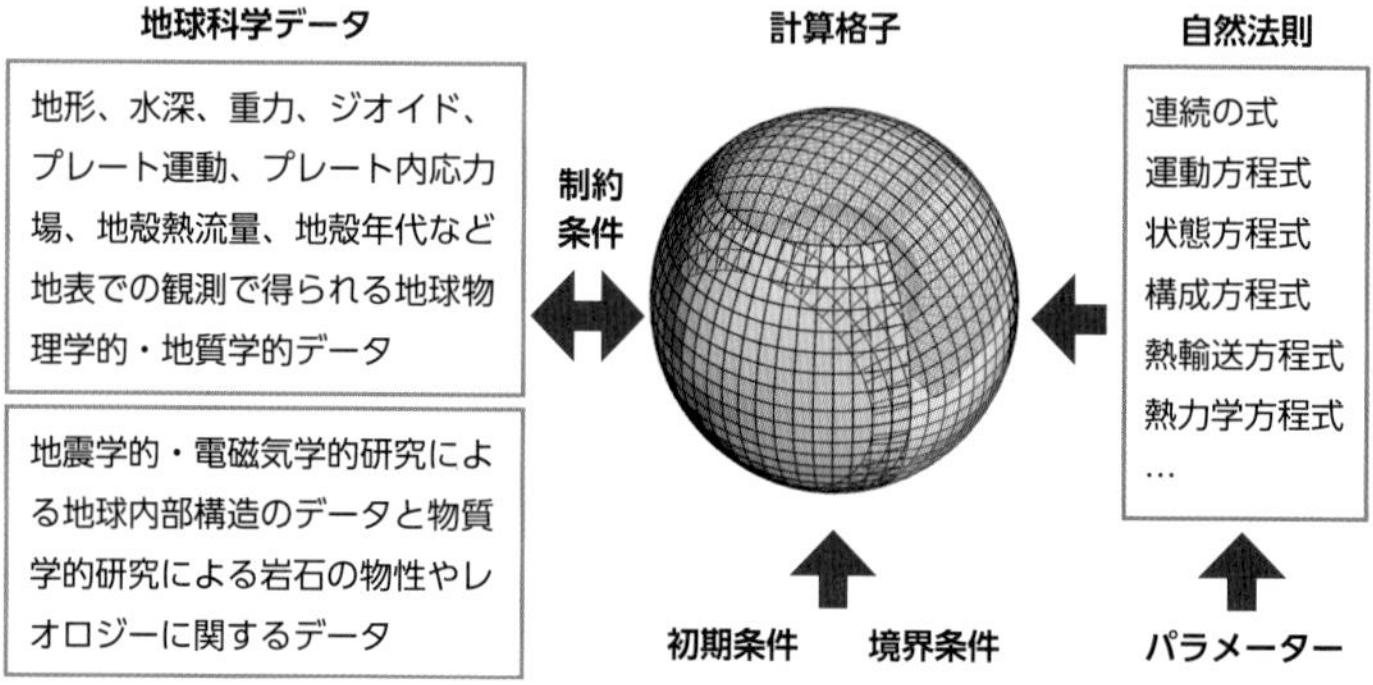

力が働きます。一方、大気や海水のような流体と違い、マントルのような非常に大きい粘性をもつ岩石の対流はそういった流れに対して抵抗力（いわゆる、粘性力）が働きます。したがって、結局、運動方程式は、圧力傾度力、粘性力、浮力が釣り合う式となります。

エネルギー保存式（つまり、熱力学の第1法則）は、容器内のエネルギーの保存を保証する式です。マントル対流のシミュレーションでは、熱力学の関係式を用いて、時間ステップごとの熱輸送量、つまり、温度の変化を記述する式（熱輸送方程式）に書き換えられます。マントル物質に含まれる放射性元素の壊変による内部発熱、粘性散逸による発熱、断熱圧縮や断熱膨張による発熱・吸熱による温度の時間変化は、熱輸送方程式の右辺の「温度の〝生成〟」に含まれます。

ここで、粘性散逸による発熱とは、粘性をもつ流体が運動するときに、力学的エネルギーから熱エネルギーへの変化によって発生する、いわゆる摩擦熱です。また、断熱圧縮による発熱とは、外部からの熱の供給がない状態（断熱変化）での気体の圧縮によって発生する熱のことです。断熱圧縮はマントルだけではなく、私た

図4—3　マントル対流の基礎方程式と、計算の流れ

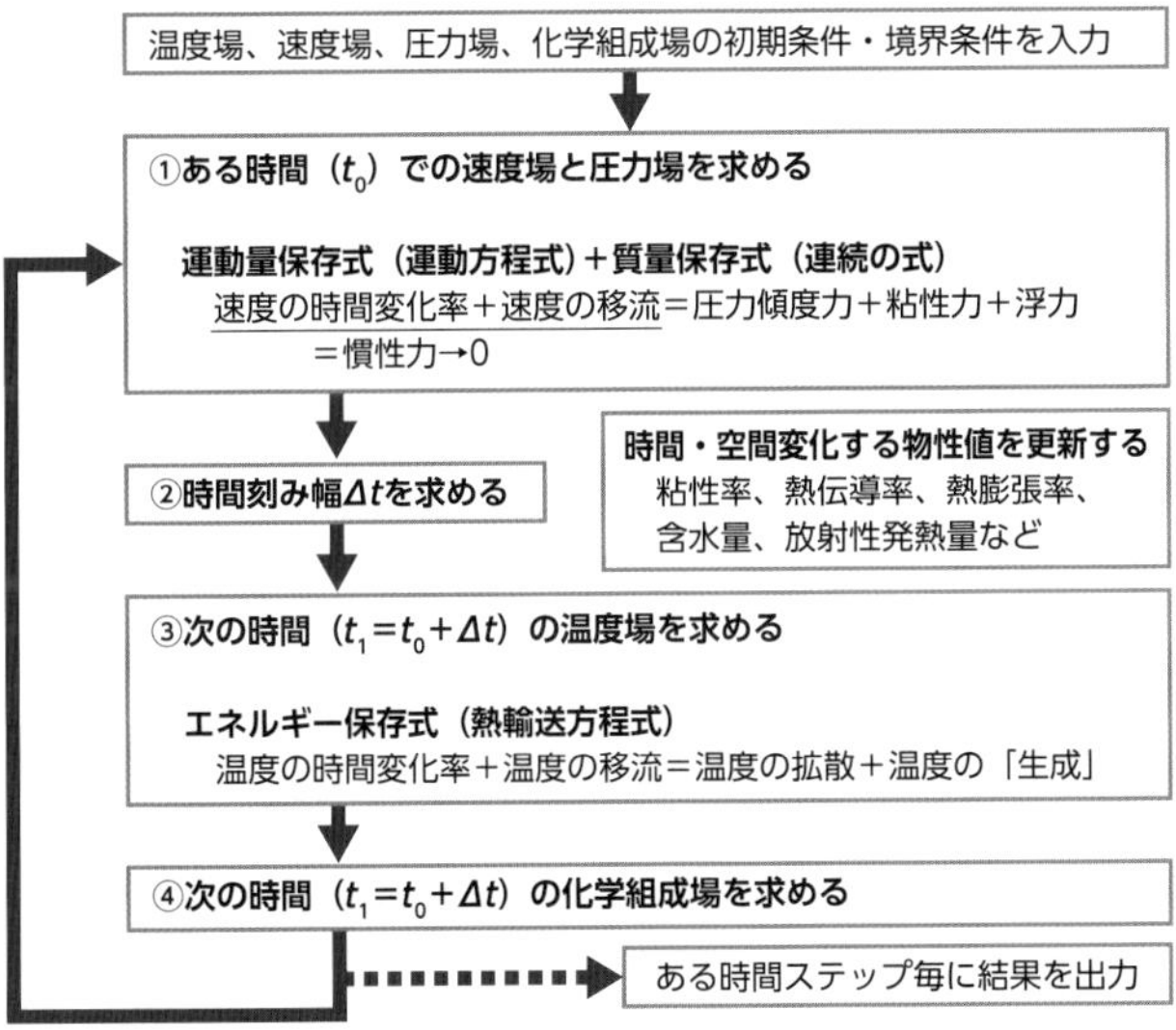

①→②→③→④→①→…、を繰り返す。

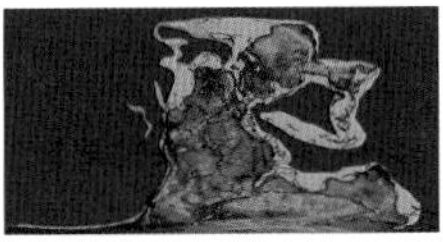

ちに身近な大気の流れでもあり、もっともわかりやすいのは、フェーン現象です。フェーン現象とは、乾いた空気が山地から下降する際に圧縮されて温度が上昇する現象で、例えば、最近では、夏に新潟県内で気温が40℃を超えたというニュースが聞かれるようになりましたが、マントルの中でも大気の中でも重力がある場で流体が下降すると、温度が上がります。断熱膨張による吸熱とはその逆で、流体が重力に逆らって上昇すると温度が下降する（熱が奪われる）ことです。

先に挙げた基礎方程式は、計算領域全体を占める物質、つまり、ここではマントルの化学組成が同じと仮定した場合です。大陸地殻や海洋地殻を構成する岩石や、地球形成時の始原的な物質、マントルにもち込まれた水などの揮発性物質など、標準的なマントルと化学組成の異なる岩石種や物質の移動を解くためには、これらの基礎方程式とは別に、その岩石種や物質（化学組成）ごとの輸送方程式が必要となります。さらに、始原的なマントル物質が融解や化学分化によって地殻物質が形成されるといった、物質の性質の変化を解くためには、そのプロセスを再現する物理・化学法則を考慮する必要があります。個々の物質の化学組成の違いも温度場などと同じように、計算量域内のすべての格子で値をもつので、図4―3では、「化学組成場」と書いています。

さて、日本では2021年にデジタル庁が発足しましたが、私たちの個人情報でも、人の動き（人流）でも、自然界の現象でも、コンピューターでデータを管理するためには、実際の時空間での連続したデータ（アナログデータ）を、連続から切り離された離散的な（バラバラな）データ（デジタルデータ）に変換する必要があります。数値シミュレーションは、さまざまな物理量データの空間的、時間的な移り変わりを計算することですので、そのデータの移り変わりを支配する基礎方程式もコンピューター上で離散化（バラバラ化）する必要があります。

マントル対流のシミュレーションで扱うモデルにおいても、空間的な分割に関しては、現実の空間では連続した地球内部をたくさんの細かい格子に分割し（図4―2）、それぞれの格子の頂点や壁に規則的に物理量を配置して離散化します。時間的な分割に関しては、流れの速度の大きさに合わせて、時間を少しずつ刻んでいきながら、物理量の時間変化を解いていきます。マントル対流のシミュレーションの時間刻み幅は、空間解像度と流れの速度で変わりますが、仮に空間解像度が10 kmで、流れの速度が10 cm／年とすると、基礎方程式を数値計算的に安定に解くための時間刻み幅は、通常、最大で空間解像度÷流れの速度÷2＝5万年となります。したがって、図4―3に示した①～④の1回のプロセスを「1タイムステップ」とすると、例えば、10億年間のマントル対流の問題を解きたい場合には、10億年／5万年＝2万タイムステップの計算となり、つまり、図4―3のプロセスを2万回繰り返すことになります。

　数値モデルに必要な式が用意できれば、次に重要なのは境界条件と初期条件です。シミュレーションに必要な境界条件とは、モデル化された容器の端に設定する式や値のことです。例えば、コンロで下から熱する鍋の中の湯の対流運動をシミュレートしようにも、人間側が「鍋の底はどういう物質でできていて、どういう構造になっていて、何℃の温度で下から熱するのか」という情報を、コンピューターに教えてあげなければなりません。マントル対流のシミュレーションの場合、温度の境界条件に関しては、容器の上面（つまり、地表面）は大気や海水に冷やされてほぼ一定温度に保たれているので、固定した温度（例えば0℃）を与えます。

　容器の下面（コア・マントル境界）については、実際のコア・マントル境界の熱的な状態がはっきりとわかっているわけではないことと、外核の対流はマントル対流と比較して短い時間スケールでかき混ぜられていることを考慮して、大きく分けて2種類の条件を与えます。一つは、マントルが外核から一定の温度で加熱されているという条件で、この場合、時間的に固定した温度（例えば2500℃から3500℃）を与えます。もう一つは、コア・マントル境界で時間的に固定した熱流量（深さ方向に沿った温度の勾配量）を与える条件です。現実的ではありませんが、外核からマントルに一切の熱が運ばれないと仮定する場合は、熱流量をゼロとします。

　次に、初期条件とは、シミュレーションを行う際に、どういう構造、あるいは状態下にあるマントルから計算を開始するかという条件で、これも人間側がコンピューターに教えてあげなくてはなりません。マントル対流のシミュレーションの場合は、最低限の情報として、マントルの温度分布と、マントルを構成する岩石の性質（粘性率や密度など）を最初にコンピューターに教えてあげればシミュレーションを開始することができます。

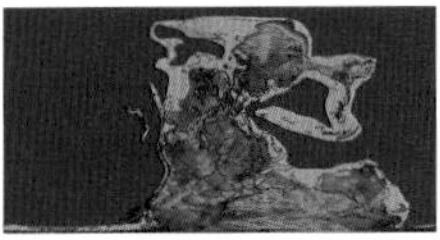

地球科学的観測や調査、物質科学的実験によって、現在の地球内部の構造や状態は比較的よくわかっているので、現在の地球の状態を初期条件として未来のマントル対流を予測する場合は、観測や調査から与えられた情報をもとに数値モデルを作り、シミュレーションをすることができます。一方、地球のある過去から現在に向かってシミュレートする場合には、少し苦労します。

それは、ひとえに、過去、特に数億年以上も前になると、まったくと言ってよいほど観測や調査からはシミュレーションに使えるマントルの構造や状態に関する情報がないからです。あるとしても、使えるのは、過去の大陸移動やプレート運動の復元データといった地球表層の運動のデータや、地表で採取される岩石から推定される過去のマントルの温度や圧力、化学組成など限定的なデータのみです。いずれにしても、先に書いたように、過去から現在にしろ、現在から未来にしろ、たくさんのモデルを立てて実験をし、モデルの違いによって結果がどの程度変わるかを評価する作業が必要であることには変わりありません。

したがって、現実的には、マントル対流のシミュレーションの初期条件は、これまでの先行研究でわかっている過去のマントルのおおよその構造や状態を仮定し、それにもとづいてたくさんのモデルを作って、試行錯誤的なシミュレーションを行います。逆に考えれば、仮に、現在のマントルの状態が「完全に」再現できれば、シミュレーションの初期条件として仮定した過去のマントルの構造や状態は「正しかった」、つまり、「過去のマントルを復元できた」ということになります。実際には、シミュレーションで、現在の地球を完全に再現するなんていうのは不可能ですし、誰もが納得するような地球内部の構造や状態を描き出すのは困難ですが、そこがシミュレーション研究の面白いところでもあります。

4-4 マントル対流のシミュレーションに必要な道具

著者が1990年代後半の学部4年次に大学の地球物理学の研究室に配属された当時は、世界で数グループしか行われていなかった、三次元全球モデルのマントル対流のシミュレーションが研究テーマとして与えられました。しかし、そのときに用いたプログラムは、球座標系（緯度・経度座標系）の極に近づくほど経度線が集中し、微小領域の体積が細かくなりすぎて、計算時間が極付近の格子間隔で制限されてしまう、いわゆる「極の問題」がありました。そのため、実際の地球のマントル対流のようなレイリー数が大きい対流をシミュレーションするには、実用的ではありませんでした。

そこで、著者は、国内の研究所に研究員として着任した後、２００３年に世界で初めて、有限差分法という、マントル対流の基礎方程式を微分形のまま差分近似して展開する方法を用いたマントル対流のシミュレーションプログラムを開発しました。このプログラムでは、極の問題を回避するために、当時、コアの対流や大気・海洋のシミュレーションのために議論されていた、回転した座標系上にある2つ格子系を、野球のボールのように組み合わせる方法を用いました（図4—2）。

そして、これまでに世界で開発されていたいくつかのマントル対流のシミュレーション結果とベンチマークテスト（同じパラメーターのもとで同じモデルを解き、解が一致するかを確認するテスト）を行い、開発したプログラムの正確性を確認した後、すぐさま論文投稿しました。論文の査読者の一人からは、「これは、eye-openingな（目を見張るような）研究だ」という高い評価をもらいました。

このプログラムは、２００６年から2年ほどかけて「有限体積法」という、基礎方程式を積分形にして離散化する方法を用いて、空間的に変化する粘性率を考慮したマントル対流をより効率的にシミュレートできるプログラムに改良しました。これによって、4—1節で紹介したコア・マントル境界地形のモデル計算や、第6章で紹介する、マントルの粘性率が温度に強く依存する場合のマントル対流の基本構造に関する研究のみならず、実際の地球のプレート運動や大陸移動を再現することができ、特に、本書のメインテーマである大陸移動に関するさまざまな研究を行うことができました。

4—3節で触れたように、基礎方程式の離散化手法には、有限差分法や有限体積法といった規則格子を使う方法のほかに、緯度・経度線にとらわれない不規則な計算格子を使う「有限要素法」が有名で、マントル対流のシミュレーション

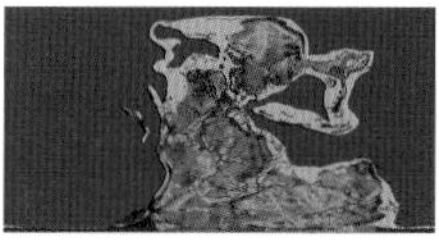

でもよく使われます。しかし、マントル対流のシミュレーションモデルは、さまざまな現象の素過程があまり理解されていない地球内部が対象であるために、誰にも受け入れられるような「標準モデル」というものが存在しません。そのため、基礎方程式を座標系に沿って展開した有限差分法や有限体積法のほうが、プログラムの改良を必要とする利用者にとっては、より直感的にプログラムの内容を理解しやすいという利点があります。そのほか、基礎方程式を関数展開して離散化する「スペクトル法」という方法もありますが、運動方程式中の運動量の拡散係数（つまり粘性率）が空間的に一定として扱える、大気や海水の対流、あるいは、流体鉄からなるコアの対流のシミュレーションには使えるものの、マントルのように粘性率が空間的に一定でない場合には原理的に不向きであり、現在では世界で使われていません。

もっとも規模の小さい二次元モデルのマントル対流のシミュレーションは市販のパソコンや、研究室の自分の机の脇に置けるような、小型の高性能コンピューター（ワークステーション）で行います。一方、三次元モデルのような大規模なメモリを必要とするシミュレーションは、普通、スーパーコンピューター（スパコン）を用い、計算領域を区切って、数多くのＣＰＵに計算を分担させる並列計算を行います。いずれにしても、決められたタイムステップごとにプログラムから出力されたデータ（図４―３）や、研究目的に応じて、さらにそれを詳細に解析したデータは、単なる数字の羅列ですので、さまざまなソフトウェアを使って画像や動画などで結果を可視化（最近では、「見える化」）する必要があります。

本書を書いている２０２２年は、イギリスの数学者で気象学者のルイス・フライ・リチャードソン（１８８１―１９５３）が世界で初めて、手計算ではあるものの、数値解析の手法を使って気象予測の計算を行ってからちょうど１００年です。その後、１９４０年代に米国の数学者、ジョン・フォン・ノイマン（１９０３―１９５７）によって、コンピューターの原理が発明され、１９５０年代前半には、数値計算が可能な大型コンピューターが開発されました。１９４９年には、米国の気象学者、ジュール・グレゴリー・チャーニー（１９１７―１９８１）がノイマンとともにコンピューターを使った数値予報に初めて成功しました。そして、１９５４年にスウェーデンが、１９５５年に米国が国家当局の天気予報業務としての数値予測シミュレーションを開始し、日本の気象庁にも１９５９年に大型コンピューターが初めて導入され、気象予測のシミュレーションが始まりました。

その後、気象庁のスパコンは5~8年おきに更新され続け、現在用いられているスパコンは２０１８年に運用が開始された第10世代です。気象庁のスパコンの歴史は、日本や世界で開発されている汎用性のあるスパコンの性能の歴史の一つのわかりやすい指標となっており、演算速度が、世代が変わるごとに対数スケールで速くなり、第10世代のスパコンの演算速度は初代のスパコンと比べると約1兆倍速くなっていることがわかります。著者が行っているマントル対流のシミュレーションも、大学や研究機関が所有する、さまざまな企業が開発したスパコンで行ってきました。例えば10年前はできなかった規模の計算が、今ではできるようになるなど、時代が進むごとに少しずつではありますが、より空間解像度の高い計算が可能になっています。

4-5 地球のマントル対流の再現

マントル対流のシミュレーションに必要な基本理論が１９７０年代半ばに確立された後、当時のコンピューターの能力で計算可能な二次元の箱型モデルからスタートして、多くの地球科学者や物理学者によってさまざまな基礎研究が進められてきました。これにより、理論の拡張や展開のみならず、シミュレーションに必要な数値計算手法のノウハウも蓄積されてきました。三次元の箱型モデルや全球モデルを用いたシミュレーションは、コンピューターの性能が追いついた１９８０年後半から行われるようになり、さらに１９９０年代中ごろになると、実際の地球に近い条件、特に粘性率がさまざまな物理量に依存する効果を考慮したシミュレーションが行われるようになりました。

マントル対流の振る舞いは、マントルを構成するさまざまな岩石種の物性値の選択によって変わります。シミュレーションでは、それらの物性値を、マントル対流の基本的な特性に関係するいくつかの変数（パラメーター）に集約し、さまざまなパラメーターのもとで結果がどう変わるかを調べながら、研究を進めます。

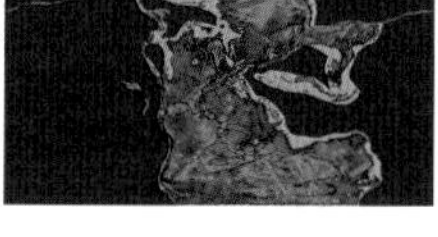

マントル対流でもっとも基本的なパラメーターは、マントル対流の活発さの指標となる「レイリー数」とよばれるものです。一般的に、流体内で起こる熱対流運動は、流体内のどこかで水平方向の密度差があることで起こります（密度差は温度の変化だけではなく化学組成の変化によっても生まれますが、ここでは簡単に温度の変化のみを考えます）。つまり、周囲よりも高温で軽い物質があれば、「熱浮力」で浮き上がろうとしますが、一方的に浮き上がるのではなく、周囲の流体も同程度の粘性をもっているので、その浮力を妨げようとする「粘性抵抗力」が働きます。レイリー数は熱浮力を分子に、粘性抵抗力を分母にもちます（第6章）。したがって、レイリー数が大きいほど、粘性抵抗力に対して熱浮力が大きくなるので、活発な対流が起こり、流れの速度が増加します。

また、マントルに含まれるウラン、トリウム、カリウムといった放射性元素の壊変による内部発熱量が大きいほど、レイリー数もそれに応じて大きくなり、対流が活発になります。さらに、マントルの粘性率が温度に依存する効果を加えると、温度が高いほど粘性率が小さくなりますので、高温の上昇プルームと周りの平均的な温度をもつマントルとの粘性率の差が大きくなり、対流がさらに活発になります。第6章では、レイリー数の定義についてもう少し詳しく紹介し、読者のみなさんに、地球や月、ほかの地球型惑星のマントル対流のレイリー数を計算していただきます。

鍋の中の水やマントルのように、容器の下面から熱せられ、上面で冷やされる流体は、上下面での温度差がまったくないか、非常に小さい段階では、熱伝導のみで下面から上面への熱の輸送がまかなえるため対流は起きません。しかし、温度差が徐々に大きくなり、熱浮力が粘性抵抗力を超えるようになると対流運動が起きます。レイリー数が一定の値（10^3程度）を超えると対流が起き始め、10^5程度までは、対流は比較的におとなしく、流れのパターンは時間的にほとんど変化しません。このとき、あるパターンの温度場の初期条件が与えられれば、上昇流と下降流が十分に発達した後も、時間がいくら経過してもそのパターンが維持される、いわゆる定常状態になります（図4−4（a））。

しかし、レイリー数が10^5を超え、10^6に近くなると、流れのパターンが時間によって複雑に変化する非定常状態に変わります。地球のマントルのレイリー数は、10^7程度、もっとも低く見積もっても10^6程度に達するので、直接観測できないマントルが「対流している」という証拠となります。レイリー数を10^7とし、さらに、現在の地球のマントルと同程度の内部発熱量を考慮した結果が図4―4（b）で、多くの上昇プルームと下降プルームがあることがわかります。また、マントルの内部には放射性元素の壊変による発熱があるので、対流はさらに活発なはずです。約30億年前のマントルを想定して現在のマントルの3倍程度の内部発熱量（図2―18）を与えると図4―4（c）のような対流パターンになります。つまり、内部発熱量を大きくするほど、対流パターンの水平スケールが非常に細かくなることがわかります。

　1990年代後半に行われた三次元全球モデルを用いた先駆的な

図4－4　数値シミュレーションによる、さまざま条件でのマントル対流の三次元図

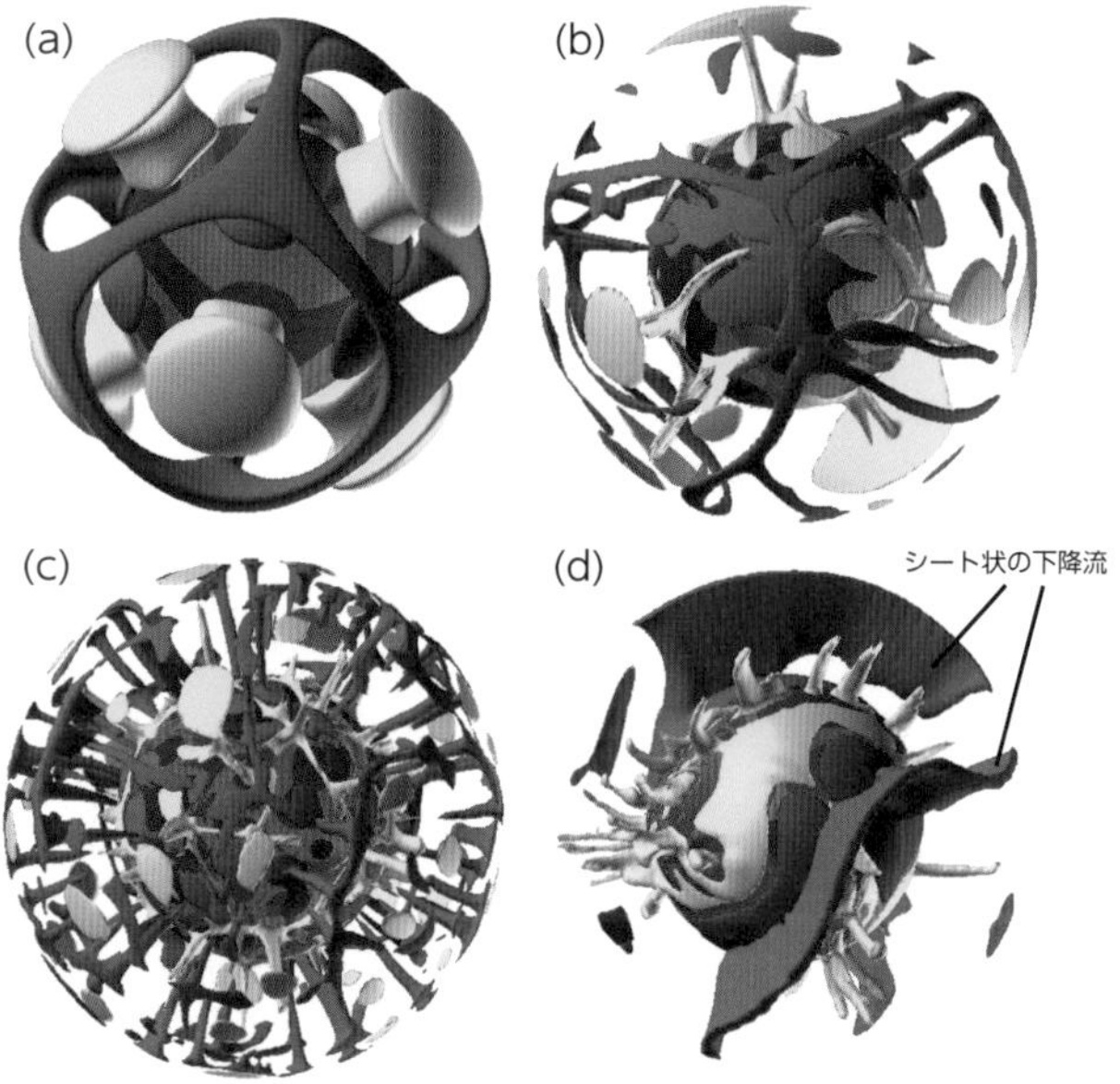

(a) レイリー数が小さい場合の定常対流。(b) レイリー数が大きい場合の非定常対流で、マントルの放射性熱源による内部加熱量が現在の値の場合。(c) 内部加熱量を30億年前の値にした場合。(d) (b) にプレート運動を考慮した場合

青色と黄色の等値面は、それぞれ、周囲よりも低温で流れが下降する領域と、高温で流れが上昇する領域を表す。中心の赤色の球はコアの位置を表す。

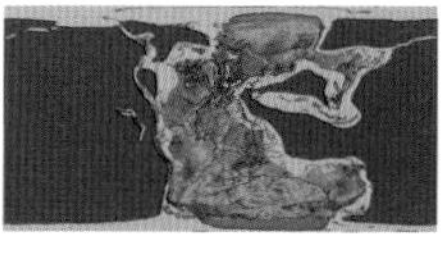

シミュレーションによる重要な成果の一つは、地震波トモグラフィーの結果から想像されるような比較的大規模なスケールのマントルの温度構造を再現するには、①下部マントルの粘性率を上部マントルの粘性率よりも大きくして、マントル深部の対流を「おとなしくさせる」こと、および②地球表層のプレート運動と、プレートの沈み込みを実現させること、でした。これにより、地表のプレートのサイズに規定される水平スケールの長い流れ（プレートの沈み込み）と、コア・マントル境界などから発生する上昇プルームによる、比較的、水平スケールの短い流れのスケールの2つのスケールの流れがマントルに混在する状態が再現できます。

特に、現在の地球のマントル対流のパターンでもっとも特徴的なのは、主に環太平洋に沿って、地球の半周くらいの距離を横断するようなプレートの沈み込み帯があるために、マントル対流の下降流に相当する領域が円筒状ではなく、シート状であることです。これを再現するには、まず、マントルの粘性率が温度に依存する効果、つまり、低温になるほど粘性が高くなる効果を利用して地表面に冷たいリソスフェアを再現し、さらに、そのリソスフェアを「破壊」させるメカニズムを導入してプレート境界を作り、プレートの沈み込みが起きる条件を考慮することが必要です。この条件を取り入れたモデルが図4−4（d）です。すると、あたかも実際の地球の環太平洋下のように、シート状の冷たいプレートが沈み込んでいる様子が再現できます。

リソスフェアの「破壊」については、本当の物理的な意味での破壊のメカニズムを組み込むことも可能ですが、マントル対流のシミュレーションでは、数値計算上の制約もあり、もっとも簡単には、リソスフェアのある部分の応力がある閾値（破壊強度）を超えると、そこでリソスフェアの歪速度や粘性率が下がるようなメカニズムを組み込むことで再現します。これは、岩石層が割れたあとにできる割れ目は、実際は大気や海水で埋められたり、グズグズした軟らかい岩石で埋められたりしますが、マクロ的に見ればいずれも粘性率が何桁かだけ小さい物質で埋められると仮定できるからです。実際、観測されるプレート境界付近の粘性率は平均的には、せいぜい小さくても10^{18}～10^{19} Pa・s程度です。こういった破壊強度を組み込むことで、マントル対流のシミュレーションでプレート運動が再現できます。

著者は、こういったプレート運動に加えて、大陸移動を考慮したシミュレーションを世界に先駆けて行いました。図4―5は、2億年前のパンゲアが存在していた時代から現在までの再現を試みたシミュレーションです。初期条件として、地表にはパンゲアの形をした粘性率の高い大陸リソスフェア、マントル深部にはアフリカ下と南太平洋下に大規模な高温領域を考慮して、2億年間にわたって時間積分をして計算し、大陸の分布やマントルの対流パターンがどのように変化するかを調べました。その結果、大西洋の拡大や、インド亜大陸の高速北進とユーラシア大陸への衝突など、パンゲア分裂後の地表の大イベントが再現されました。この研究でわかったことは、インド亜大陸の高速北進の原動力が大陸の直下のマントルの流れであり、その流れは、ゴンドワナ大陸下に発達するマントル深部からの大規模な上昇流と、テーチス海のユーラシア大陸南縁で発達するプレートの沈み込みとマントルの下降流によって引き起こされたことです。これは、超大陸の分裂とその後の大陸移動の原動力が、スラブ引っ張り力に加えて、マントル引きずり力（図1―6）も同じ程度に重要である可能性を示唆しています。

4―3節で「仮に、現在のマントルの状態が『完全に』再現できれば、シミュレーションの初期条件として仮定した過去のマントルの構造や状態は『正しかった』……ということになります」と書きましたが、図4―5の結果では必ずしも現在の地球の大陸分布を再現できたわけではなく、また、さらにより現実的な地球物理学的な条件を考慮したときに、2億年間のマントル対流と大陸移動が再現できるかどうかは実際にシミュレーションをやってみないとまったく想像できません。再現できない場合は、モデルをどんどん改良して、試行錯誤的に何度もシミュレーションを行い、過去のマントルの構造や状態をコンピューター上で「復元」するのが、こういった研究の最終目的です。

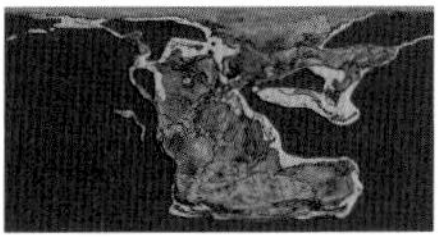

図4－5　2億年前から現在までのマントル対流の数値シミュレーションで得られた大陸移動、およびマントル内部の温度構造の時間変化

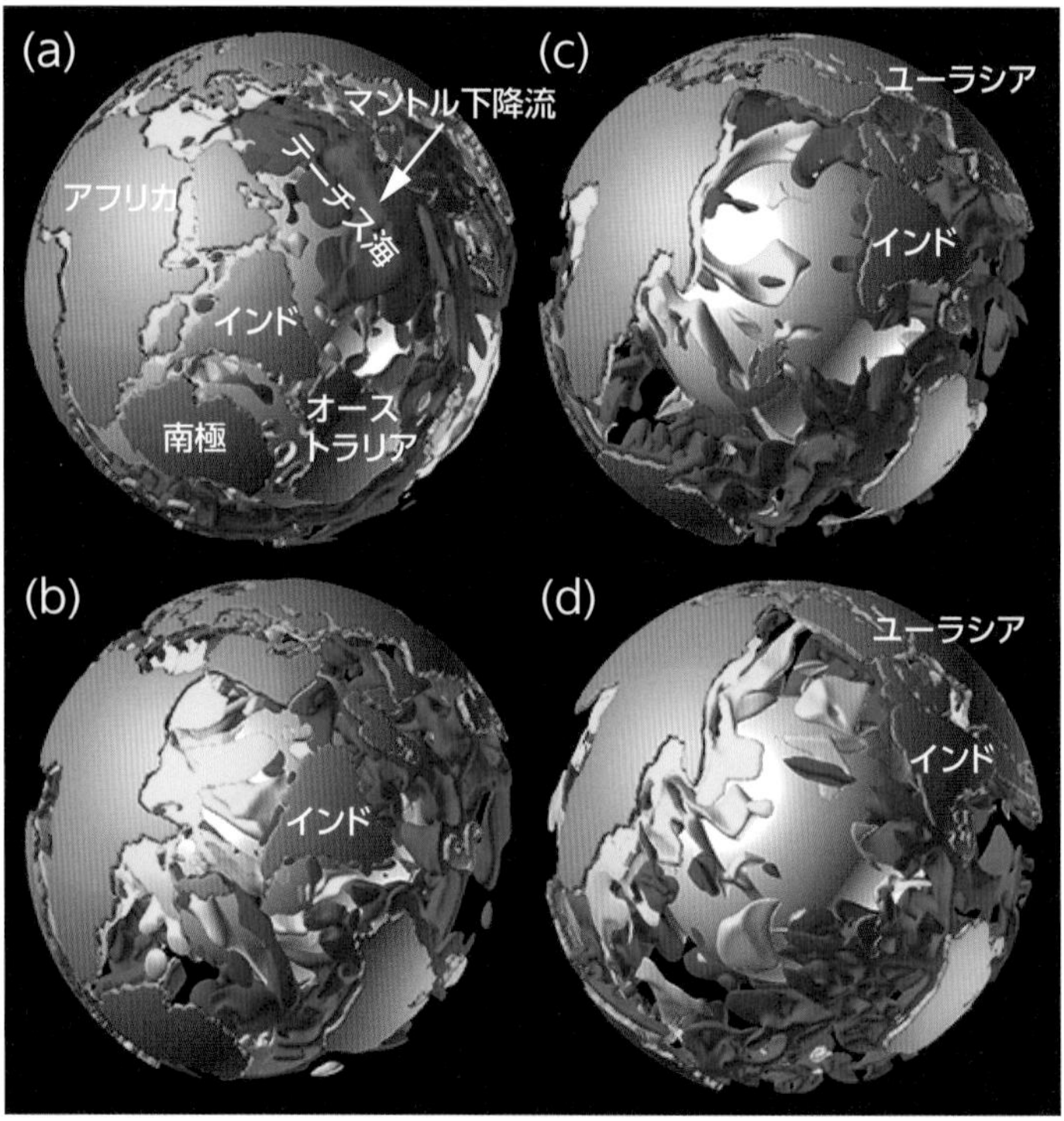

(a) 1億7500万年前、(b) 1億年前、(c) 5000万年前、(d) 現在に相当する時間。青色の等値面は各深さの平均温度よりも100℃温度が低く、黄色の等値面は100℃温度が高い。表層の薄い橙色の領域は大陸の位置、中心の白色の球はコアの位置を表す。
Yoshida and Hamano (2015) より

4-6 未来の大陸移動のシミュレーション

地震や気象の世界では科学の進歩に伴って数10年から１００年間ほどのデータが蓄積されていますので、過去の状態から現在の状態になった因果関係がある程度説明できるはずです。一方、大陸移動やマントル対流に関しては、多くの場合、地質時代（地球の歴史のうち、地質学的な手法でしか研究できない時代）が研究対象ですので、予測の参考となる過去の情報はほとんど何もありません。それにしても、ほとんどまったくわからない過去の情報をもとに、前節で紹介した最近2億年間の大陸移動がここまで再現できるので、比較的よくわかっている現在の情報をもとに現在から未来へのシミュレーションをすれば、過去から現在よりも正確なシミュレーション結果が期待できると著者は考えています。

それ以前に、著者はせっかく三次元全球モデルのマントル対流シミュレーションを得意としているので、どうしても、未来の大陸移動はどうなるのだろうかとシミュレーションしたくなります。そして、さまざまな新しい地球物理学的な観測結果や物質科学的な実験結果が論文発表されると、それらに使われているデータを用いて、シミュレーションに必要な数値モデルをアップデートしたくなります。現在から未来までのシミュレーションは、「過去の状態」を初期条件とするシミュレーションよりも、比較的よくわかっている現在の地球の状態をスタートとしてシミュレートするので、試行錯誤に必要なモデルがある程度絞られて研究時間が少なくて済むという利点があり、その代わり、モデルの空間解像度をスパコンの能力の限界ギリギリまで上げられるということも、研究のモチベーションが高まる一つの要素となります。

図４—６で紹介したシミュレーションモデルでは、初期条件として、地表に現在の地球の六大陸を配置し、その粘性率は周囲の海洋リソスフェアより１０００倍高くし、厚さは均一に約２００kmとしました。その結果、2~3億年後までには、北半球に現在のユーラシア、アフリカ、オーストラリア、北米大陸を中心とする超大陸「アメイジア」が形成されることがわかりました。これは、基本的には、現在の地球で太平洋プレートとオーストラリアプレートがぶつかっている場所（イ

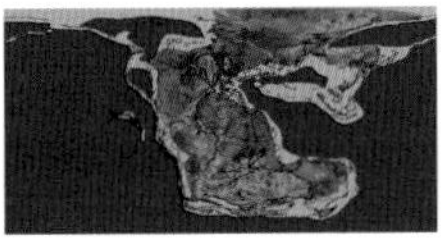

図4－6　数値シミュレーションによる未来の大陸移動

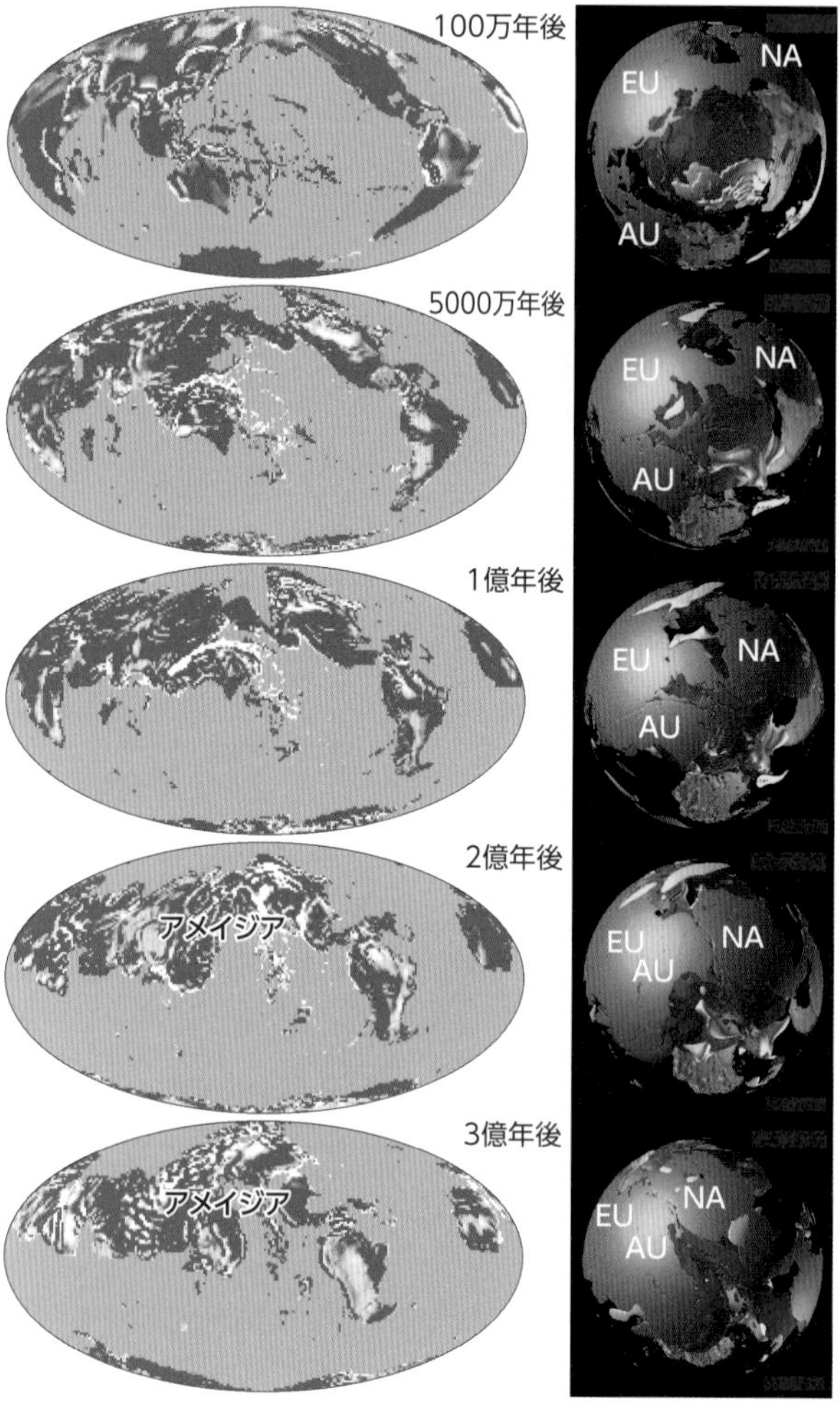

上から100万年後、5000万年後、1億年後、2億年後、3億年後。左は地球上の大陸分布で緑色は標高が低く、茶色は標高が高い場所。右は大陸移動とマントル対流のパターンの三次元図。茶色の領域が大陸の位置を表す。青色と黄色の等値面は、それぞれ、周囲よりも低温で流れが下降する領域と、高温で流れが上昇する領域を表す。中心の赤色の球はコアの位置を表す。
NAは北米大陸、EUはユーラシア大陸、AUはオーストラリア大陸。Yoshida (2023) より

ンドネシア周辺下）で両プレートが沈み込み、その結果、そこで大規模なマントルの下降流が生まれるためです。それと同時に、アフリカ大陸はゆっくりと北上を続け、北米大陸もゆっくりと西に進んでともにユーラシア大陸に集まろうとします。一方、南米大陸や南極大陸は現在の位置とほぼ変わらないこともわかりました。特に南極大陸は現在の地球で海嶺に囲まれ、インドネシア周辺下のマントル下降流から遠く離れ、南極大陸を移動させる積極的な力が働かないためです。

また、ハワイ諸島は約５０００万年後までには、北西方向に移動する太平洋プレートに乗って日本列島の付近に近づき、約1億５０００万年後までには、日本列島は、北半球に留まるユーラシア大陸と南半球から高速で北進するオーストラリア大陸の間に挟まれ、やがて新しい超大陸の一部となることも予測されました。図4−7は、ある地質学者が、現在のプレート運動や地質学的な合理性だけにもとづいて予測した、５０００万年後のユーラシア大陸東縁と西太平洋の大陸配

図4－7　5000万年後のユーラシア大陸東縁と西太平洋の大陸配置（Safonova and Maruyama, 2014）

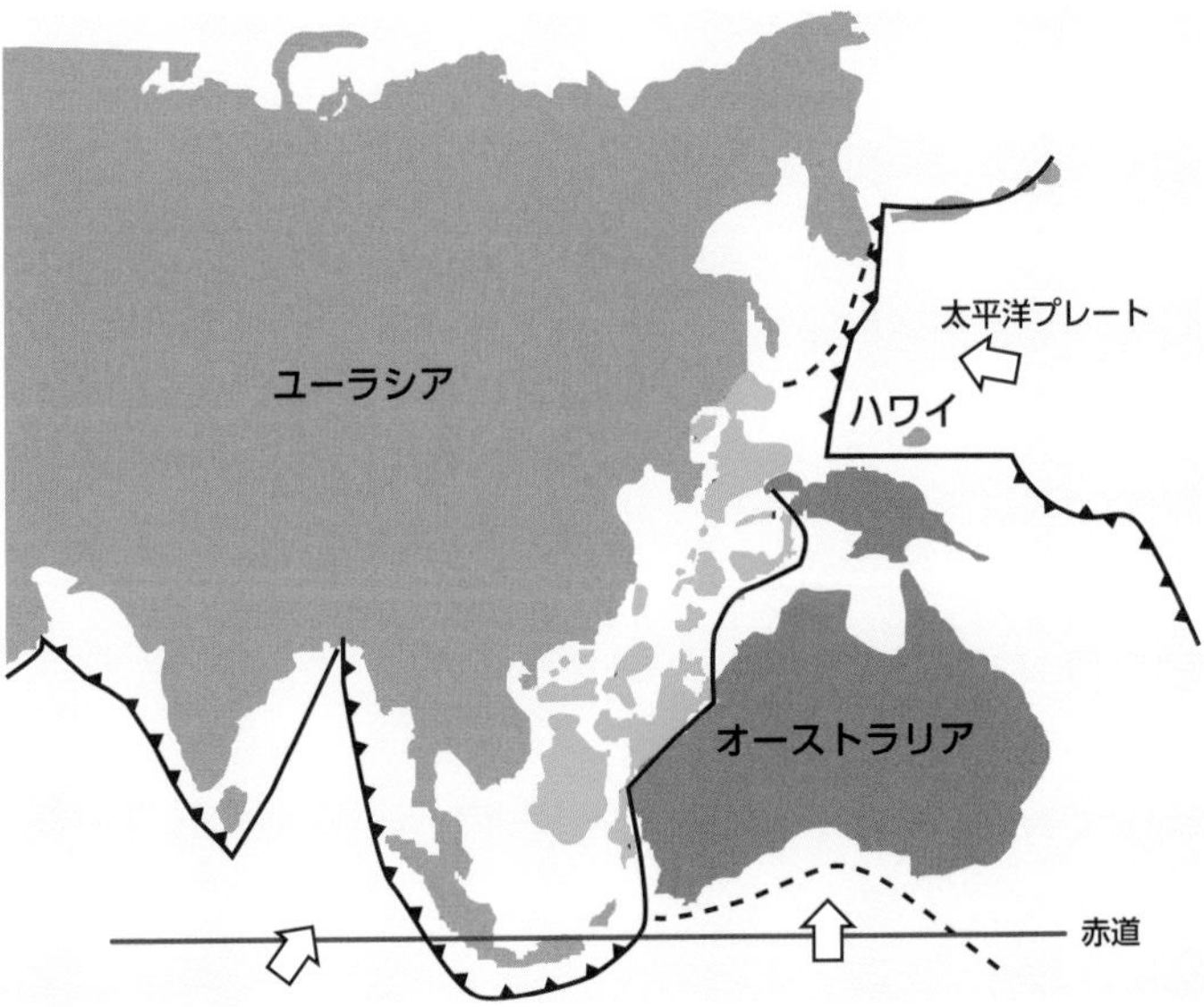

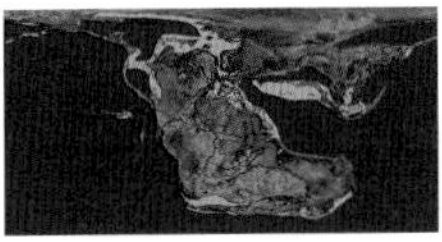

置ですが、日本列島の島々や、フィリピンの島々、カリマンタン島といった西太平洋の島々がユーラシア大陸とオーストラリアの間に挟まれている様子がよりリアルにわかっていただけると思います。

このシミュレーションでは、マントルを構成する岩石の高温高圧実験データと地球内部を伝わる地震波速度構造のデータからマントル全体の温度異常モデルを作り、それを初期条件として与えています。ただ、これを初期条件とするだけでは、おそらく地表のプレートは動きません。実際にシミュレーションしてみると、プレート運動は予想どおり起こりませんでした。これは、初期条件として、地表にトロイダル運動（図2—3）を強制的に加え、プレート運動が起こるきっかけを与える必要があることを表しています。そこで、現在からある短い期間だけ、地表の境界条件として、現在のプレート運動を強制的に与え、その期間が過ぎれば強制力のない自由滑り境界（固体地球と大気・海洋の間に滑り摩擦力が働かない条件）に切り替えるようにしたところ、予想通り、プレート運動が起こるようになりました。

さて、こういった未来の大陸移動のシミュレーションは、将来の超大陸の形を予測すること自体も科学的な意味はあ

図4－8　(a) 大陸内の応力状態の時間変化と (b) 大陸直下のマントルの流れが大陸に及ぼす力の時間変化

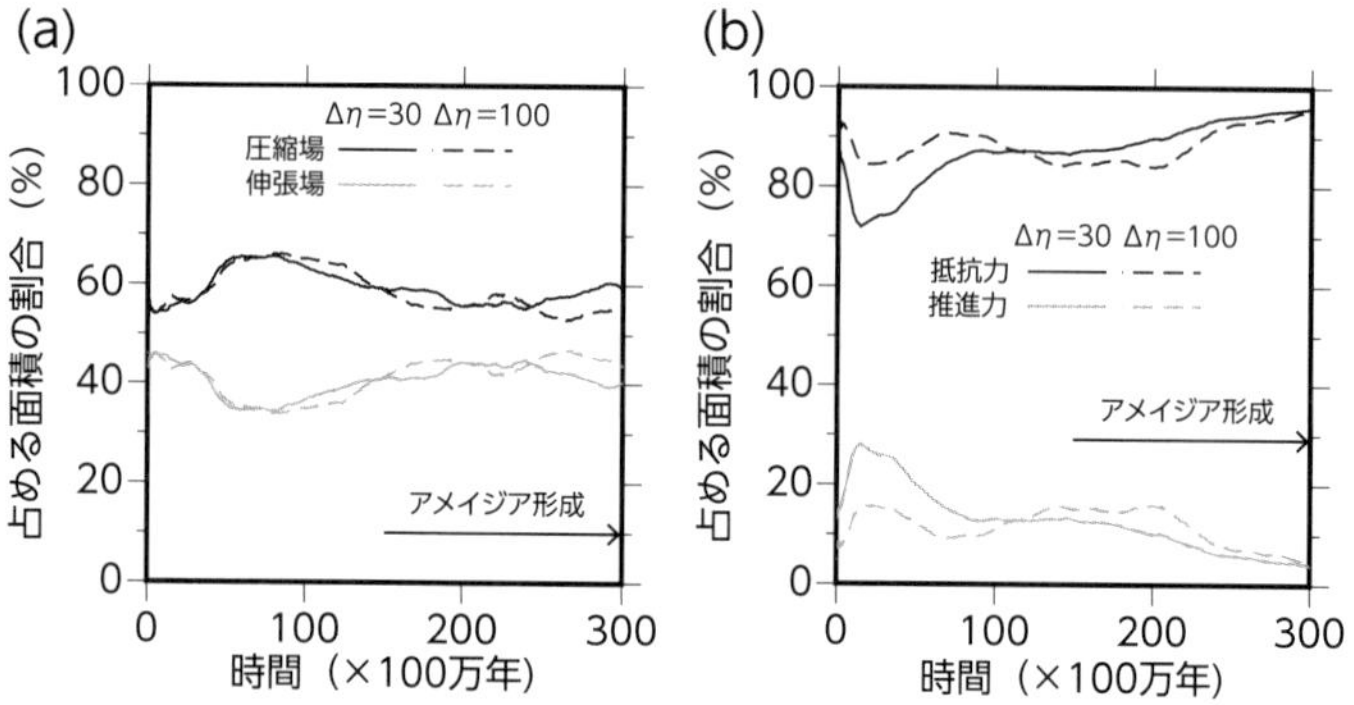

(a) 黒色の線が圧縮応力場、灰色の線が伸張応力場。
(b) 黒色の線が抵抗力、灰色の線が推進力。
Δηは下部マントルの上部マントルの粘性率比で、実線が30、破線が100の場合。Yoshida (2023) より

るのですが、本来の目的は、大陸移動の原動力やメカニズムを定量的に評価することです。図4－8は、図4－6のシミュレーション結果に基づいた解析の一例です。現在から超大陸が形成される途中や超大陸が形成された後の大陸リソスフェアは平均的に見れば、伸張応力場よりも圧縮応力場が卓越していることがわかります（図4－8(a)）。これは基本的には、集合する大陸リソスフェアは周囲の海洋リソスフェアにギュウギュウ押されながら移動し、超大陸が形成された後も、その縁を取り囲む海洋リソスフェアやその沈み込みによって超大陸が圧縮され続けるからです。また、大陸リソスフェア直下のマントルの流れは移動する大陸にとって圧倒的に抵抗力として働くこともわかりました（図4－8(b)）。この結果は少し意外ですが、これから集合する大陸の下ではマントル深部からの上昇流が発生しにくいので、マントルの平均的な流れの速度が大陸移動の平均的な速度よりも遅くなるためです。

　地学や生物の教科書で必ず出てくるとおり、顕生代（約5億4000万年前から現在まで）においては、生物の大量絶滅が5回起こりました。それらは、約4億4300万年前（古生代オルドビス紀末）、約3億7000万年前（デボン紀後期）、約2億5200万年前（ペルム紀末）、約2億100万年前（中生代三畳紀末）、そして、直近では白亜紀末の約6600万年前です。したがって、単純に平均をとると、大量絶滅の間隔は約1億年（±3000万年）となり、6回目の大量絶滅は、もっとも楽観的に見積もって約6400万年後、悲観的に見積もって、たった約400万年後となります。実際、6回目の大量絶滅がすでに始まっているのではないか考える専門家もいます。大量絶滅は一気に起こるのでなく、約2億5200万年前のP－T境界とよばれるペルム紀末の大量絶滅は、それよりも約800万年前の絶滅と二回に分けて起こったのではないかという研究もあります。いずれにしてもハワイが日本列島に近づく前後には日本人はおろか、地球上のすべての生物が大きな試練を迎えているかもしれません。

　本節で紹介した未来の大陸移動のパターンや数億年後に形成される超大陸の形については第6章でさらに詳しく紹介するとおり、ほかにもいくつかのシナリオがあります。これからスパコンの性能がさらに向上すれば、計算解像度をさらに増やして、例えば、もっと短い時間スケールでの詳細な日本列島の将来がどうなるかを調べたり、プレート運動や大陸移動

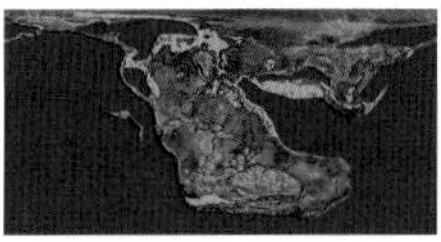

の原動力やメカニズムについて、さらに明確な答えを出したりしていきたいと考えています。

4-7 地球を丸ごとシミュレーションする!?

前節までに紹介した大陸移動のシミュレーションは、地質学的調査や地球物理学的観測、岩石の物質科学的実験などによる地球科学的データを、可能な限りフル活用した研究の一例でした。しかし、著者がシミュレーション研究を行う際にもっとも大切としていることは、観測データをなるべく使用せず、つまり、モデルにできるだけ「答え」を教えず、地球の内部をコンピューターに作り出すことです。これは、データがほとんどない「過去の地球」を探る際に「現在の地球」の先入観にとらわれてはいけない地球史的な視点に立った研究や、シミュレーションから逆に観測・調査研究や実験的研究へ新しい指針を与えるのに重要であり、著者が研究を進める上でもっとも大事にしてきたことです。

地球のマントルと外核との熱対流運動の実態や基本物理を解明しようとするとき、地球全体を一つの熱対流システムと考える必要があります。それは、例えば、地球環境変動や生命進化にも影響を与える地球磁場の変動は外核の熱対流運動と相互作用し、さらには地球史を通じてマントルの活動とも相関があることが知られているからです。そこで本節では、筆者が進めている、固体地球内部を「丸ごと」シミュレーションする研究を紹介します。

これまで、マントル対流と外核内の対流のシミュレーションは異なる研究者が異なるシミュレーションプログラムで独立に行われてきました。その最大の理由は、岩石からなる固体のマントルの粘性率と流体鉄からなる外核の粘性率が約23桁も異なり、それぞれの流れの代表的な速度も5桁以上は異なるためです。そして、この理由により、マントルと外核の熱対流をシミュレートする際に必要な数値計算手法がまったく異なり、粘性率と流れの時間スケールが桁で大きく異なるマントルと外核を、一体化した熱対流システムでシミュレートするための具体的なアイデアもありませんでした。

一般的に、異なる密度をもち、粘性率が同じ、あるいは粘性率の比が海水と大気のように2桁程度しか違わない2層の流体層が接している熱対流システムがあるとき、それらの流体層のカップリングモード（結合形態）は、２層の界面で力学的な交換が主として行われる「力学カップリング」、あるいは、「粘性カップリング」とよばれるモードであることが理論解析や室内での流体実験からすでにわかっています（図４─９（ａ））。力学カップリングは２層の界面で上層と下層の流体が同じ方向に流れて境界を同じ向きの力で引きずるようなモードです。図４─９には、葛飾北斎の有名な絵画『神奈川沖浪裏』を例にとっていますが、このように「強風が吹けば海が荒れる」のは粘性率比が小さい大気の流れと海水の流れとの力学カップリングの関係によるものです。

一方、さらに流体層の粘性率比が大きい場合は、理論的には「熱カップリング」とよばれるモードがあり、その場合には、２層の界面で力学的な交換よりも熱的な交換が主として行われると考えられます（図４─９（ｃ））。理想的なイメージとしては、２層間で上層と下層の流体が熱浮力によって鉛直方向に同じ方向に流れ（つまり、下層が上昇流であれば上層も上昇流）、２層の界面の直上と直下の水平方向の流れが逆向きである

図4－9　粘性率が異なる2層間の熱対流の結合様式（カップリングモード）

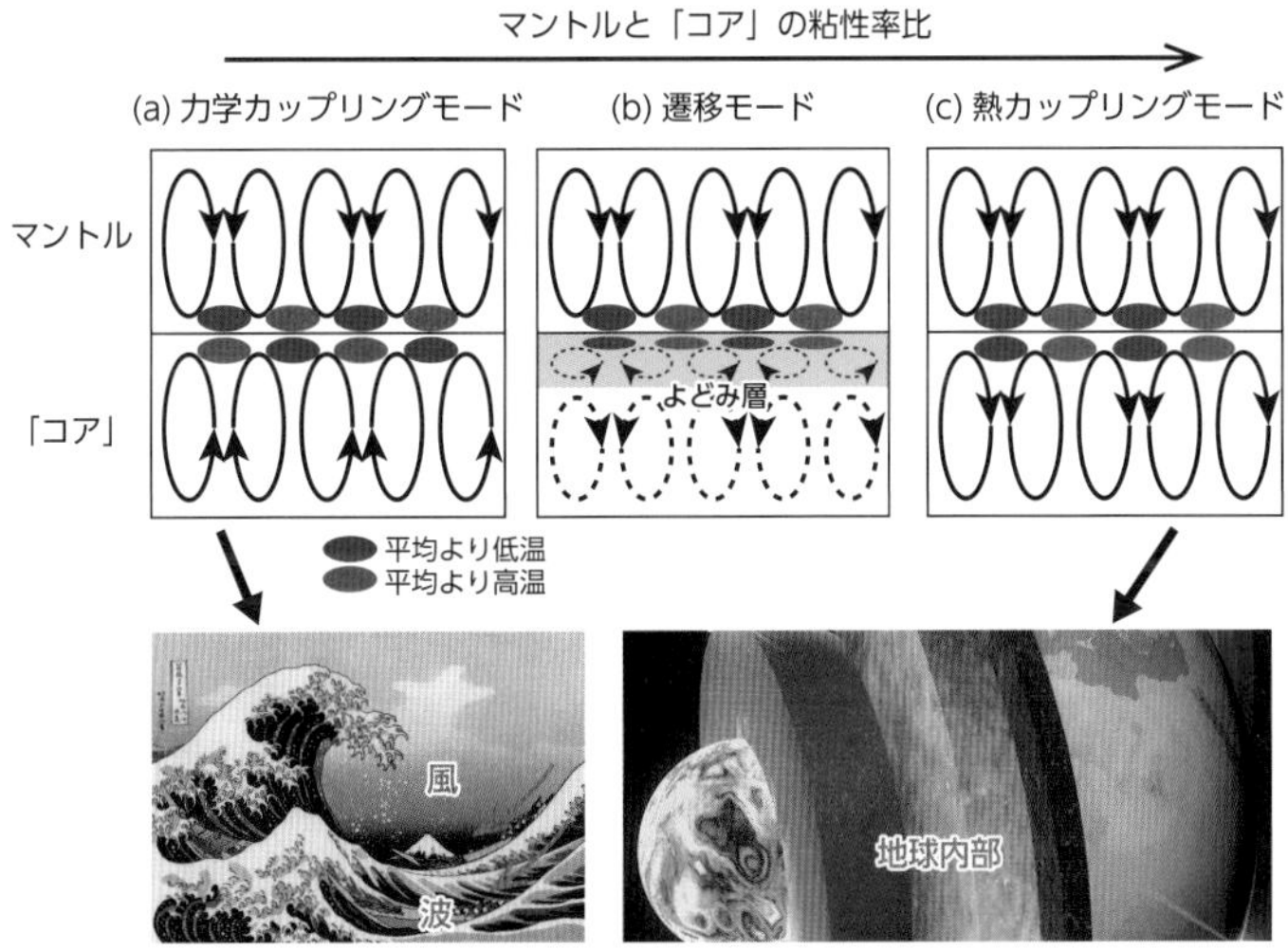

Yoshida (2021b) より

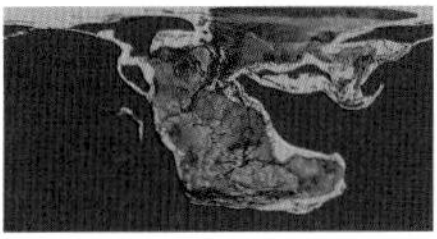

ようなモードです。私たちの身の回りの自然界でそのモードがはっきり成り立つ現象を見つけるのは難しいのですが、実際の地球のマントルと外核のように粘性率比が極めて大きく異なる2層間の対流システムでは、熱カップリングモードによって地球内部の熱が効率的に宇宙空間に排出されているものと予想されます。

著者は、こういった基本知識を背景として、マントルとコアを同時にシミュレートしようとする試みを2015年ごろから始めました。シミュレーションモデルは二次元で、その外側を厚さ2891km の高粘性層、内側を厚さ2258・5km の低粘性層（それぞれ、地球のマントルと外核に相当）の2層モデルとしました。計算時間を節約する代わりに空間解像度を稼ぐために二次元のモデルとしています。マントルの上面は大気や海水で一様に冷却され、外核の下面は内核から一様に加熱されていると仮定し、それぞれ固定温度を与えました。マントルと外核の密度差は実際の地球での密度差を、マントルの粘性率は実際の地球の値を与えて固定し、外核の粘性率をマントルの粘性率よりも1桁ずつ低くし、マントルと外核の粘性率比を大きくしていきました。外核の粘性率をそのように与えるのは理由があり、実際の地球の外核の小さい粘性率を与えるためには、非現実的な空間解像度の細かさが必要で、二次元モデルといえど、現在のスパコンをもってしても不可能だからです。

このモデルの特徴の一つは、コア・マントル境界に人工的な境界条件を一切設けることなく、熱的にも力学的にも連続していることです。これは流体の熱膨張率（温度の上昇によって物質が長さや体積が膨張する割合）をコア・マントル境界付近で局所的に大きな負の値になるように与えることで実現されます。負の熱膨張率というのは現実的にはありえませんが、運動方程式の浮力項、つまり、密度×熱膨張率×温度差で表される項において、岩石と流体鉄のような明らかに物質的に異なる境界だけではなく、上部マントルと下部マントルの境界のように、2層間の密度差があり、上層の密度の小さい層の物質が周囲より遅れて相変化を起こす境界（図2―6）で適用可能なことが先行研究でわかっています。

図4―10はシミュレーションの結果の一例です。マントルと外核との粘性率比を1、つまり粘性率の差がない状態（図4―10（a））から1桁ずつ上げていき、現在のスパコンの限界を考慮して最大で10^3まで計算しました。その結果、マントル

と外核の粘性率比を大きくするにつれて、年間数センチメートルのマントルの対流速度と比較して何桁も対流速度が速く、非常に激しい対流のためによくかき混ぜられて温度がほぼ一様になる外核の様子が再現されました（図4―10（b））。このとき、外核内の対流速度や、外核からマントルへ運ばれる熱量は、マントル対流によって規定されていることがわかりました。

そして、シミュレーション結果をもとに速度場や応力場を詳細に解析したところ、力学カップリングモードから熱カップリングモードへの移り変わりを示す中間的なモード（遷移モード）を発見しました（図4―9（b））。遷移モードでは、外核の最上部に流れの遅い領域ができることが特徴で、この「よどみ層」は、コア・マントル境界を介したマントルの流れによって生まれます。実際の地球の外核でこのような、よどみ層があるかどうかは観測からは不明で、理想的な熱カップリングモードに近づいたときに、コア・マントル境界直下の流れがどうなるのかも謎のままです。

さらに、この二次元シミュレーションでは、地球の自転の効果は入っていませんが、コリオリ力が外核の流れに加わったときに、上層と下層の流れの位相のずれが、理想的な熱カップリングモードのイメージにどの程度影響を与えるかも今後調べる必要があります。しかし、マントルとコアとの十分に大きな粘性率の差を考えると、やはり、地球内部から

図4－10　マントル対流と「コア」対流を一体化した熱対流システムで解いたシミュレーション結果の一例

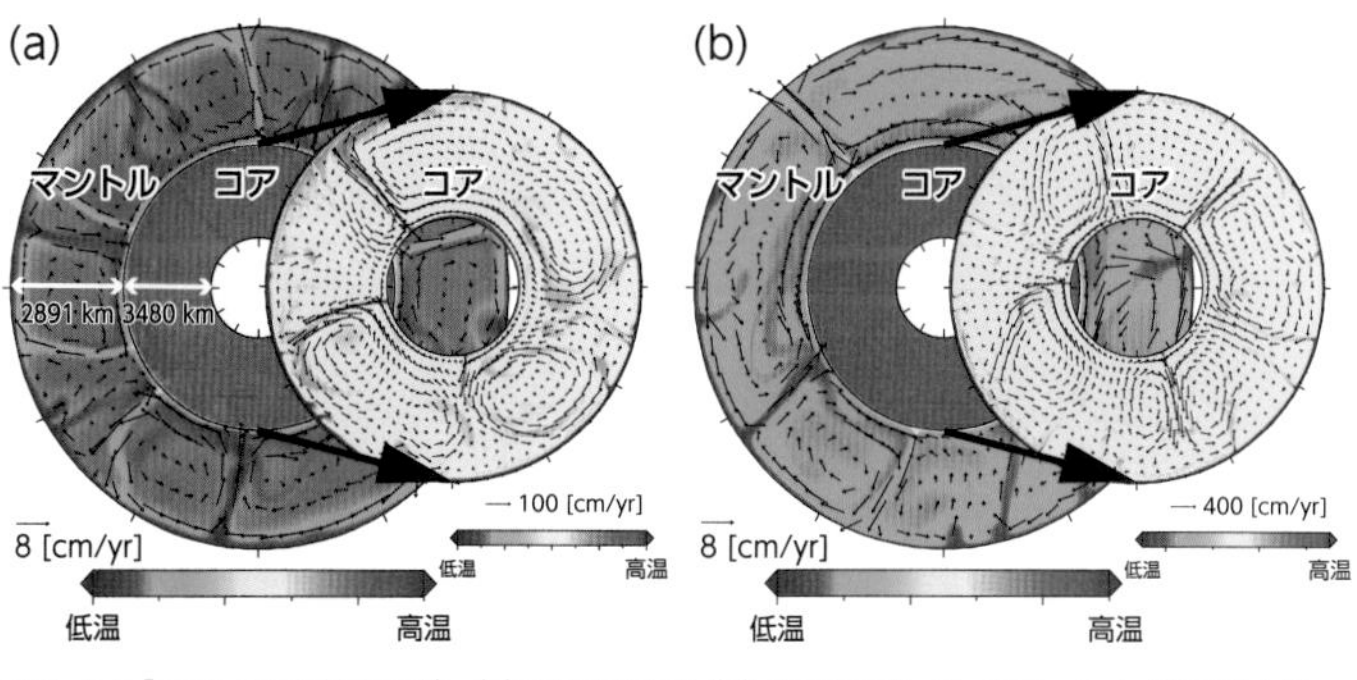

マントルと「コア」との粘性率比が、(a) 1桁の場合と (b) 3桁の場合。Yoshida et al. (2017) より

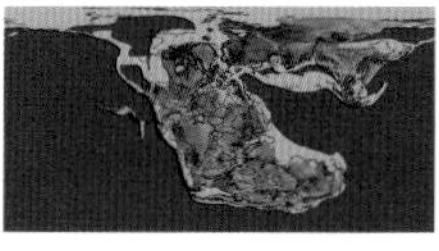

表層への熱輸送が効率的に行われる熱カップリングモード、あるいはそれに似た未知のカップリングモードが成立しているはずだと考えています。

本章では、地球のマントル対流や、そのシミュレーション方法の基本的な事柄に加え、現在のスパコンがもつ能力をフル活用したマントル対流のシミュレーションの一例として、将来の大陸移動を予測の試みを紹介しました。読者の中には、こういった、数億年先という遠い未来の予測よりも、100年後、1000年後、1万年後といったもっと近い未来に地球がどうなるか、もっと具体的には、私たちが住む日本列島がどうなるか、そして、私たちの一生の間に日本列島で大きな地震が起こるのかどうかを知りたい方もいると思います。そこで、次章では、そのような疑問になるべく答えるべく、日本列島形成の歴史を振り返りながら、私たちが固体地球科学の基本知識として何を知っておくべきかに重点を置いて紹介します。

column

将来のシミュレーション研究

4-7節で紹介した、「固体地球丸ごとシミュレーション」は、東京大学地震研究所が所有する汎用的なスパコンで、当時利用できる最大のCPUを使って計算しました。「汎用的」とあるのは、研究者が学術的に重要だと思う課題があれば、課題にとらわれず比較的自由に使えるコンピューターで、規模の大きい大学には全学の研究者や学生が使えるように設置され、他大学・研究機関の研究者も有償で、あるいは、共同研究であれば無償で利用できる場合もあります。

2021年に本格的に稼働開始した「富岳」や、その先代機の「京」(2012年稼働開始、2019年稼働停止)のような国のフラッグシップ機となるスパコンは、社会にとって必要性の高いプロジェクト研究のために優先的に利用され、限られたリソース(計算時間やデータの保存容量)を利用者間で分け合って使うことが基本です。本書を執筆しているときには、特に、新型コロナウィルスの飛沫拡散シミュレーションの結果が、ニュース等でたびたび取り上げられ、国の感染症対策の基本指針にも影響を与えました。

マントル対流のシミュレーションでは、コンピューターのCPU性能(演算速度)やメモリ容量も大事ですが、それ以上に、計算結果として生まれる、速度三成分、圧力、温度といった基本的な物理量のほかに、粘性率、応力、歪速度、岩石種ごとの組成や含水量、…、といった多くの物理量を出力できるディスク容量が必要になります。また、気象予測のシミュレーションでは対象となるモデルの厚さが対流圏の約10 kmほどですが、マントルや固体地球全体が対象の場合は1000 kmのスケールになりますので、より多くの空間解像度が必要になります。特に三次元モデルとなると、解析に耐えうる十分に細かい時間ステップごとに計算し、それをひたすら積算して、例えば数億年や数十億年といった時間でそれらの物理量をすべて出力します。したがって、一つの研究課題をこなすのに、数十テラバイトのディスク容量が必要になることもあります。計算の空間解像度を増やせば、計算時間は仮に月単位になっても待つことができるにしても、せっかく得られたデータを格納し、論文をとして成果をまとめるまで中長期的に一時保存できる十分なディスク容量がなければ何の意味もありません。

とは言っても、マントル対流のシミュレーションは何しろ、よくわかっていな

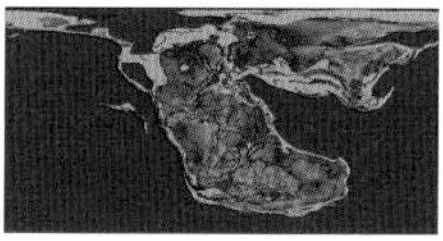

い地球の内部や過去の地球が対象ですので、4―3節で述べたように、たくさんのモデルを作って、試行錯誤的なシミュレーションを行うには、計算速度が速いに越したことはありません。また、マントル対流は、粘性抵抗力が支配的で、流れが滑らかで安定した、いわゆる「層流」と分類される流れで、不必要に計算の空間解像度を増やす必要がないのですが、コアの中の対流は、流れが非常に不規則で細かい渦がたくさん生じる「乱流」とよばれる流れが卓越しています。「固体地球丸ごとシミュレーション」で、モデルのコアを実際の地球のコアの状態に近づけ、実際に起こっている現象を再現し、それを数千万年や数億年といった時間スケールでのマントル対流とコア対流の相互作用を観察するには、現在のコンピューターの性能では、非現実的に膨大な計算速度やメモリ容量が必要となります。

したがって、コンピューターの開発にもブレイクスルーが待たれます。近年、「量子コンピューター」と言われる、量子力学の基本原理をうまく利用して飛躍的に高速な演算処理ができるまったく新しいコンピューターが話題になっていることは多くの読者がご存じのことと思います。日本政府も国産の量子コンピューターの開発が急務であるという政策を打ち出しています。こういった、コンピューターのブレイクスルーの恩恵が、人工知能や新薬の開発といった産業界や、多くの研究開発業界のみならず、早く一般の人にももたらされ、プロの研究者が日々、ヒーヒー言いながら行っている大規模なシミュレーションが、プログラムさえあれば中学生でも高校生でもパソコンレベルのコンピューターでシミュレーションできる日が来ることを心待ちにしています。

第5章

日本列島形成史、将来の日本列島

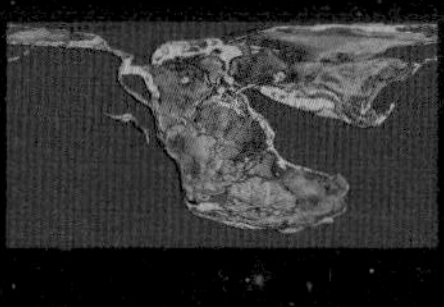

5-1 時代で変わりゆく海洋底

現在の日本列島がどうやってできたかは、地球科学に興味があるなしに関係なく、日本列島に住む人間であればおそらく誰もが一回は疑問にもつことだと思います。まずこれを知るためには、現在の海洋底は地球の歴史で刻々と変わっていることを知っておく必要があります。

ウェゲナーが、著書『大陸と海洋の起源』で発表した超大陸パンゲアの形は、まさに「手作業」、おそらく、大陸の形を紙で切り取って、それを繋ぎ合わせるという「パズル合わせ」の作業で復元したものでした。一方、コンピューターを使って初めて現在の地球のすべての大陸を繋ぎ合わせ、隙間ができるだけ少なくなるようにパンゲアを復元したのは、イギリスの地球物理学者、エドワード・クリスプ・ブラード卿（１９０７―１９８０）です。彼は、海洋底拡大説の提唱後まもなくの１９６５年の論文で、大陸の厚さを考え、海水面下、約９００メートルの深さ、つまり、海岸線と海盆（海底で特に深いところ）のほぼ中間に相当する深さの海陸境界の隙間ができるだけ少なくなるように計算しながら、パンゲアの形を復元しました。

同時に１９６０年代以降は世界中の海洋底の調査が精力的に行われ、１９７０年代中ごろになると、地球上の海洋底の大部分をカバーする地磁気縞異常の地図が作成されました。これにより、パンゲアが分裂を開始した時代から現在までの大陸移動は、ウェゲナーやブラードが行った紙やコンピューターでの大陸のパズル合わせではなく、海洋底の地磁気縞異常から復元できるようになりました。図5―1は、現在から4億年前まで遡った大陸分布と海洋底の年代分布の一例です。このような、地球表層のプレート運動の復元図の作成に必要な緻密な古地磁気データや地質学的データは、現在も蓄積されつつあり、大陸移動やプレート運動の復元モデルは現在もなおアップデートされ続けています。

海洋底の地磁気縞異常は、時代ごとの地磁気の方向とともに、海底が拡大した速度を教えてくれます。大西洋中央海嶺と東太平洋海嶺では、年代の等値線の間隔が大きく異なり、大西洋中央海嶺では等値線の間隔が狭く、東太平洋海嶺では等値線の間隔が広くなっています。このことから、東太平洋海嶺の拡大速度が大西洋のそれと比べて大きいことがわかります。太平洋プレートは現在の地球上でもっとも大きいプレートですが、同時に、もっとも古いプレートであり、西太平洋下の海洋底の年代は、約1億8000万年前にもなります。

地磁気縞異常から大陸移動を復元する方法は次のとおりです。例えば、2億年前から現在までの2億年間を、ある時間間隔、例えば、100万年間に区切ってみます。そして、現在から100万年前、次は100万年前から200万年前まで……、といったように、年代の若い順に海底を取り去っていきながら海岸線を移動させていく作業を繰り返し、2億年前まで遡って繰り返していくと、パンゲアの形を復元することができます。実際には、大陸は厚さをもっていたり、大陸そのものが長い時間スケールで変形したりするので、厳密には一致せずに隙間ができますが、隙間ができるだけ少なくなるように復元します。

しかし、パンゲアが形成される以前の海洋底の地殻は、

図5－1　4億年前から現在までの大陸分布と海洋底の年代分布

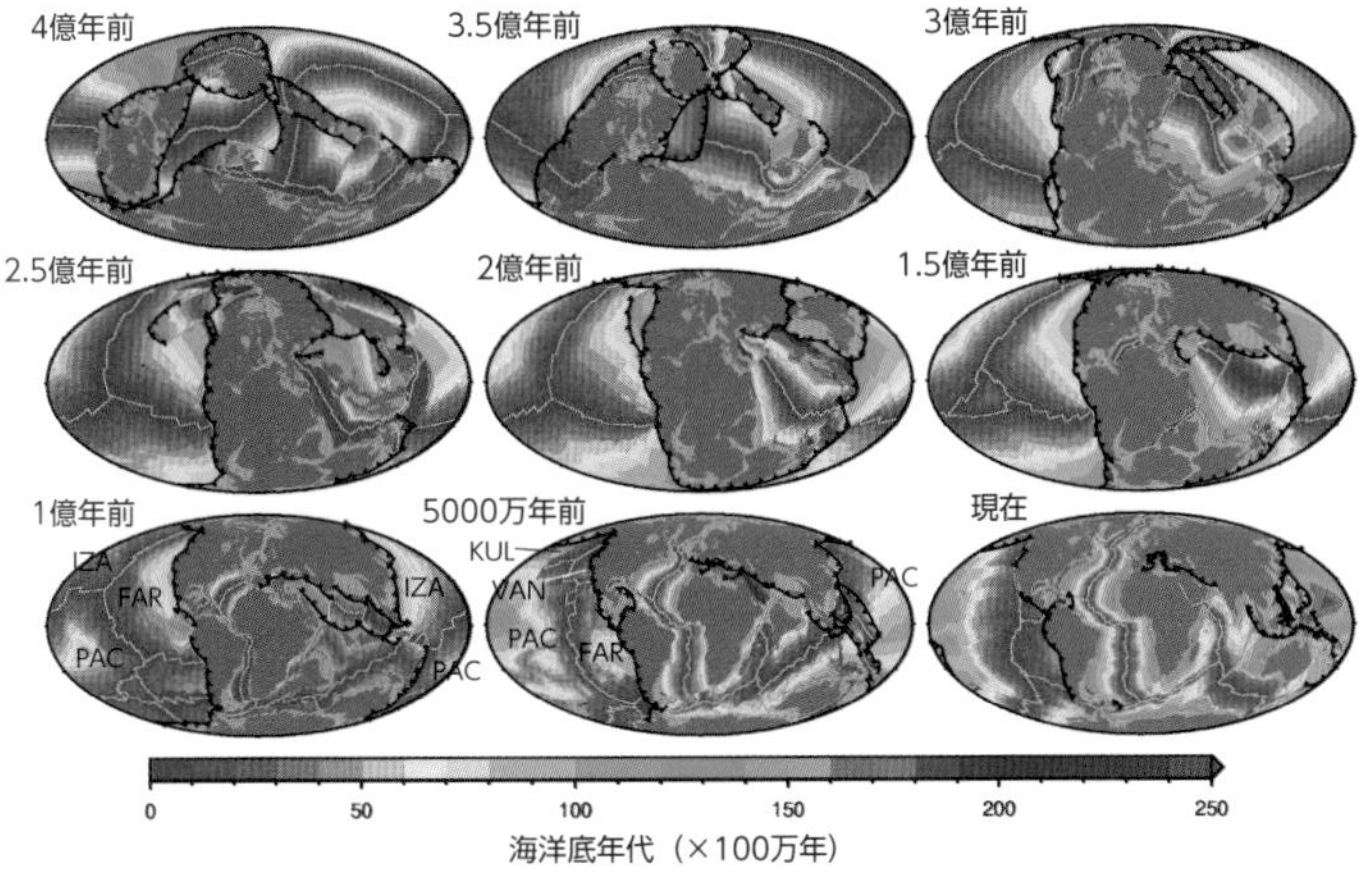

PAC：太平洋プレート、IZA：イザナギプレート、FAR：ファラロンプレート、VAN：バンクーバープレート、KUL：クラプレート。Williams et al. (2021) より

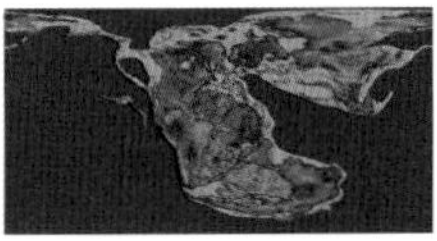

現在の地球上にはまったく残っていないため、大陸移動の復元に必要な海洋底の年代データが使えず、大陸の地質帯のパズル合わせや、大陸に残された岩石の古地磁気データによって復元するしかありません。したがって、パンゲア以前の大陸移動や、それから間接的に推定される地球上のプレート運動の復元モデルは、研究者によってかなり異なってきます。また、過去に遡るほど、使用するデータの不確かさも大きくなるので、研究者による復元モデルのばらつきも大きくなります。しかし、最近では、オーストラリアの研究グループを中心として、10億年前まで遡った世界のプレート運動の復元図も発表されています。

こうしたプレート運動の復元モデルにもとづくと、現在の地球の太平洋は約1億年前には「まったく違う海」であったことがわかります。現在の西太平洋の大部分は、イザナギプレートとよばれる、現在地球上には存在しないプレートで占められており、現在の太平洋プレートの原型は、その南側に隣接していました（イザナギとは『古事記』や『日本書紀』の日本神話に登場する男神に由来）。イザナギプレートはユーラシア大陸の下に沈み込むように北西に移動し、それに合わせて、南にあった太平洋プレートは北方向に移

図5－2　プレート運動の歴史を考慮したマントル対流の数値シミュレーションによる、ユーラシア大陸東縁からマントル深部に沈み込む海洋プレートの様子

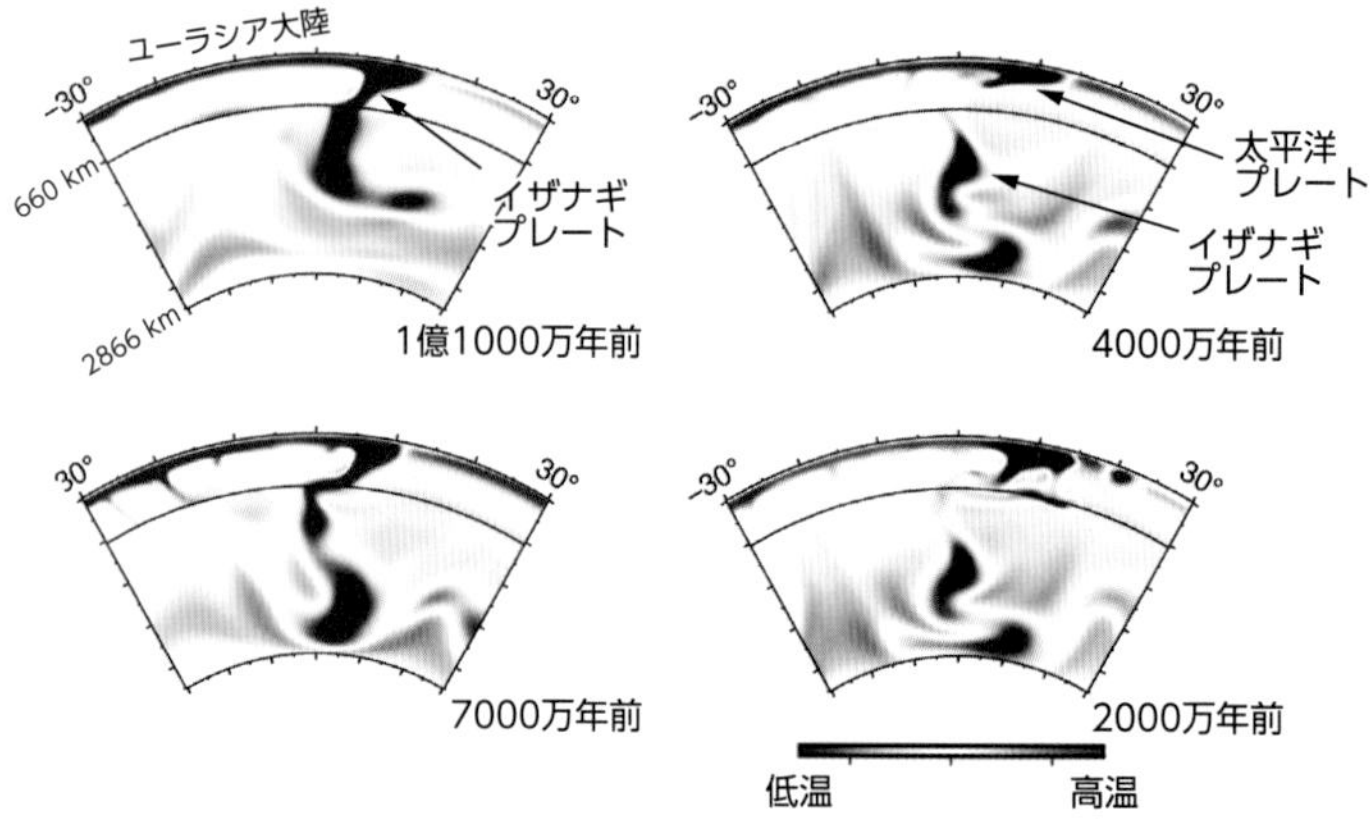

約4000万年前までには、イザナギプレートが太平洋プレートから切り離され、マントル深部に沈み込んでいることがわかる。Wu et al. (2022) より

動しました。そして、約4000万年前までには、イザナギプレートはユーラシア大陸の下に完全に沈み込んで姿を消し、西太平洋はほぼ太平洋プレートだけが占めるようになりました（図5―2）。

このような現在の地表からは消滅しているが、マントル内部に沈み込んだ痕跡があるプレートはほかにもあり、よく知られているのは、ファラロンプレートです。ファラロンプレートは、イザナギプレート、太平洋プレートとともに、現在の太平洋を占める主要なプレートでしたが、約4000万年前までには北米大陸西岸から沈み込み、地表から姿を消しました。地震波トモグラフィーモデルでは、北米大陸の下に沈む込む途中のファラロンスラブがはっきりと見えます（図2―8（b））。ファラロンプレートから取り残されたわずかなプレートが、ファンデフカプレート（図1―4）となります。

少し話がそれましたが、約5200万年前になると、西太平洋に新たな海嶺がうまれ、太平洋プレートと隣接するフィリピン海プレートが作られました。その海嶺は、現在の伊豆諸島からグアムまでの島々が並ぶ伊豆・小笠原・マリアナ弧を形成し、その後の継続的な火山活動により、いくつかの島々（地塊）からなる火山列を形成しました。一方、約1900万年前には九州・パラオ海嶺とよばれる新しい海嶺が伊豆・小笠原弧で誕生し、徐々に西方向に離れていき、伊豆・小笠原弧と九州・パラオ海嶺で挟まれた四国海盆が誕生しました。その間、フィリピン海プレートは、形成当初は西方向に動いていましたが、拡大するにつれて運動方向が時計回りに変化し、現在では、太平洋プレートと同様に北西方向に動いています。

日本列島がどうやってできたかは、こういった日本列島周辺の海洋プレートの移り変わりを理解しておく必要があります。

5-2 日本列島はどうやってできたのか

1970年以降に本格的に始まったプレートテクトニクスの研究は、日本列島のような大陸に沿った弧状列島の成り立ちの理解も大きく貢献しました。2―1節でも触れたように、1910年代初頭にウェゲナーによって提唱された大陸移

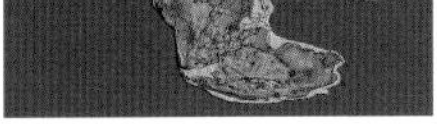

動説は、1960年代初頭に提唱された海洋底拡大説とマントル対流説の登場により、半世紀の時間を経て誰もが認める学説になるまで、世界では大陸移動説に好意的な学者と否定的な学者に分かれました。日本では、寺田寅彦（2—1節）が大陸移動説を好意的に受け入れた一人です。

　寺田は、日本海沖に壱岐島、対馬、隠岐諸島、佐渡島、飛島、奥尻島などの島々が弧状に日本列島沿岸に並列しているのに、太平洋側にはそのような島々が見られないのは、日本列島がユーラシア大陸から分離、移動して日本海が形成されたときに、日本列島から取り残されたためであるという、統計学や地質学に裏付けされた論文を1927年に発表しました。またそれだけではなく、大陸を片栗粉、マントルやプレートをシロップに見立てた実験を行い、プレートを大陸側に強制的に近づけたとき、大陸の縁が細かく剥がれて、あたかもそれらが日本列島沿岸の島々や半島のようだと考えました。この時代にはもちろん、海洋底の運動はまだ誰も知らなかったので、寺田は日本列島の形と島々の分布だけから日本列島がユーラシア大陸から分離したことに気づいたのです。また、東京帝大出身の地質学者・徳田貞一（1889—1945）は、糊を付けた和紙を指でずらしてできる皺が、空を飛ぶ雁の列のように斜めに並ぶ雁行配列になることを、千島列島の島々の成因と結びつけて議論しました。

　「日本列島がいつ生まれたか」という問題は、2つの視点に分かれます。それは、何をもって日本列島の始まりとするかで異なり、キーワードは二つの「げん日本列島」、つまり、「原日本列島」と「現日本列島」になります。「現日本列島」の祖先である「原日本列島」の始まりは、日本列島の元となる地塊（大陸の破片）の地質学的な証拠を手がかりに、ゴンドワナ大陸の時代まで遡ることができます。日本列島の陸上で広く見られる花崗岩の中には、もっとも古いもので約5億年以上前のものがありますが、花崗岩があるということは、その地塊に沿ってプレートの沈み込みがあった証拠ですので、そのころまでにはすでに島弧としての「原日本列島」が地球上に存在していたことになります。「原日本列島」は、約5億年前からペルム紀のパンゲア超大陸の時代には南中国地塊（現在の中国の揚子江より南部を構成する大陸片）の一部で、ほぼ赤道直下に位置していましたが、パンゲア分裂に伴って北上し、現在の中緯度に移動しました。

現在の日本列島には、日本中の地層を隈なく探せばもっと古い岩体が見つかることもあります。２０１９年には広島大学のグループが、島根県津和野町のペルム紀の地層から24億８０００万年前より古い、ジルコンとよばれる鉱物を含む花崗片麻岩の岩体を発見したことを発表しましたが、この成果は「日本最古の岩石が発見された」というニュースで話題になりました。約25億年前となると、それはちょうど原生代と太古代の境界の時代ですので、「もしかしたら太古代の岩石が日本列島に!?」という、たいへん夢のある話です。

一方、「日本列島がいつ生まれたか」について、違う視点で考えれば、現在の日本列島の形が作られたのはいつかということです。この場合、現在の日本列島がユーラシア大陸の東縁から分裂を始めた時期となり、それは約３０００万~２５００万年前とされています。本節では、「現日本列島」の視点で日本はどうやってできたかについて、日本海の拡大前（図５—３）、拡大段階（図５—４）、拡大終了後（図５—５）の3ステージに分けて見ていきましょう。

なお、「現日本列島」は、国境や文化圏による狭義の意味では、北海道、本州、四国、九州の4島、およびそれらの周辺の島々を意味しますが、広義の地形学的な意味では、現日本列島の成り立ちを考えると、北は樺太、南は南西諸島から台湾島まで含む場合があります。また、以下で使われる「東北日本」と「西南日本」という言葉は、はっきりとした地質帯の境界を指し示すわけではなく、本州から九州までの日本列島を中部地方のあたりで真二つに分けたときのおおまかな言葉です。

もともと、ユーラシア大陸の東縁には付加体とよばれる、イザナギプレートが沈み込むときに陸上に残した堆積物がくっ付いていました。付加体は大陸よりも軟らかいので、周囲の海洋プレートの運動によって比較的容易に変形を受けます。実際、約1億年前には、ユーラシア大陸の東縁でイザナギプレートと南北にこすれ合うような感じで大規模な横ずれ運動が起き、現在の中央構造線の元となる大規模な断層ができました。そして、約７０００万年前になると、その中央構造線がさらに横ずれ運動を起こし、その西側で活発な火山活動が起きました。そして、ユーラシア大陸東縁と日本列島の原型となる島々の間には地溝帯とよばれる地形の凹みができはじめました。これが日本海の原型です（図５—３）。

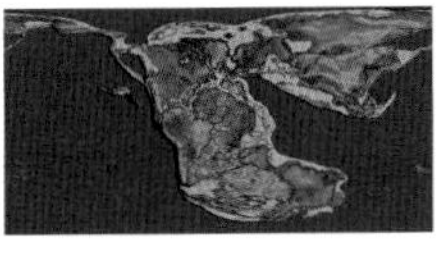

ユーラシア大陸東縁と現日本列島の間の割れ目が拡大し、日本海が誕生したのは早くて約3000万年前と考えられています。このころの日本列島は、まだ、ほぼ南北に一直線に近い形でしたが、その後、約2000万年前までに長い年月をかけてユーラシア大陸東縁と現日本列島の間の地溝帯が拡大し続けました。そして、その地溝帯に海水が浸入することによって日本海ができ始め、弧状列島としての日本列島が誕生しました。

1970年代後半から1980年代前半にかけ、日本列島の堆積岩や火山岩の古地磁気の方位が測定され、それが当時の真北を指すことを利用して、日本海拡大前の東北日本と西南日本の地理的位置が復元されました。その古地磁気学的

図5－3　日本列島の形成過程①：日本海拡大前

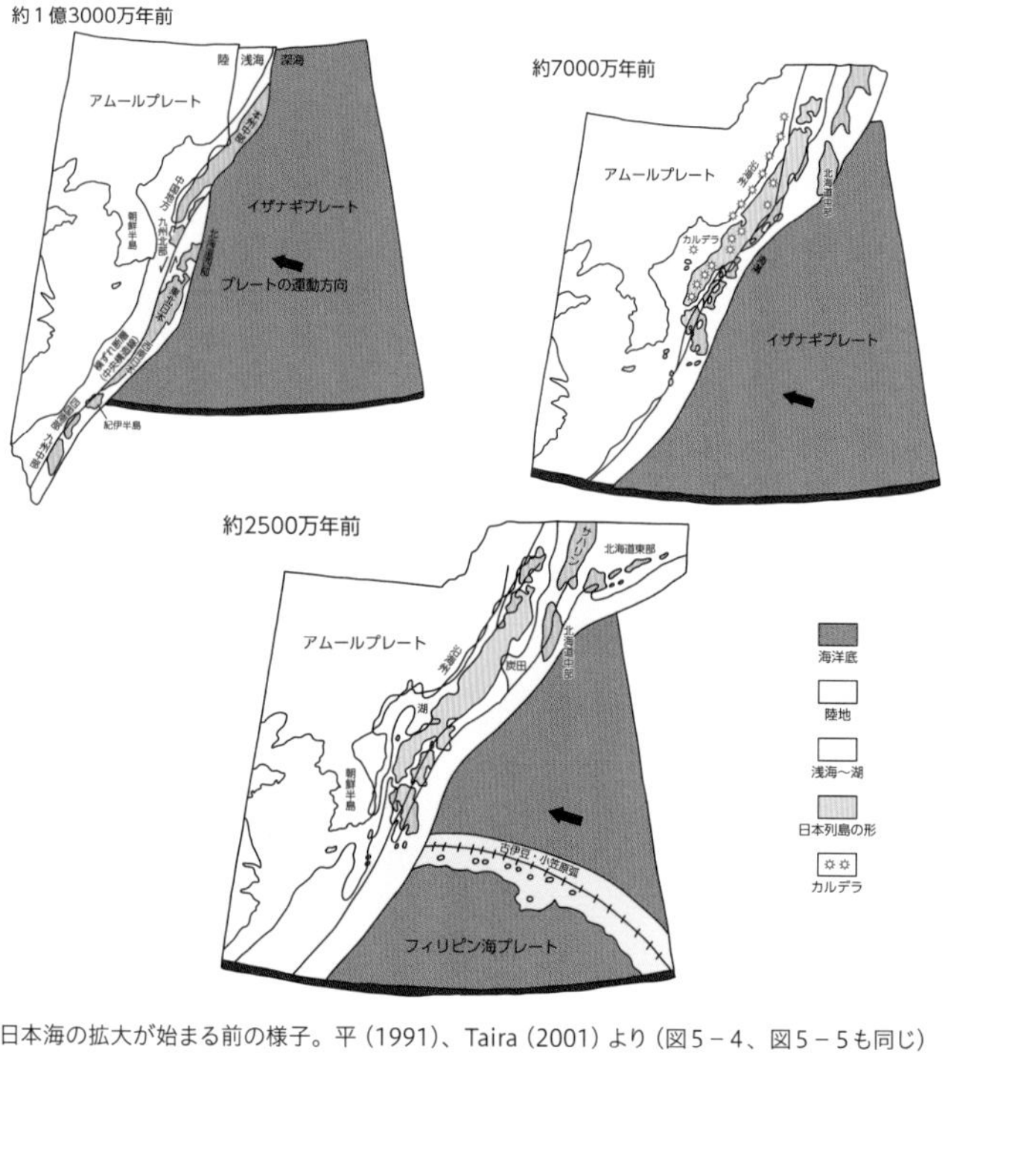

日本海の拡大が始まる前の様子。平（1991）、Taira（2001）より（図5－4、図5－5も同じ）

な証拠を、地質学的な証拠ともすり合わせると、大陸から日本列島が離れたプロセスは二通りの説が考えられます。一つは、俗に「観音開きモデル」とよばれるもので、約１８００万〜１５００万年の間に、もともと一直線だった日本列島が、東北日本が反時計回りに、それに遅れて、西南日本が時計回りに回転することによって、まさに仏壇の扉を開くように移動したというモデルです（図5―4）。

もう一つのモデルは、一直線だった日本列島が、海溝の海側への後退によって一直線のまま大陸から離れ、西南日本だけが時計回りに回転したというモデルです。これは「引き離し（プル・アパート）モデル」とよばれます。いずれのモデルの場合も、現在の日本列島とユーラシア大陸東縁との地理的位置から考えると、西南日本が時計回り

図5－4　日本列島の形成過程②：日本海拡大段階

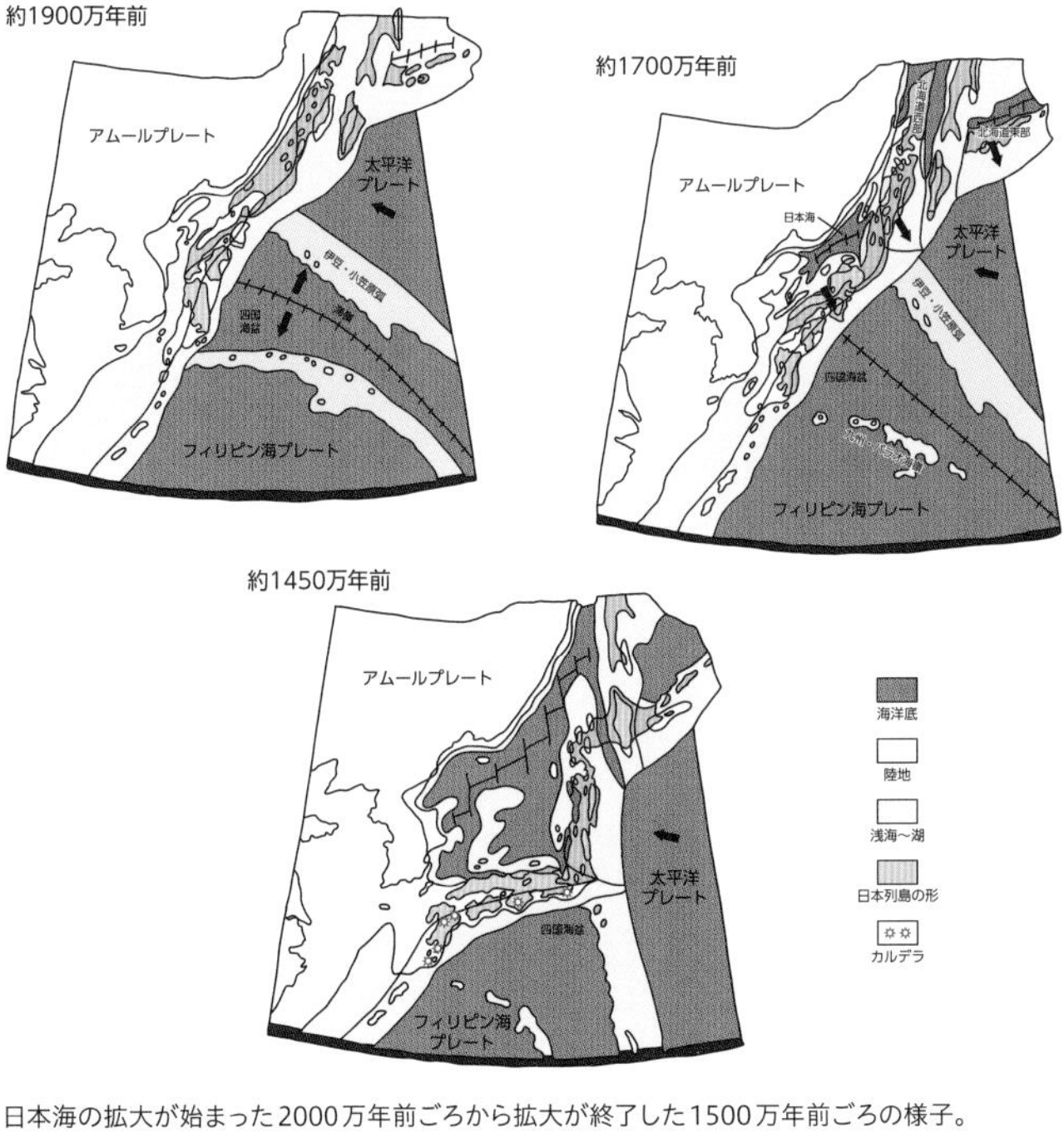

日本海の拡大が始まった2000万年前ごろから拡大が終了した1500万年前ごろの様子。

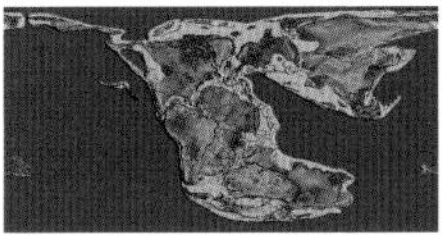

に回転し始める前は、対馬海峡がユーラシア大陸とまだ繋がっていたと考えられますので、現在の東北日本の北側から回り込むように海水が流れ込み、日本海が拡大したものと思われます。そして、約１５００万年前までには、ユーラシア大陸から完全に剥がされた東北日本と西南日本が、現在の本州中央部で部分的にくっつき、そこで折れ曲がるような形の現在の日本列島ができました。日本海の拡大はそのころまでに終了したと考えられます。

日本海の拡大終了前後には、日本列島の南の太平洋でさまざまなイベントが起き始めました。現在の日本列島を形作るのにもっとも一役買ったのは、日本列島の南から島々が北上し、本州に衝突して形成された伊豆弧です。約１３００万年前には、現在の山梨県西部にある巨摩山地を作った地塊、約９００万年前には、山梨県南部にある御坂山地を作った地塊、約５００万年前には、神奈川県西部の丹沢山地を作った地塊、というように、現在の伊豆半島や本州中央部のもととなる地塊が続々と本州に衝突し、また、これによる山地の形成や火山活動によって、東北日本と西南日本が現在のようにくっついて日本列島ができあがりました（図5—5）。

さて、日本列島の形成でもっとも謎に包まれているのは、約３０００万〜２５００万年前までにユーラシア大陸東縁から日本列島を切り離した原動力が何かということです。

現在の本州中央部では、フォッサマグナとよばれる大地溝帯があります（ラテン語で「フォッサ」が「溝」で「マグナ」が「大きな」という意味）。フォッサマグナの成因は諸説ありますが、その北部（長野県から山梨県にまたがる八ヶ岳より北側）の成因の一つとしては、失敗リフト、つまり、オラーコジン（3—7節）ではないかという説が１９８０年代後半に生まれました（いわゆる、フォッサマグナのオラーコジン説）。この説にしたがうと、ユーラシア大陸から日本列島を引き裂いた原動力はマントルの上昇プルームで、二本の成功リフトによる裂け目に海水が流れ込んで日本海が誕生するきっかけとなったということになります。

もう一つの説は、ユーラシア大陸東縁に沈み込むプレートの後退によって日本列島が大陸から切り離されたという説です。約４０００万年前までにイザナギプレートが消滅して、代わりに太平洋プレートが沈み込むようになりましたが、その後、太平洋プレートが海側に後退することによって見かけ上の引っ張り力、つまり、「海溝吸い込み力」（図1―6）がユーラシア大陸東縁に働き、それが日本海拡大の原動力となったというものです。海溝が後退すると、大陸と太平洋プレートの間に隙間ができるので、それを埋めるように高温のマントル物質が流れ込んだことになります。

太平洋プレートがユーラシア大陸東縁下に沈み込むと、大陸下のマントルウェッジの物質が引きずられますが、その西向きのマントルウェッジの流れはやがて回転するように上昇し、大陸プレートの直下で東向きの流れに変わります。そして、その東向きのマントルの流れは、沈み込むプレートの側面を押してさらに海側に後退させ、日本列島をユーラシア大陸から遠ざける原動力になったとも考えられます。ただ、太平洋プレート

図5－5　日本列島の形成過程③：日本海拡大終了後

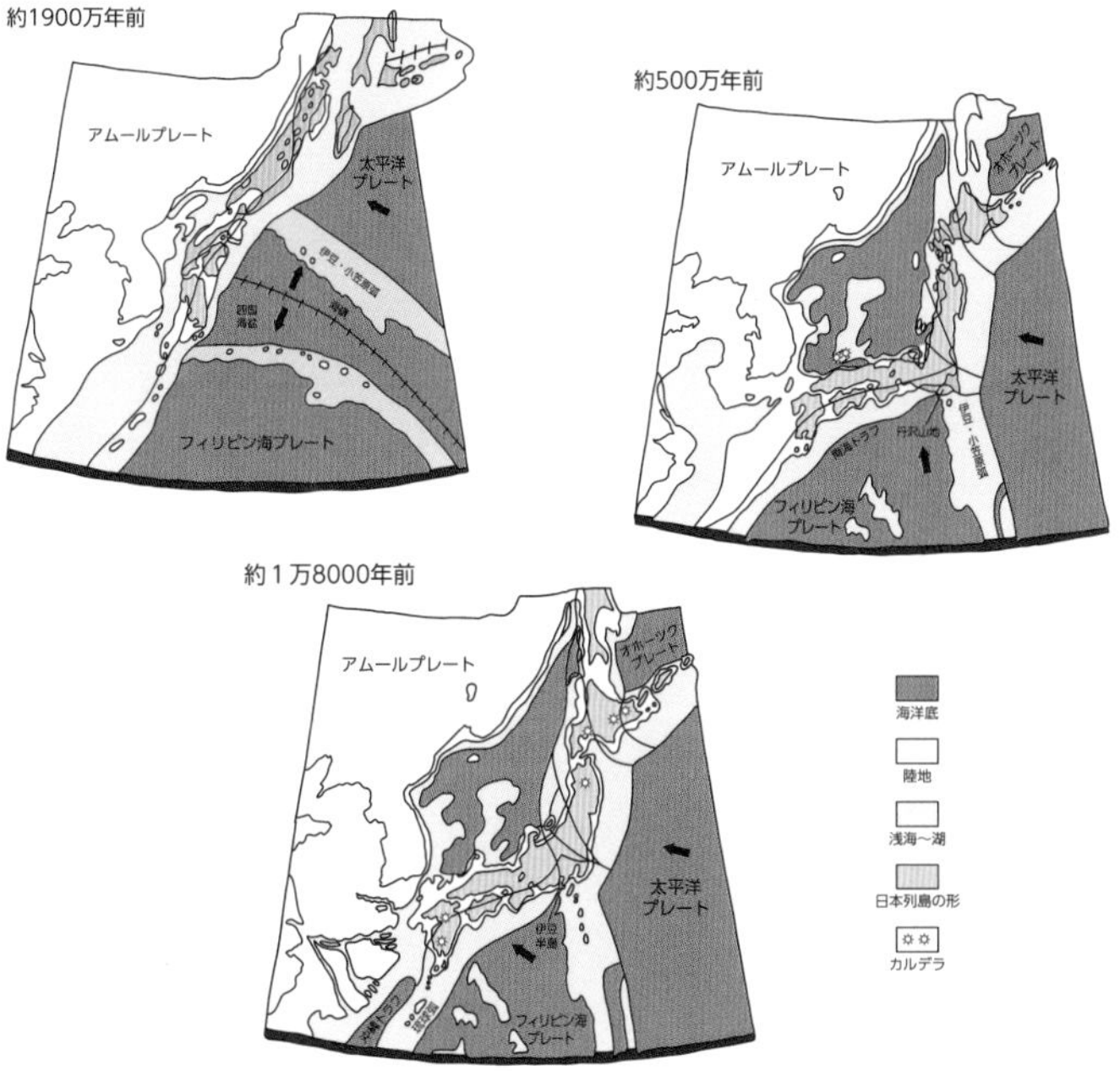

日本海の拡大が終了した後から現在までの様子。

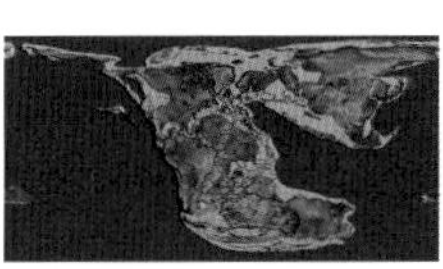

の後退がマントルウェッジの東向きの流れを生むという一面をありますので、いわゆる「鶏が先か卵が先か」論争のように、一般的な問題として、地球上のプレートの陣取り合戦の結果として生まれる海溝の後退と、マントルウェッジの海溝向きの流れのどっちがきっかけで、大陸縁での大陸分裂が加速するのかという判断はなかなか難しいところです。

5-3 日本列島の形はどう変わるのか

日本列島がどうやってできたかがわかったところで、将来、日本列島はどうなるかという話題に移ります。４－６節で示したマントル対流のシミュレーションでは、約５０００万年から1億年もすれば、日本列島は、北上してくるオーストラリア大陸とユーラシア大陸の間に挟まれてしまうということでした。しかし、それでは時間があまりに遠すぎるので、本節ではもう少し近い将来、例えば、１００万年後くらいまでの日本列島がどうなるのか考えてみましょう。

アムールプレートの東縁に乗っている日本列島が周囲のプレートから受ける力は、約３００万～２００万年前から現在までほとんど変わっていません。東北日本は、北西方向に移動する太平洋プレートから力を受け、東西両側から押されることになり、東北日本の背骨となる脊梁山脈（＝奥羽山脈）が形成され、山脈が隆起し続けてきました。本州中央部も基本的には東西方向に圧縮されています。１００万年後くらいまでの日本列島がどうなるのかという予測に使える情報は、こういった日本列島を乗せているプレートに長期間にわたって掛かる力の情報しかありません。こういった、日本列島のプレートのみならず、世界中のプレートの表層（地殻）において、いろいろな研究手法で観測、あるいは、推定される応力場は、特に「広域応力場」とよばれます。ここで、「広域」とは、ある研究対象となる細かい地域ごとの応力状態という意味ではなく、プレートテクトニクスに起因する、広範囲（数１００ kmスケール以上）の地殻の平均的な応力状態という意味だと思ってください。

地球上のプレート同士の陣取り合戦によって、日本列島の地殻はさまざまな力を受けています。物体の単位面積あたりにかかる力を応力（1—2節）といい、応力を面的に表現したものを「応力場」とよびます。一般的に応力場は3方向の応力の大きさで表すことができます。1つの成分は鉛直方向を向いていることが多いので、残りの2成分は、地殻にかかる水平方向の応力を表します。したがって、普段私たちが住んでいる場所でも、今起きた地震、あるいは、過去に起きた地震でできた断層が露頭で観察されれば、どっち側の地面がどっち側の方向に動いたかということを、ある程度判断することができます。

もっと直接的に地殻の広域応力場を知りたいときは、地質調査によって、過去に地殻がどのような応力を受けてきたかを直接的に知ることができます。例えば、直接地面に穴を掘って筒状に地殻の岩盤を切り取り、筒状の中に収められた岩盤のずれから掘った地点がどのような方向に力が働いているかを調べることもあります。また、火山の岩脈（マグマの通り道）を調べることも非常に有効です。マグマが地下から貫入すると、一番力が掛かっていない方向と平行に「割れ目」を作って貫入しようとします。そして、その周囲の火山岩の放射性同位体元素の年代測定によって、そこにどのような応力がかかってきたかという歴史がある程度遡れます。

しかし圧倒的に有益な情報は、地殻やプレート内で起こる地震です。ある程度の規模以上の地震であれば、震源を解析することによって、その震源周辺で岩盤がどの方向にどれだけずれたかが推定できます。そして、地震を起こした断層のタイプ、つまり、岩盤同士が引き離されることによって生じた正断層による地震か、一方の岩盤が乗り上げるようにして生じた逆断層による地震か、あるいは、岩盤同士が水平方向にすれ違う、横ずれ断層による地震かが、かなりの確度で判断することができます。

日本列島の東北日本が過去約２００万～３００万年間で東西圧縮を受けてきたことは、こういった日本列島各地での応力場の解析をまとめることで結論づけられます。日本列島では、東北地方から中部地方にかけていくつかの火山列があり、日本海溝の海溝軸に沿って平行に（弧状に）並んでいます。その火山列よりも海溝から離れた場所は、地質学的には一般に「背弧」、日本海のように海洋底であれば「背弧海盆」とよばれ、この場所にどのような力が掛かっているかを知

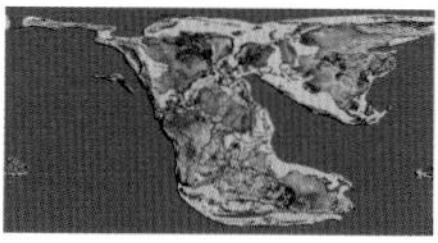

ることが、日本列島の広域応力場を理解するうえで重要となります。

一般的には、背弧が圧縮しているか引き伸ばされているかという応力状態は背弧が乗るプレート（上盤プレート）と海溝の移動速度で関係づけることができます。図5―6は沈み込み帯とプレート運動との関係を示した概略図です。ここで、上盤プレートの運動（V_{up}）は海溝から離れる方向を正、沈み込みプレートの運動（V_{sub}）は海溝に向かう方向を正、海溝の移動速度（V_t）は上盤プレート側に移動する方向を正とします。上盤プレートや沈み込みプレートの運動速度や海溝の移動速度は、測地学的な観測でわかります。すると、図5―6で示すように、背弧が圧縮されているか引き伸ばされているかは上盤プレートの運動速度（V_{up}）から海溝の移動速度（V_t）を引いた値（v_d）が正か負かで、間接的に判別できます。海溝軸と垂直な方向に背弧の地殻が引き伸ばされていれば「伸張場」、圧縮されていれば「圧縮場」と表現し、伸張も圧縮のどちらもの力もほとんど受けていなければ、「中立」の応力場と判断します。

表5―1は日本列島周辺の海溝やトラフにおける上盤プレートの運動速度と海溝の移動速度から見積もられる背弧の運動速度と応力状態をまとめたものです。東北日本に接する日本海溝の背弧の運動速度はマイナス0・9 cm/yrとなり、背弧の応力場は圧縮場であることがわかります。これは、東北日本の背弧で起こる地震のメカニズムからわかる応力場ともおおよそ一致します。また、伊豆・小笠原海溝の背弧の運動速度はほぼ0 cmであり、背弧は圧縮も引き伸ばされもせずほぼ中立の応力状態と考えますが、あるいは、地震のメカニズムからはどちらかといえば伸張場と判断できます。一方で、南海トラフに接する西南日本の背弧は運動速度からはほぼ中立の応力状態ですが、地震のメカニズムからはどちらかといえば圧縮場となります。そして、南西諸島と沖縄諸島に沿う琉球海溝の背弧は伸張場と判断できます。

このデータに従い、仮にこの現在の状態が、現在からあと100万年間続くとすると、日本列島のうち、本州の東北日本だけが太平洋プレートの沈み込みの影響で東西に圧縮を受けてさらに脊梁山脈が高くなり、スリムになりますが、西南日本は応力的には中立ですので、その形はフィリピン海プレートの沈み込みの影響をあまり受けないと予想されます。

しかしながら、北海道に関しては、日本海溝と千島海溝が接する場所にあるため（図1―1）、このような東北日本や西南日本の広域応力場の考えが簡単に当てはまらず、約1000万年間のもっと長い時間スケールでの過去のテクトニクスの履歴に支配されています。現在、オホーツクプレートとアムールプレートのプレート境界は日本海東部を南北に走っていますが、昔は北海道を南北に横切る場所にあり、約1300万年前にオホーツクプレートがアムールプレートに乗り上げたことにより、北海道の南部を南北に走る日高山脈ができました。この場所は一方のプレートがもう一方のプレートが乗り上げた痕跡がはっきりと残されている、世界的にみても珍しい場所で、これにより日高山脈の地質帯は本棚で本が横倒しになっているように並んでいます。結局、南千島海溝の背弧は、その運動速度と地震のメカニズムからは中立~圧縮場であると考えられ（表5―1）、2018年に起きた北海道胆振東部地震（M_j6・7）も基本的にそういった圧縮場のテクトニクスで起きた地震と理解できます。

一方、九州も南海トラフと琉球海溝（南西諸島海溝）が接する場所にあり（図1―1）、西南日本の広域応力場の解釈が九州にまで当てはまるかどうかは微妙な

図5－6　沈み込み帯でのプレート運動速度の概略図

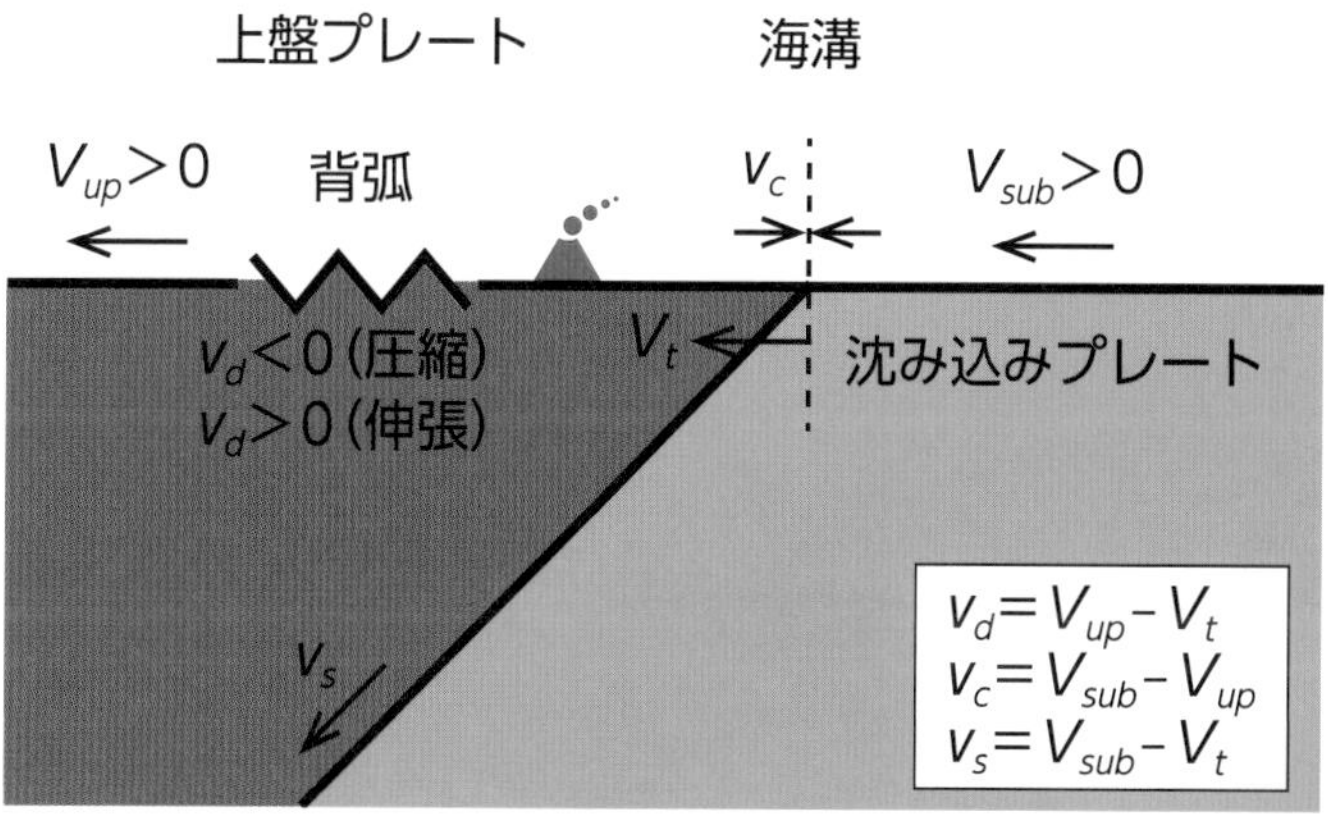

上盤プレートの運動速度（V_{up}）は海溝から離れる方向に正、沈み込みプレートの運動速度（V_{sub}）は海溝に近付く方向に正、海溝の移動速度（V_t）は上盤プレートの方向に正。V_dはV_{up}とV_tの差で、負は背弧が圧縮場、正は背弧が伸張場を表す。V_cはV_{sub}とV_{up}の差で、負の場合は、一方のプレートに海溝吸い込み力（図1－6）が働き、正の場合は一方のプレートが他方のプレートから衝突抵抗力（図1－6）を受ける。Lallemand et al. (2008) より

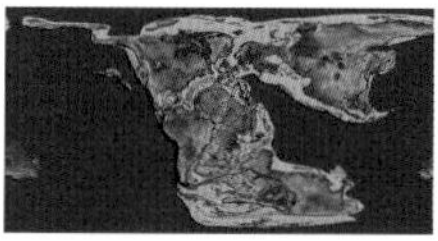

ところで、九州の広域応力場はフィリピン海プレートの運動方向に大きな影響を受けていると考えられます。これは具体的に言えば、約６００万～１５０万年前までに、フィリピン海プレートが九州の東西方向か南北方向かのどちらに圧縮応力場を及ぼしてきたかによって解釈が異なります。２０１６年４月16日にM_j７・３の熊本地震、その２日前にはM_j６・５の前震とされる大地震が起きましたが、この地震は次節でも触れるように、九州地方を南北に引き伸ばすようなテクトニクスの背景で起きた地震と解釈できます。

いずれにしても、日本列島の形は10万年や１００万年といったレベルの時間スケールで人間の一生では気づかないくらいゆっくりと変化し、急激な「地殻変動」は起こりません。しかし、私たちの生命や財産を脅かす地震については、こういったのんびりとした時間スケールとは無関係で、最近になって、北海道と九州でそれぞれ、北海道胆振東部地震と熊本地震といった、20世紀以降の日本の観測史上で最大級の内陸型地震が立て続けに起こったように、今日や明日、いつどこで大地震が起こってもおかしくありません。

表5－1　日本列島周辺の海溝・トラフと背弧の広域応力場の関係

海溝名	上盤プレートの運動速度 V_{up} [cm/yr]	海溝の移動速度 V_t [cm/yr]	背弧の運動速度 V_d [cm/yr] と推定される応力場	地震のメカニズムから推定される卓越応力場
北千島海溝	− 1.8	− 1.8	± 0.0（中立）	中立
南千島海溝	− 2.0	− 2.0	± 0.0（中立）	圧縮
日本海溝	− 3.2	− 2.3	− 0.9（圧縮）	圧縮
伊豆・小笠原海溝	+ 1.3	+ 1.3	± 0.0（中立）	伸張
北マリアナ海溝	+ 2.8	+ 1.6	+ 1.2（伸張）	伸張
南マリアナ海溝	+ 2.3	+ 0.2	+ 2.1（伸張）	伸張
南海トラフ	− 2.8	− 2.8	± 0.0（中立）	中立
琉球海溝	− 2.4	− 5.7	+ 3.3（伸張）	伸張

上盤プレートの運動速度（海溝から離れる方向が正）と海溝の移動速度（上盤プレートの方向に正）は海溝に沿った平均値。Lallemand et al.（2008）のデータにもとづく

5-4 日本列島でどのような地震が起きるのか

数十年後から、数千年後、数万年後といった将来の日本列島で地震活動がどうなるか、あるいは、日本列島でどのような規模やタイプの地震が起きるのかについては、地下のマントル対流の振る舞いの視点からも考える必要があります。その一つの手がかりとして、沈み込みプレート（つまり、海洋プレート）と、その相手側の上盤プレート（多くの場合、大陸プレート）との「力関係」が重要なヒントを与えてくれます。

日本列島周辺の海溝やトラフと背弧の応力状態の関係を見ると、日本海溝では海洋プレートと大陸プレートが押し合っているが、南海トラフではそうではないなど、さまざまでした（表5―1）。世界中の沈み込み帯を調べてみても、両者の力関係は多種多様です。こういったプレート同士の相対運動から、地球上のどの沈み込み帯で大きな地震が起きやすいかについては、プレートテクトニクス理論が確立された直後から議論されてきました。そのもっとも古典的でよく知られた考え方は、海洋プレートの沈み込み角度にもとづいて、世界の沈み込み帯を「チリ型」と「マリアナ型」に分類するものです（図5―7）。

チリ型はチリ海溝、ペルー海溝、アラスカ海溝、千島海溝、南海トラフといった、沈み角度が比較的小さい（沈み込みの傾斜が緩い）海溝が分類され、そこでは沈み込みプレートと上盤プレートとの力学的な結合力が強く（つまり、両者が比較的ガッチリ固着しいている）、バネを思いっきり縮めると反発力が強いように、M8～M9クラスの巨大地震が起きやすくなるという考えです（図5―7（ａ））。

一方、「マリアナ型」に分類される海溝は少数ですが、マリアナ海溝や、アンダマン海溝（インド洋の東の沿海）、スコシア弧（海溝）のように、沈み込み角度が大きい海溝で、「チリ型」と比較して、沈み込みプレートと上盤プレートの力学的結合力が弱く、巨大地震が起きにくいとされています（図5―7（ｂ））。実際、マリアナ海溝やアンダマン海溝では、

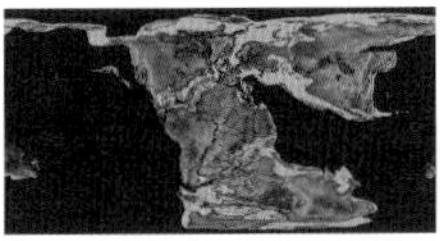

有史以来、M9クラスの地震が起きていません（図1―3）。そして、この分類によると、日本海溝は中間的なタイプとして考えられ、M8クラスは起こりえるものの、M9クラスの超巨大地震が起きるかどうかはよくわかっていなかったため、2011年の東北地方太平洋沖地震が一部のメディアから「想定外の地震」と言われる一因になりました。

もう一つの沈み込み帯の分類は、沈み込むプレートの地表で水平移動する部分とマントルに沈み込む部分（スラブ）の力学的な結合度という視点での分類です（図5―8）。この分類では、プレートの下のマントルの流れまでを含んだ議論が必要なことが、従来の沈み込み帯の分類との大きな違いです。

その一つのタイプは、沈み込みプレートと上盤プレートが海溝に向かって近づくように運動するタイプで、ここでは、「収束海溝型」とよぶことにします（図5―8（a））。この場合、両者のプレートが比較的強く固着するのに加え、沈み込みプレートの浅い部分が上盤プレートの衝突によりダメージを受けやすいので、巨大地震が起きやすくなると考えられます。このタイプに相当する海溝は、日本海溝や、千島海溝、カムチャッカ海溝、チリ海溝、アリューシャン海溝などです。

そして、もう一方の、沈み込みプレートと上盤プレートのどちらかが海溝から遠ざかるように運動するタイプを、「非収束海溝型」とよぶことにします（図5―8（b））。この場合、両者のプレートの固着が比較的弱く、

図5－7　沈み込みプレートの角度による沈み込み帯の分類

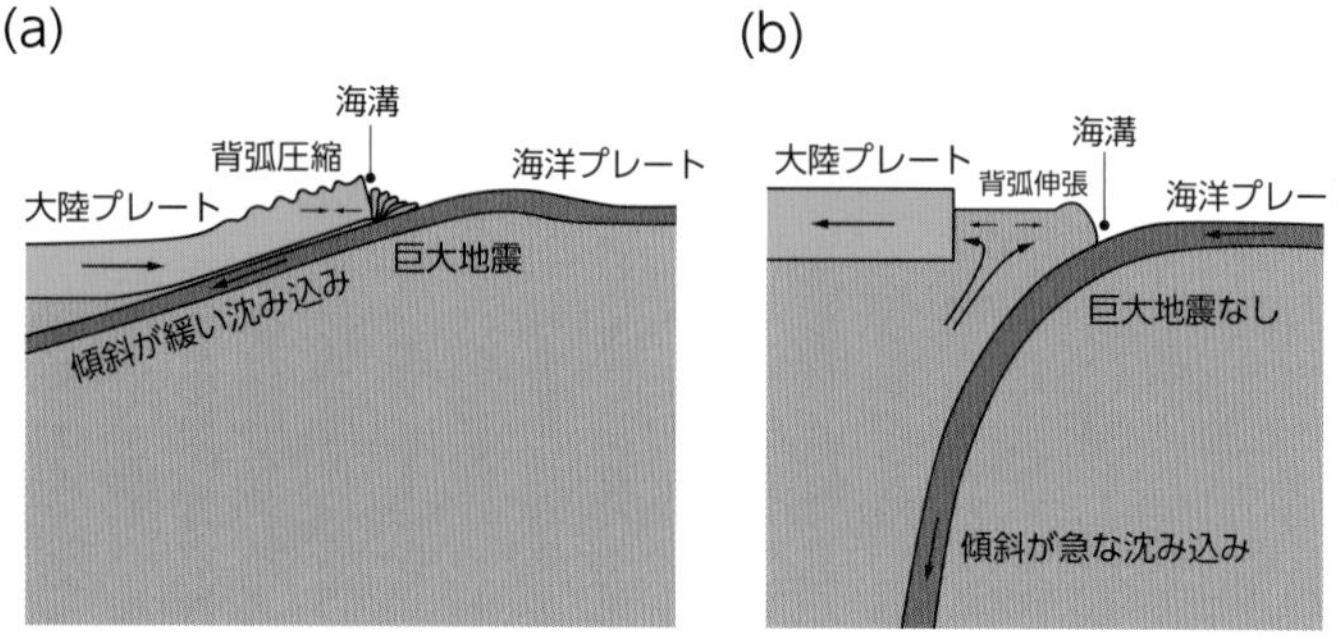

(a) チリ型、(b) マリアナ型。Uyeda and Kanamori (1978) より

上盤プレートによる沈み込みプレートのダメージも小さいので、巨大地震が起きにくいと考えられます。このタイプに相当する海溝は、伊豆・小笠原海溝や、マリアナ海溝、トンガ海溝、ケルマディック海溝、ジャワ海溝、アンダマン海溝などです。

図5—9は、収束海溝型と非収束海溝型の沈み込み帯で起こる地学現象の因果関係をまとめたものです。収束海溝型（図5—9（a））では、海洋プレートと上盤プレートが衝突するので、基本的に圧縮場のテクトニクスが卓越し、背弧も圧縮場となり、両プレートの固着が比較的強いために巨大地震が起きやすくなります。また、沈み込みプレートの浅い部分の強度が低下することにより、プレートとスラブ間の結合力が弱くなり、スラブ引っ張り力がプレートの水平部分に伝わりにくくなります。

このとき、プレートの水平部分と切り離されたスラブの沈み込みがマントルウェッジ側と海側両方のマントルの流れを加速させ、沈み込むスラブが周りのマントルを吸い込むようになります。図5—9（a）では、この力を「スラブ吸い込み力」と名付けています。このスラブ吸い込み力によるマントルの流れが強くなると、上盤プレートは海溝に吸い寄せられるようになり、沈み込みプレートと上盤プレートがさらに近づくように運動し、背弧はさらに圧縮場になる、といったフィードバックが働きます。

一方、非収束海溝型（図5—9（b））では、この逆で、背弧は伸張場になり、両プレートの固着が弱いために巨大地震が起きにくくなります。そして、沈み込みプレートの浅い部分の強度が強く、プレートとスラブ間の結合力が強いので、ス

図5－8　海洋プレートの水平部分と沈み込んだ部分（スラブ）との力学的結合力による沈み込み帯の分類

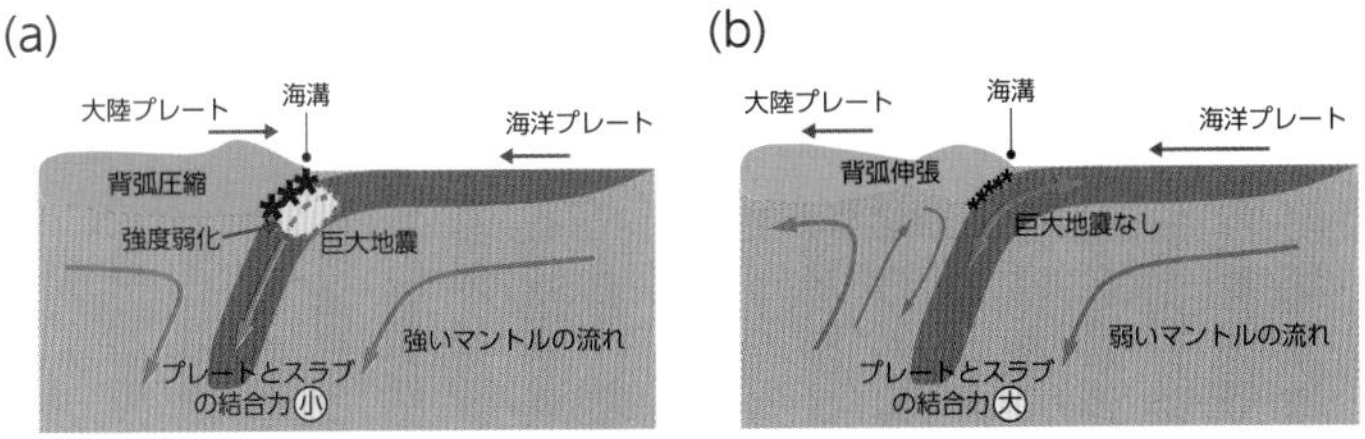

(a)「収束海溝型」、(b)「非収束海溝型」。Conrad et al. (2004) より

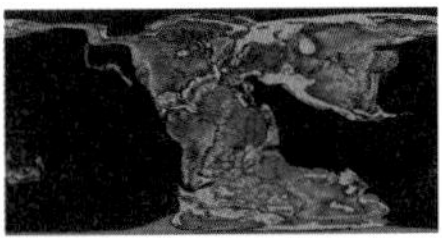

ラブ引っ張り力がそのままプレートの水平部分に伝わります。また、スラブ吸い込み力はほとんど働かず、上盤プレートと沈み込みプレートへの影響は小さいか、ほとんどないことになります。

日本列島の太平洋側でM8〜M9の巨大地震が起こりえるのか、あるいは、起こるとすれば、それがなぜ起きるのは、こういった基本的なテクトニクスを正しく理解しておく必要があります。また、日本列島に住む私たちが「地震を科学的に正しく理解する」ことはよく言われていることですが、著者のような地球科学の専門家の地震に対する理解もまだまだ不足していることも知っておく必要があります。そこで初めて、来るべき大地震に対する防災意識が生まれます。

表5―2は明治以降、日本列島やその周辺で起きた地震について、海溝で起こる地震と内陸で起こる地震に分けてマグニチュードの大きい順に並べたものです。内陸型地震については、1891年の濃尾地震（M_j8・0）は例外的な規模ですが、M7クラスがもっとも起こりうる最大の地震です。海溝型地震と内陸型地震で起こりえる最大のマグニチュードが異なるのは、地震断層面に沿って破壊される岩盤の面積に違いがあるためです。海溝型地震では、プレート境界に沿って、最大数100km×数100kmの規模で岩盤が破壊されることがありますが、内陸の地殻内ではせいぜい数10km×数10kmです。

これらの内陸型地震のうち、1891年の濃尾地震、1964年の新潟地震（M_j7・5）、1995年の阪神・淡路大震災を引き起こした兵庫県南部地震（M_j7・3）、2004年の新潟県中越地震（M_j6・8）、2007年の新潟県中越沖地震（M_j6・

図5−9　収束海溝型（a）と非収束海溝型（b）の沈み込み帯での地学現象の繋がり

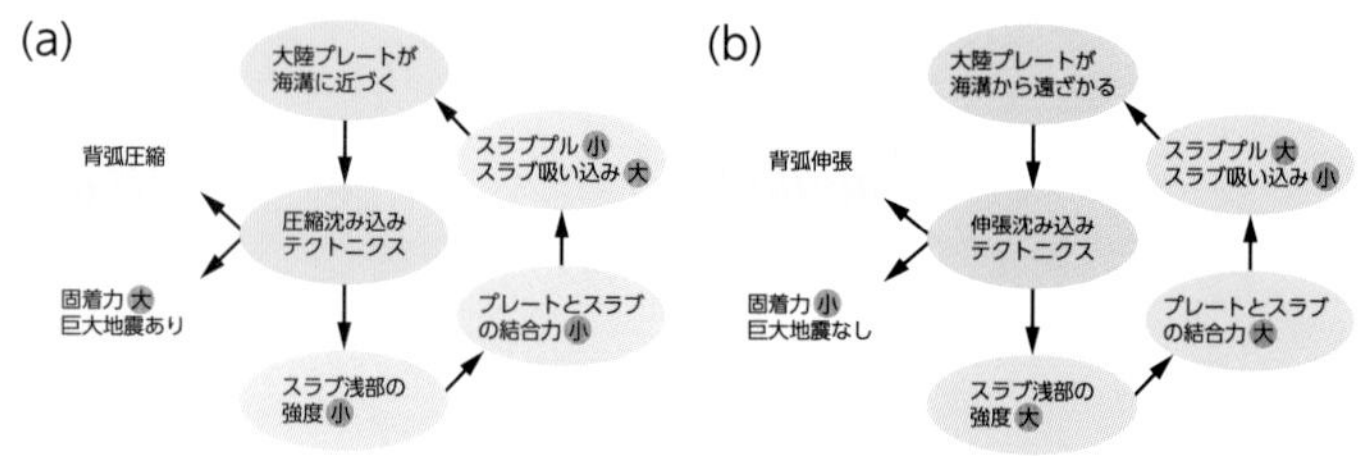

Conrad et al. (2004) より

８）のような被害が特に大きかった地震の多くは「新潟・神戸歪集中帯」とよばれる場所で起きています。新潟・神戸歪集中帯とは、神戸・大阪付近から中部地方北西部を通って、新潟県、山形県沖まで南西・北東方向に幅約２００kmをもって帯状に並ぶ、地殻の歪みが特に大きな場所で、GPSによる測地学的な観測によって認識されるようになりました。

新潟・神戸歪集中帯はアムールプレートとオホーツクプレートの境界と交差しており、構造地質学的な意味でのプレート境界とよべるかどうかは定かではありませんが、規模の大きい内陸型地震がこの場所で集中して起こるため、測地学的な観測や研究が重点的に行われてきました。メディアでは、南海トラフ地震や、最近では、北海道・東北の太平洋沿岸で起こる日本海溝・千島海溝沿いの巨大地震など、海溝型地震ばかりに注目されがちですが、新潟・神戸歪集中帯で起こる地震も甚大な被害が出ますので、海溝型地震と同様に日頃からの注意と対策が必要です。

Ｍ７クラスに達する内陸型地震は、ときに甚大な人的被害が出ますが、日本列島の下の未知の活断層や

表5－2　明治以降に日本列島とその周辺で起きた地震

海溝型地震				内陸型地震			
発生年月日	地震名・震央地名	M	死者・行方不明者	発生年月日	地震名・震央地名	M	死者・行方不明者
2011/03/11	東北地方太平洋沖地震	9.0–9.1	18,425	1891/10/28	濃尾地震	8.0	7,273
1896/06/15	明治三陸地震	8.2	21,959	1964/06/16	新潟地震	7.5	26
1952/03/04	十勝沖	8.2	33	1995/01/17	兵庫県南部地震	7.3	6,437
1994/10/04	北海道東方沖地震	8.2	10	1927/03/07	北丹後地震	7.3	2,912
1933/03/03	昭和三陸地震	8.1	3.064	1930/11/26	北伊豆地震	7.3	272
2015/05/30	小笠原諸島西方沖	8.1	0	2016/04/16	熊本地震（本震）	7.3	273
1963/10/13	択捉島沖	8.1	0	1924/01/15	丹沢地震	7.3	19
1958/11/07	択捉島沖	8.1	0	2000/10/06	鳥取県西部地震	7.3	0
1946/12/21	昭和南海地震	8.0	1,443	1943/09/10	鳥取地震	7.2	1,083
1918/09/08	択捉島沖	8.0	24	1896/08/31	陸羽地震	7.2	209
1911/06/15	喜界島近海	8.0	12	2008/06/14	岩手・宮城内陸地震	7.2	23
2003/09/26	十勝沖地震	8.0	2	1948/06/28	福井地震	7.1	3,769
1923/09/01	大正関東地震	7.9	105,385	1872/03/14	浜田地震	7.1	555
1944/12/07	昭和東南海地震	7.9	1,183	1914/03/15	秋田仙北地震	7.1	94
1968/05/16	十勝沖地震	7.9	52	1914/01/12	桜島地震	7.1	35
1894/03/22	根室沖	7.9	1	1982/03/21	浦河沖地震	7.1	0

海溝型地震はマグニチュードM7.9以上、内陸型地震はM7.1以上。東北地方太平洋沖地震はモーメントマグニチュード、その他は気象庁マグニチュード。気象庁ウェブページと宇佐美ほか（2013）による

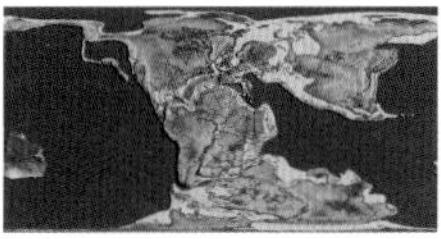

歪集中帯の存在や、それらの活動の様子の一端を教えてくれます。また、将来、地震の観測データがさらに蓄積されていけば、それが防災や減災に役立つだけではなく、5—3節で考えたような、日本列島を乗せているプレートが過去にどういう変動を受け、将来どうなるのかといった予測に必要な材料を与え続けてくれるかもしれません。

2016年4月に起きた熊本地震は、大分・熊本構造線とよばれる、九州を南西・北東方向に真二つに横切る地質帯、特に布田川・日奈久断層とよばれる、熊本県を南西・北東方向に横切る断層で起きましたが、余震は大分県を東西に横切る別府・万年山断層帯でも起きました。この地震は、内陸型地震でありながら、その余震の多さに研究者も驚かされたのですが、その多くの余震の地震のメカニズムを解析することにより、九州での広域応力場がよくわかるようになりました。

図5—10(a)は、1976年から2016年4月14日の熊本地震の前震前までに起きたM_Wが5以上の地震のデータをプロットしたものです。赤色と青色のバーは個々の地震の解析からわかる1対のP軸、T軸とよばれるもので、P軸は軸の方向に沿って地殻に圧縮応力が働いていること、T軸

図5－10　(a) 1976年1月1日から2016年4月14日の熊本地震の前震前までに発生したM_W5以上の地震から解析した九州とその周辺のP軸（赤色）とT軸（青色）。(b) 熊本地震の前震後から2017年1月22日までに発生した地震から解析した九州とその周辺のP軸とT軸

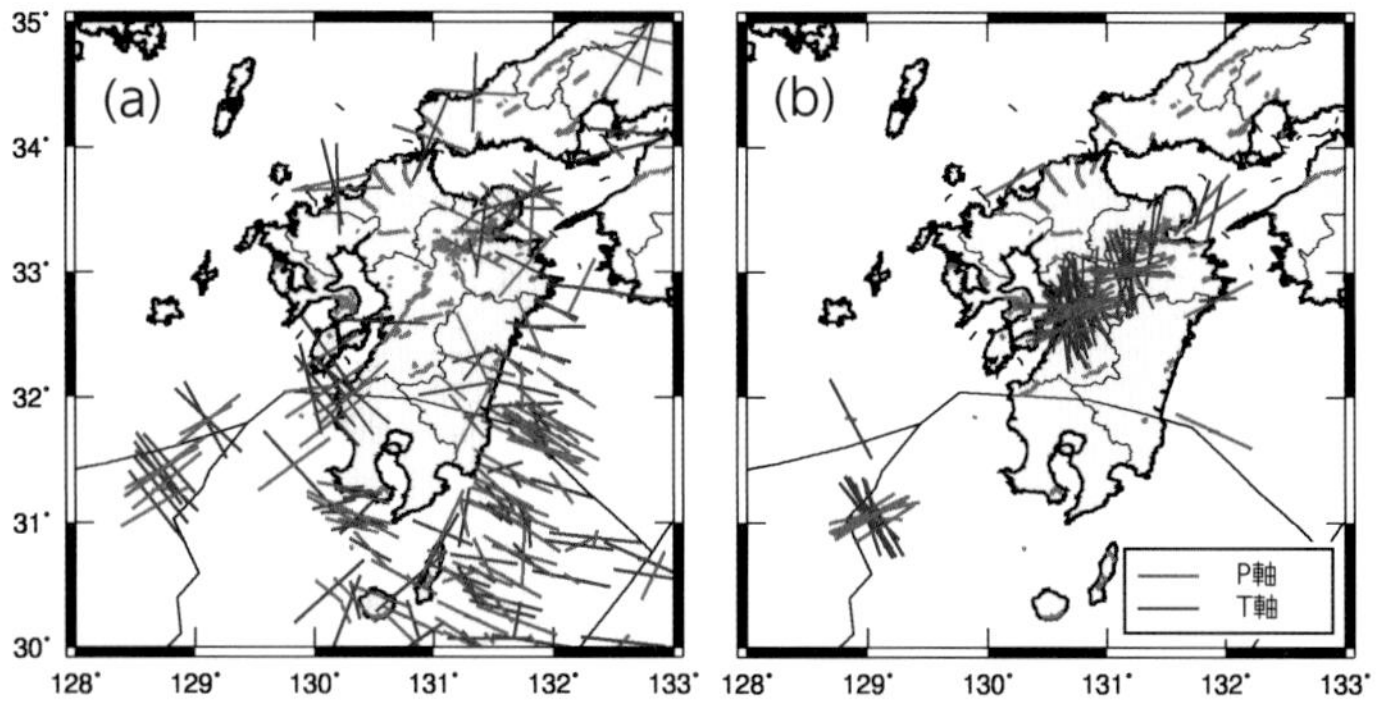

(a) 地震のデータは、Global CMTプロジェクトのデータベースによる。
(b) 気象庁のデータベースによる。Yoshida (2017) より

は軸の方向に沿って地殻に伸張応力が働いていることを意味します。一方、図5—10（b）は日本の気象庁のウェブページで公開されている、熊本地震の前震から２０１７年1月22日までに発生した地震のデータをプロットしたものです。一目瞭然で、たくさんのT軸がほぼ南北に向いていることがわかります。このことは、九州が広域応力場として、熊本県から大分県にわたる2つの断層帯を中心に南北に引っ張られるような力が働いていることを意味しています。このことは、もしかしたら、遠い将来に九州地方を南北に分断されるという予兆を表しているのかもしれません。

5-5 都市圏を襲う地震に対する備え

内閣府のウェブページによると、南海トラフ地震、日本海溝・千島海溝沿いで起こる巨大地震に加え、「首都直下（型）地震」の3つを「国難級」の地震と位置づけ、具体的な対策が実施、検討されています。一方、5—3節では、大地震は、いつでもどこでも突然起こりうると書きました。それでは、私たちは日常で普段通りの防災対策をしていれば、災害を軽減できるのか、命を落とすことはないのかと気になります。この疑問は、逆に防災意識を持ち続けるモチベーションになります。「どうせ対策をしたって……」と考える人が増えると、国民はもちろん国民の負託を受けている政治の側も意識が薄くなり、被害をできるだけ最小限にする努力がおろそかになります。

日本の首都圏、つまり、東京都とその周辺の1都7県の人口は約３８００万人で、日本の人口の約3割が集中しています。また政治・経済活動の中心が東京23区や横浜の都市部に集中しており、災害により甚大なダメージを受けると全国の国民の暮らしに深刻な影響をうけることは必至です。東京都（島嶼部を除く）や神奈川県は戦後、現在の気象庁震度階級で震度6弱以上相当の揺れに見舞われたことはなく、人的被害はもちろん、交通網やライフラインにどの程度の被害が出て、それが復旧までにどのくらいの期間を要するのか容易には想像できません。特に、２０２２年3月16日に起きたM_j７・４の福島県沖地震では、その5日後に日本で初めて東京電力管内で「電力需給ひっ迫警報」が発令されるきっ

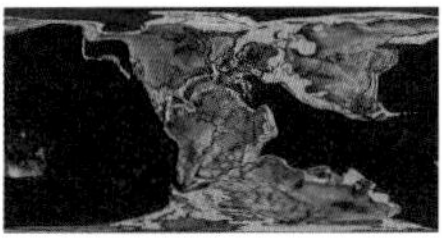

かけとなり、首都直下地震が起きれば、深刻な電力不足の状況になるのは目に見えており、心配です。

首都圏で起こる地震は防災の意識の観点から3つに分かれると思います。それは、M8クラス、M7クラス、M6クラスの地震への対応です。このうち、テレビや新聞のニュースでよく耳にする、内閣府が想定する、いわゆる「首都直下地震」とはM7クラスの南関東で起こる地震です。国の中央防災会議が2013年に報告した資料によると、今後30年以内に約70％の確率で起こるとされ、これは2022年現在も変わっていません。「首都直下地震」は震源が比較的浅く、震源から一定の狭い範囲に被害を及ぼす地震を指しますが、特定の震源域で起こる地震を指すものではなく、内陸型地震や海溝型地震、沈み込むスラブの内部で起こる地震をすべて含みます。

注意すべきM8クラスの地震は200～400年の間隔、あるいはそれ以上の長い間隔で、相模トラフ沿いで起こる大地震が想定されています。直近では約100年前の1923年（大正12年）の大正関東地震（M_j7・9、M_j8・1との推定もある）です。この大地震での死者・行方不明者は105000人以上で、明治以降に日本列島で起こった地震としては最大の被害を出しました。また、いわゆる関東大震災とよばれる、火災を含む都市型複合大災害を起こしました。

M7クラスか、それに迫る地震は、例えば、千葉県北西部を中心に起こる地震です。1894年（明治27年）6月20日に東京湾北部を震源として起きた明治東京地震（M_j7・0）は、震源がスラブの内部で起きた地震なのか、フィリピン海

表5－3　気象庁震源カタログが整備された1923年8月以降、千葉県北西部で発生したM_j（気象庁マグニチュード）が6クラスで、震源が太平洋プレートとフィリピン海プレートの境界上にある地震

発生年月日	震源の深さ	M_j	最大震度	人的被害	前の地震との間隔
1928年5月21日	75 km	6.2	5	なし	–
1956年9月30日	81 km	6.3	4	負傷者4名	24年
1980年9月25日	80 km	6.0	4	死者2名、負傷者73名	24年
2005年7月23日	73 km	6.0	5強	負傷者38名	25年
2021年10月7日	75 km	5.9	5強	負傷者49名	16年

地震予知連絡会や気象庁ウェブページの資料による

プレートと太平洋プレートの境界で発生した地震なのかよくわかっていませんが、比較的最近では、1987年12月17日に、フィリピン海プレートの内部を震源とした千葉県東方沖地震（M_j6・7）が起きました。おそらく、このクラスの地震は100年かそれより短い間隔、つまり、一生のうちで一回、遭遇するものと思われます。

一方、表5−3は、気象庁震源カタログが整備された1923年8月以降に、千葉県北西部で発生したM6クラスの地震で、震源が太平洋プレートとフィリピン海プレートの境界上にある地震を示しています。これらの地震は規模や有感地震の範囲、発震機構、波形がよく似ているとされ、したがって、このタイプのM6前後の地震は24〜28年前後で起こるとされていました。しかし、2021年10月に千葉県北西部で、東京都23区と埼玉県南部で震度5強を観測した地震が起きました。メカニズムは東西方向に圧縮軸をもつ逆断層型で、太平洋プレートとフィリピン海プレートの境界で起きた地震とされています。今後の詳細な研究により、もしかしたら解釈が変わるかも知れませんが、規模やメカニズムを見る限り、同じタイプの地震である可能性が大きいとされています。そうすると、2005年の地震から16年しか経過していないことになります。

この地震は22時41分という夜遅くに起きたこともあり公共交通機関のダイヤの乱れによる帰宅困難者が出ました。また、都内の多くの場所で水道管が破裂し、ライフラインの老朽化も明るみに出ました。この首都圏を襲った大地震で、もっとも特徴的に感じたのは、東北地方太平洋沖地震以降のソーシャルネットワークサービス（SNS）、スマートフォン、ドライブレコーダーの普及により、テレビのニュースと同時並行に、あるいはそれよりも早くさまざまな被害状況がインターネットに流れたことです。むしろ、SNSに流れている動画がテレビのニュースで速報されるという、新しい時代になっています。

前に書いたとおり、「首都直下地震」は、30年以内に約70％の確率とされていますが、これに惑わされると日頃の防災意識が徐々に薄れてきます。地震防災では、「○年以内に約○％」よりも、○十年に一回起こるとわかっている地震を意識することが重要だと考えています。首都圏に住まわれている方は、M6、最大震度5強程度の「直下地震」は10年から20年に一回は突然襲ってくると思って日頃からの防災対策が必要です。

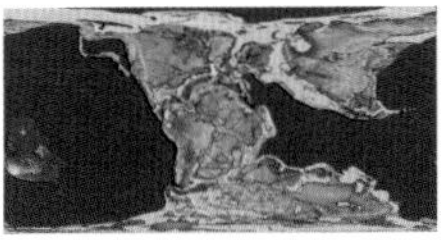

さて、本章までで、地球や日本列島の過去と予測にまつわる話題について紹介しました。そして、それに必要な固体地球科学の知識もできるだけ詳しく展開してみました。最後に、次章では、将来の地球がどうなるのかについて、気候変動や海水準変動、地球磁場といったさらに違った角度から最新の研究成果を交えて紹介し、また、地球の将来の予測を行うための比較対象として金星や火星のマントル対流についてできるだけ詳しく触れたいと思います。

column

どこまでの大きな地震に備える必要があるのか

私たちが現実的に対策可能な期間内（おそらく、数年以内）に、いつどこで大地震が起きるかを予測するのは現段階においても、おそらく50年後においてもなかなか困難です。仮に地球科学的な観測で、日本列島全域で100メートル間隔の緻密な地下構造のデータが得られたとしても、それを使ってシミュレーションをしたところで、数年後に、いつ、どこで大地震が起きるかを予測することは難しいと思います。それは一つには、プレートに限らず、「傷」がたくさん付いている物質がどこで割れるかというのは非線形現象であるし、そもそも岩石のさまざまな条件下での物理的性質を厳密に理解しないといけないからです。

ここで、東北地方太平洋沖地震をはるかに超える地震・津波災害に対する防災・減災対策が必要かどうかを確認するために、実際に地球上どれくらいの大きな地震が起こりえるのかを考えてみましょう。

20世紀以降のもっとも大きな地震は1960年に起きたチリ地震で、M_w 9.5でした（表1-1）。地震観測が行われる前の世界の歴史地震に目を向けてみても、地質調査が進んでいる18世紀、19世紀の200年間に起きたM9クラスの地震は、1700年の北米西部のカスケーディア地震（M_w 9.1）、1707年の南海地震（いわゆる宝永地震、M_w 8.8）、1833年のスマトラ地震（M_w 9.2）、1868年のペルー地震（M_w 9.2）、1877年のチリ地震（M_w 9.1）など、わずか数えるほどです。さらに遡って16世紀以降でもM9.5以上、M10に迫る地震が起きたという記録はありません。

そこで、実際の地球上で、最大でどれくらいの規模の地震が起こりえるかを計算してみました。異なる海溝をまたいでプレート境界の断層が一気に滑ることは考えられませんので、個別の海溝のみに注目します。すると、世界でもっとも長い海溝はアリューシャン海溝で全長が約3700 km、次にチリ海溝の全長が約3400 kmです。そして、これらの海溝で、断層の幅を200 km（東北地方太平洋沖地震を起こした断層の幅）から300 kmまでを仮定しました。その結果、起こりえる最大の地震のM_wは9.8〜10.0となりました。

ちなみに、約6600万年前にメキシコ・ユカタン半島に落ちてチチュルブ（チクシュルーブ）・クレーターを作り、生物の大量絶滅を起こしたとされる巨大隕

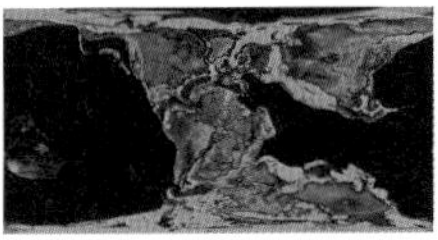

石の衝突（2—1節）による地震のマグニチュードは、エネルギーから逆換算するとM_wは11.5〜12.1となりました。なお、仮に地球を一周して真二つに割るような地震があるとすれば、M_wが10.9〜11.1と計算されますので、巨大隕石の一回の衝突による地球に与える影響は、いかに大きいかがわかります。

現実的な問題としてM10に迫る地震までを想定すると、さらにどういう対策が必要なのかは、防災の専門家に委ねますが、海溝型地震で津波被害が及ぼすと予想される地域は最大でもM9クラス、内陸で活断層の存在が指摘されている地域では最大でもM8クラスを想定すればよく、政府や自治体が公開しているハザードマップや防災対策を日頃から意識することを心がけ、地球科学の研究を職業とする私たち専門家は、色々な媒体を通じて正しい知識を世の中に広める努力が大切だと思っています。

第6章

将来の地球の予測

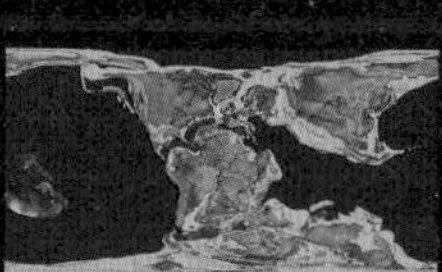

6―1 地球の「姿」はどう変わるのか

宇宙からなぜ地球が美しく見えるかというと、地球には青っぽい海と茶色っぽい陸だけではなく、大気や海水での気象現象があるために、白い雲（水蒸気）が地球を取り囲んでいるためだと思います。しかし、本節でいう地球の「姿」は、そういった雲を取り払った、割と殺風景な地球を想像し、その数億年スケールの変化について考えてみましょう。

3―1節で、地球の過去には、約18億～16億年前にコロンビア、その6～8億年後の約10億年前にロディニア、そして、その7億年後の約3億年前にパンゲアが形成されたことを紹介しました。したがって、コロンビアとロディニアの厳密な形成時期については諸説あるものの、次回、地球に「次の超大陸」が形成されるのは、早くて6億年後、つまり、現在から3億年後に超大陸が形成されることになります。

実は、超大陸の歴史を日々研究している世界の地質学者も、特にこれといった確かな科学的根拠はなく、同じような感覚で、だいたい遅くても3億年後までには次の超大陸が形成されるだろう、くらいに思っています。3―4節で紹介したように、大陸は、地球史を通じて沈み込み帯での活動によって成長してきたので、地球の表面積に対する大陸の全面積が占める割合はしだいに大きくなってきました（図3―9）。仮に、将来もその割合が大きくなるとすると、それぞれの大陸が出会うタイミングが早まるので、超大陸が形成される時間間隔は短くなりそうです。

将来の地球の大陸移動については、これまで4つのシナリオが提唱されています。1つ目のシナリオは、大西洋が今後さらに約1億年間拡大し続けた後、一転して縮小し始め、数億年後に新しい超大陸が形成されるという説です（図6―1）。つまり、パンゲアの分裂によって誕生した大西洋が再び閉じて、新しい超大陸ができることになります。米国テキサス大学アーリントン校のクリス・スコテーゼ博士は、この超大陸を「パンゲア・ウルティマ」（パンゲア大陸の「最終形」という意味）と名付けました。これは3―5節で紹介した内転パターンにもとづくもので、本来の意味の「ウィルソンサイクル」

図6－1　2億5000万年後までの大陸移動の予測図。超大陸「パンゲア・ウルティマ」の場合

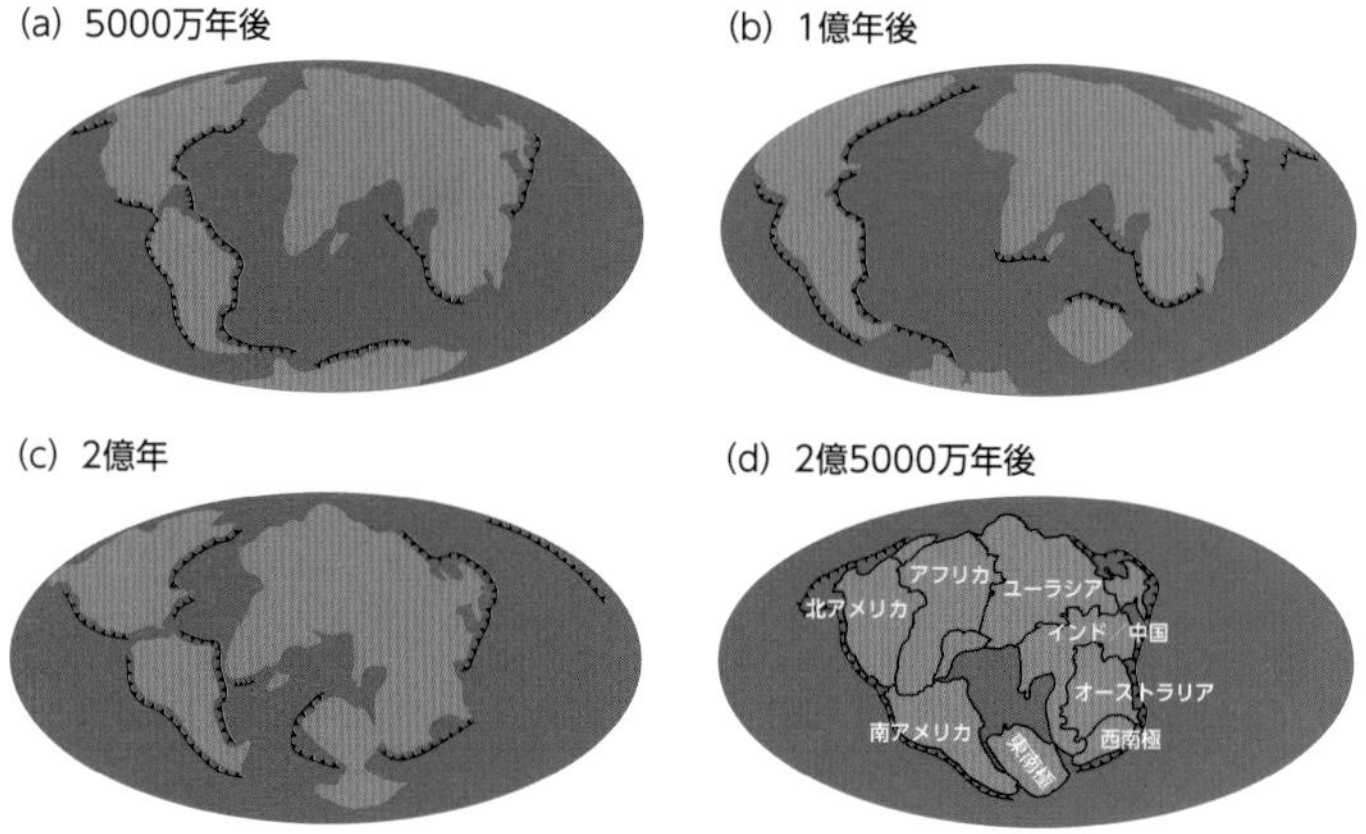

▲付きの黒線は沈み込み帯の位置を表す。Davies et al.（2018）より（図6－2～図6－4も同様）

図6－2　2億5000万年後までの大陸移動の予測図。超大陸「ノヴォ・パンゲア」の場合

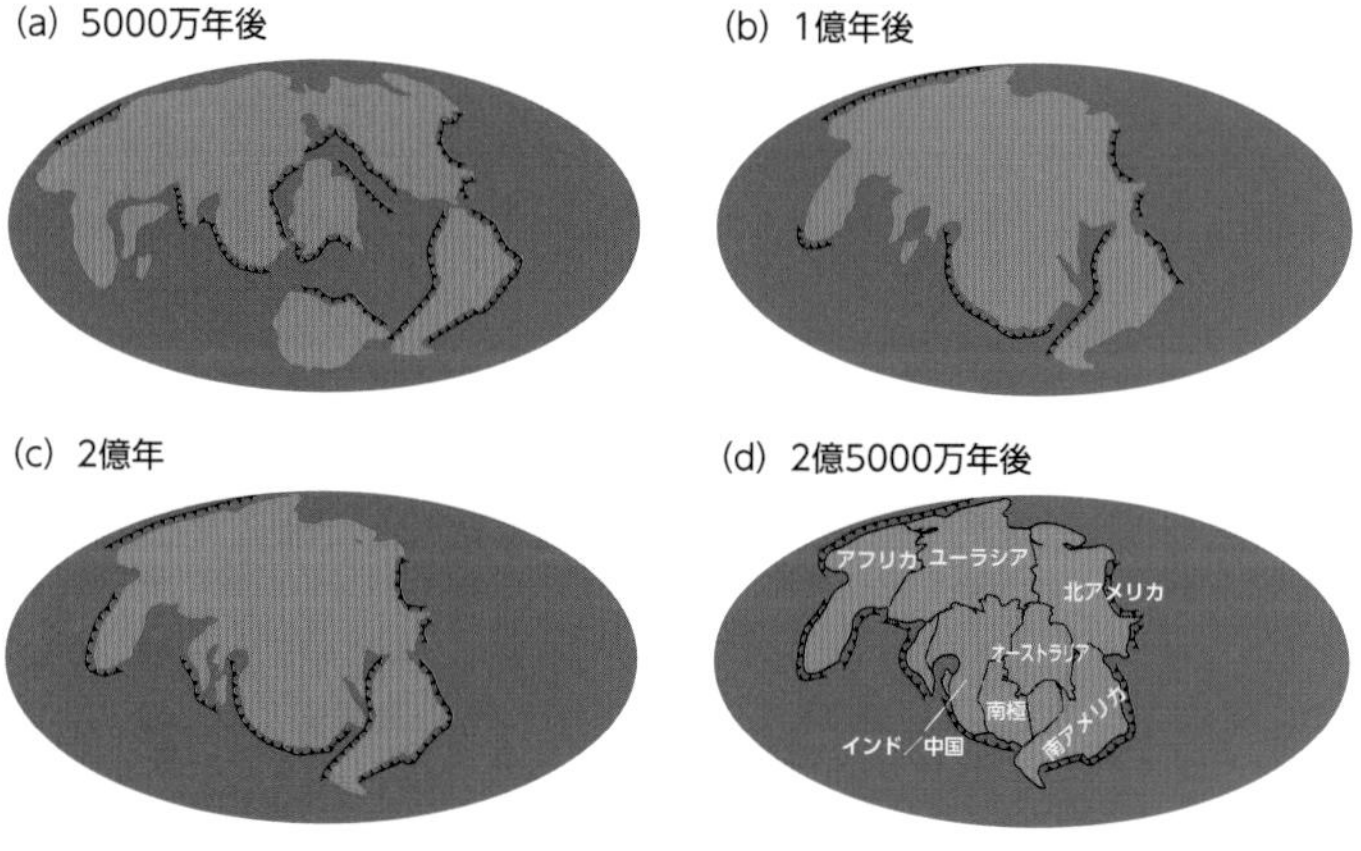

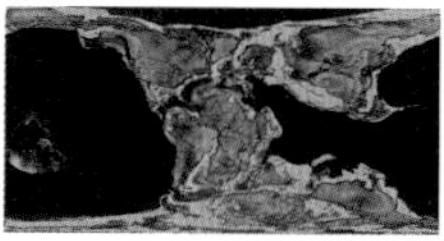

に相当します。
２つ目のシナリオである「ノヴォ・パンゲア」（新しいパンゲア）は、１９９０年代末に、イギリスのケンブリッジ大学のクリス・リバモア博士が提唱した超大陸です（図６―２）。これは、大西洋が今後もずっと拡大し続けて、やがて太平洋がほぼ完全に閉じ、パンゲアの対蹠地（地球のちょうど反対の地点）に新たな超大陸が形成されるという、外転パターンにもとづく説です。この説では、現在、海嶺で囲まれている南極大陸も、インド洋に新しい沈み込み帯が形成されることにより、超大陸の一部となると予想されています。

３つ目は、４―６節で紹介した、マントル対流のシミュレーションによって再現された超大陸に一番近い「アメイジア」です。このシナリオは現在のプレート運動からもある程度推定でき、１９９０年代初頭に米国のポール・ホフマン博士によって、いち早く提唱されました。ノヴォ・パンゲアとは異なり、南極大陸を除くすべての大陸が北上しつつ、北太平洋が閉じ、やがて、北半球の高緯度、あるいは、ほぼ北極を中心として新しい超大陸ができるという説です（図６―３）。

４つ目は、当時リスボン大学のジョアン・ドゥアルテ博士によって提唱された比較的新しい説で、内転と外転を組み合わせたパターンに基づき、大西洋と太平洋が同時に閉じて形成されると予想される超大陸です（図６―４）。このシナリオでは、ユーラシア大陸が東西に分断されると予想されているのが特徴的で、超大陸の形成の最終過程でオーストラリア大陸と南米・北米大陸が衝突するので、ドゥアルテ博士はこの超大陸を「オーリカ」と名付けました。

現在の大西洋では、大規模な沈み込み帯は存在せず、中米東岸沖で北米プレートと南米プレートがカリブプレートの下に沈み込んでいる小アンティル弧（海溝）と、南大西洋で南米プレートがスコシアプレートの下に沈み込んでいるスコシア弧（海溝）のみです（図６―５）。一方、ジブラルタル弧は、現在では沈み込み帯になっていませんが、将来、新しい沈み込み帯が形成され始めると予想される場所です。イベリア半島のポルトガル・リスボン沖では、少なくとも14世紀以降、約２００年間隔で大きな地震が発生したことが知られており、直近では、１９６９年にM_w７・８の大地震が起き、津波によって13人が亡くなりました。その前は１７５５年にさらに規模の大きいM_w８・５の巨大地震が起き、リスボンで死者

図6－3　2億5000万年後までの大陸移動の予測図。超大陸「アメイジア」の場合

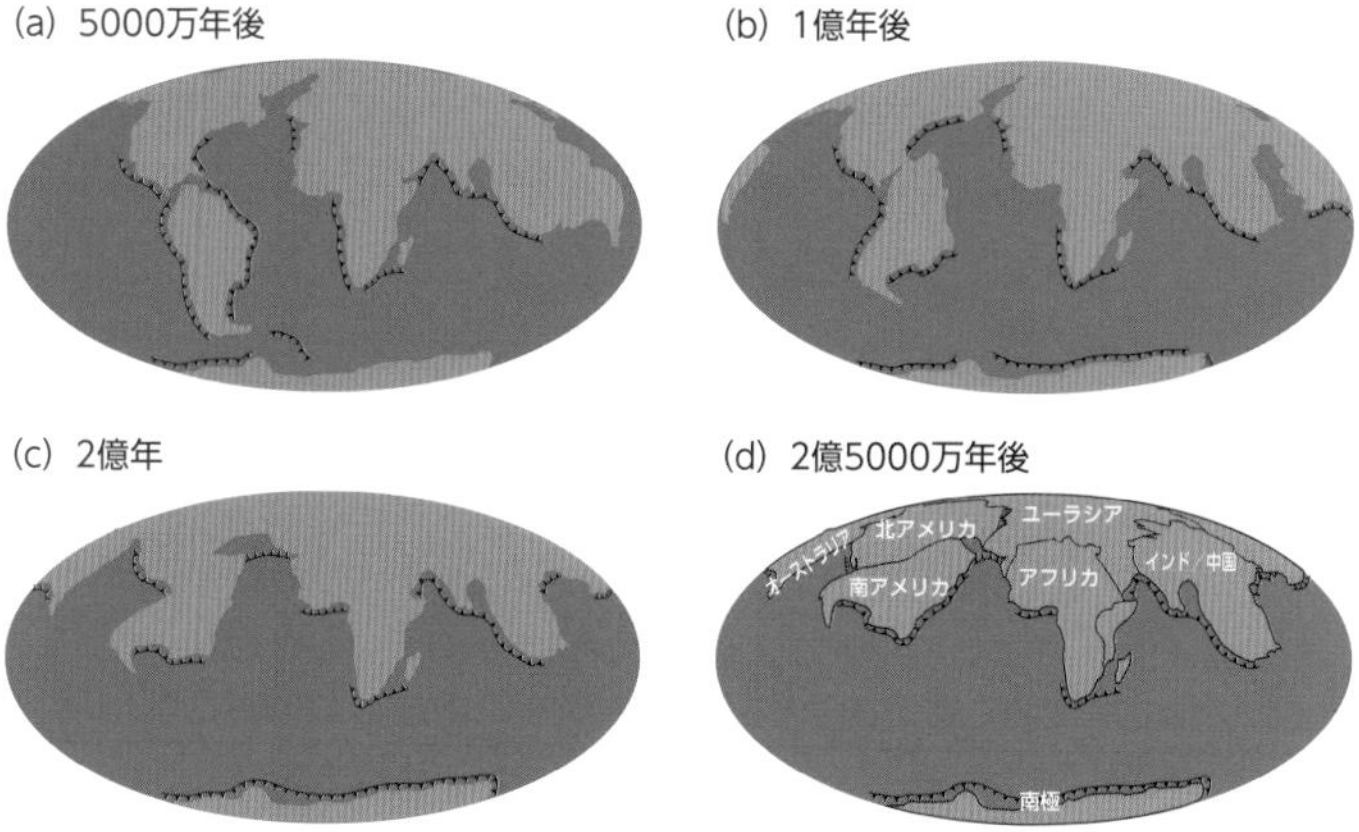

図6－4　2億5000万年後までの大陸移動の予測図。超大陸「オーリカ」の場合

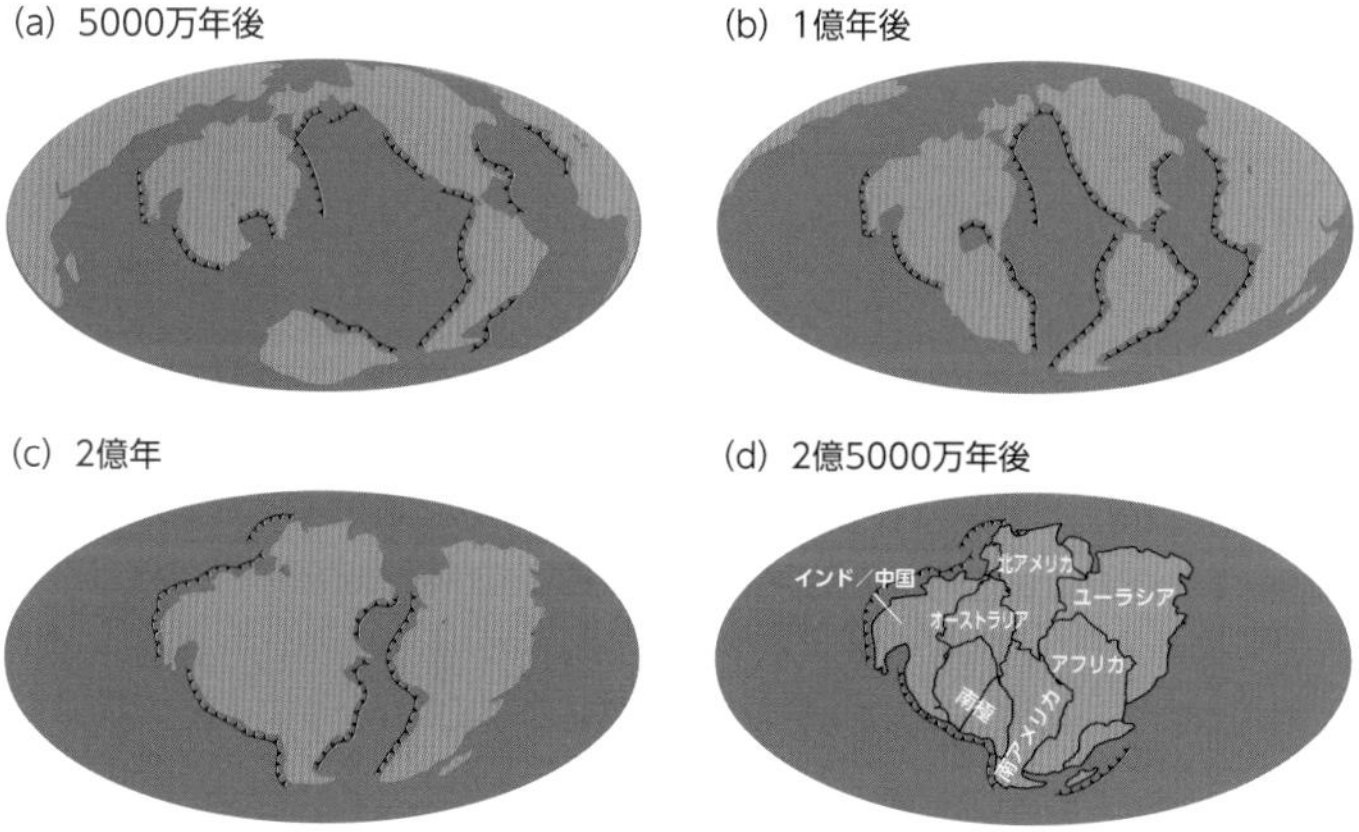

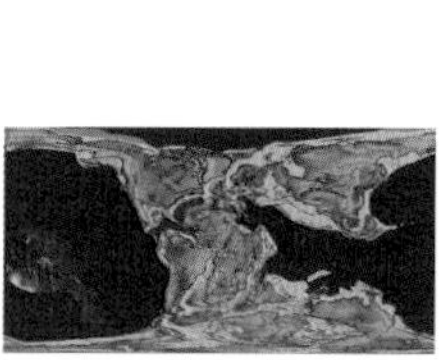

が6万人以上となる壊滅的被害をもたらしました。

近年のイベリア半島西縁の海底下の構造調査では、ユーラシアプレートとヌビアプレート（アフリカ大陸の大部分を乗せるプレート）が収束していることを示す逆断層が多く存在することがわかりました。そして、将来、両プレートがさらに衝突すると、これらの逆断層は大西洋に向かって拡大するだけではなく、やがて、両プレートの西岸に沿って大規模な沈み込み帯に成長するものと予想されています。

このように将来の地球の姿はいくつかのシナリオが考えられますが、パンゲア・ウルティマ、ノヴォ・パンゲア、アメイジアの3つのシナリオに共通していることは、次の超大陸ができる過程で、いずれユーラシア大陸にアフリカ大陸とオーストラリア大陸が衝突して一体となり、地球上の大陸の総面積の60％以上を占める、メガコンチネント「ユーラシア」ができそうだということです（図3―1）。その後、パンゲア・ウルティマとノヴォ・パンゲア

図6－5　大西洋周辺の沈み込み帯（Durate et al., 2018）

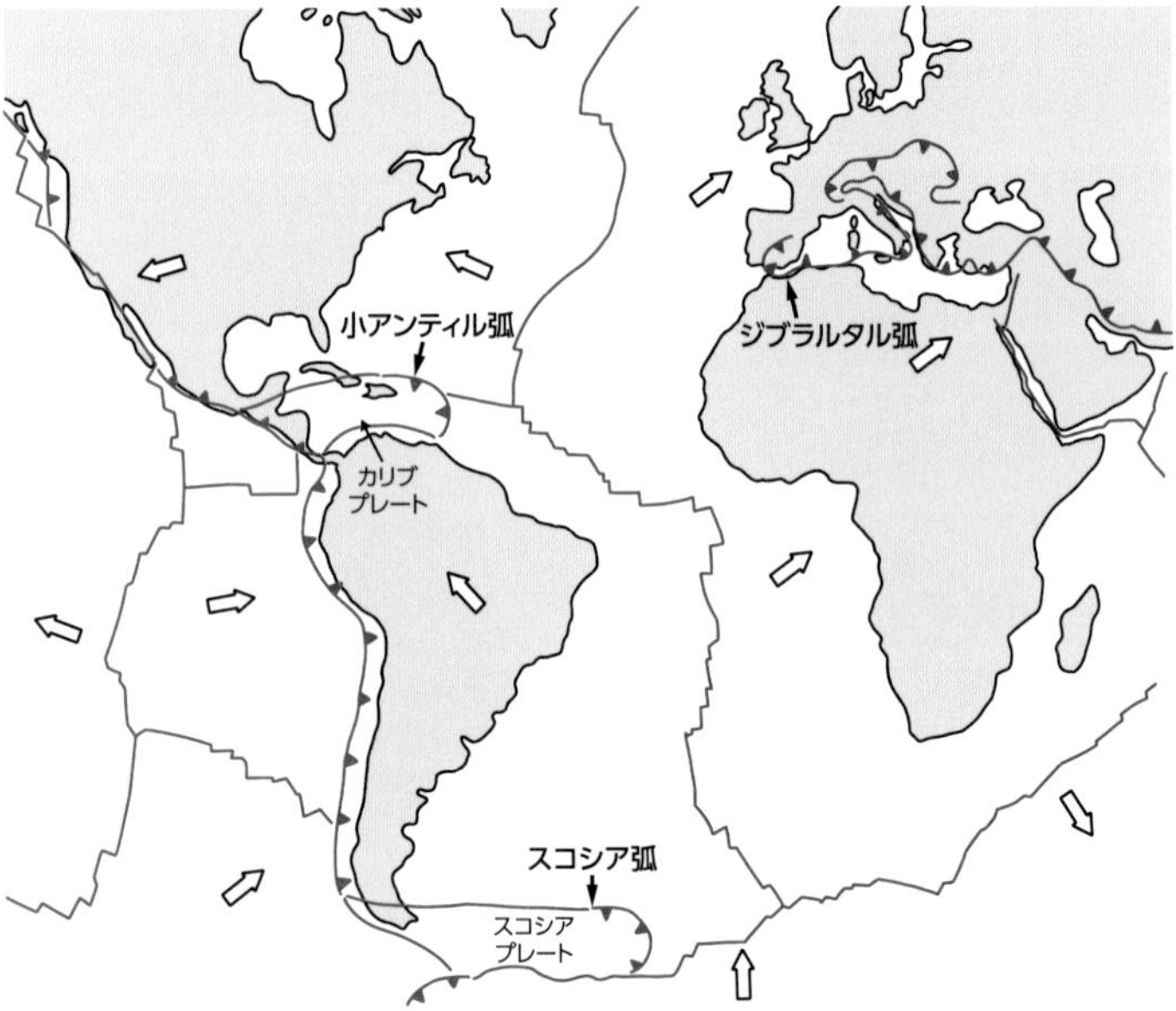

は低緯度域を中心に形成されると予想されています。一方、アメイジアは、南極を除くすべての大陸が北半球の高緯度に集まると予想されています。

数億年後の超大陸が分裂した後のさらに先の将来の地球は、シミュレーションの手法をもってしてもまったく見当が付きません。仮に将来も6億年おきに地球上に超大陸が形成されるとすると、3億年後の「次の超大陸」のあとは、9億年後に「次の次の超大陸」、15億年後に「次の次の次の超大陸」となりますが、そうは簡単にいかないのが自然の定めです。

２０１７年には広島大学の研究グループらが、岩石の室内実験に基づき、約6億年後には地球上から海水が消滅するという説を発表しました。海洋プレートの沈み込みによって海水が取り込まれ、地球史の時間スケールでは海水の量は減少し続けていることはこれまでにも知られていましたが、海洋地殻のみが水を取り込むことができ、地球上から海水がなくなるのは、ずっと先の20億年後だと考えられていました。しかし、この新しい研究成果によると、海洋地殻下のマントルも水を多く取り込むことができ、その水の量の推定から、かなり早く地球上から海水がなくなるというものです。

もし、本当に約6億年後に海水が消滅すると、地球の「人生」はとっくに折り返し地点を過ぎ、マラソンで例えると37km地点くらいにいることになります。海水がなくなると、海洋プレートの沈み込みも止まり、やがては、プレートテクトニクスや超大陸サイクルも完全に停止してしまいます。また、人類が仮に約1億年ごとの生物の大量絶滅を何度か乗り越えても、海水の量が徐々に減少することによって、大陸の砂漠化が進行し、地表は高温になっていきます。そうすると、人類はおろか、大量絶滅を乗り越えてきた、ほかの生物の生活範囲は絞られてくるでしょう。

欲を言えば、将来の地球科学者も、超大陸が分裂する過程から新しい超大陸が形成されるまでの全プロセスを見たいでしょうから、9億年後の「次の次の超大陸」まではなんとか生き延びたいのですが、別の試練が待ち受けています。

大気中の二酸化炭素濃度は地球史を通じて低下していますが、やがて、ある濃度を下回ると地球上の多くの植物で光合成ができなくなります。そうすると、地球上の酸素のほとんどは光合成に由来するので、すべての生物が絶滅してしまうことになります。このタイムリミットがあと約10億年と言われており、仮にプレートテクトニクスが停止しなくても15

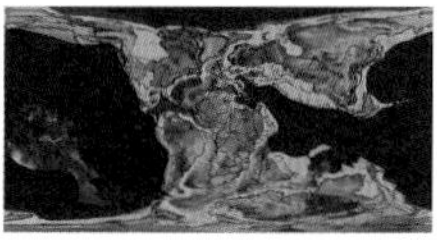

億年後の「次の次の次の超大陸」には、地球科学者を含め、あらゆる生物が地球上に残されていない可能性があります。

また、宇宙論の見地からは、巨大化する太陽に地球が飲み込まれるか、あるいは飲み込まれそうになるかの瀬戸際がおよそ50億年後らしく、地球の内部が熱源を失って死に絶えるよりも、外部からの危機が先に訪れそうです。もっと「近い将来」の10億年後には太陽の光度が増し、その放射熱で地球上の海水が蒸発するとも言われています。つまり、地球上の海水が地球内部に取り込まれるのと、蒸発してしまうのとどちらが早いか、という問題が生まれます。

地球の両隣にある金星と火星の大気の成分は95％以上が二酸化炭素です。一方、地球は0・04％ほどです。現在の地球には海があるため、地上から放出される二酸化炭素の30％が海に溶け込んでいます。これにより、地球は適度な濃度の二酸化炭素による温室効果で生物にとって適温が保たれています。もし将来、地球上から海水が減少し、海水に溶け込む二酸化炭素が減少すると、いずれ現在の金星の表面のような灼熱地獄となるかもしれません。

6-2 大陸移動と海水準変動

このように、数億年後という、地球の遠い将来を予測するうえで、海の存在は議論に欠かすことはできませんが、プレート運動や大陸移動といった固体地球の表層運動と、実際に地球が経験してきた気候変動との関係を議論するためには、地球の海水の絶対量の増減を考えるというよりも、数億年スケールか、それよりも短い時間スケールでの、地球の中心からの海水面の高さの変動（海水準変動）を調べることが重要になってきます。

地質学的な証拠から、顕生代の海水準変動の傾向は比較的よくわかっています。図6―6の海水準変動の時間曲線を遠目で見ると、約2～3億年前と5億年前以前の海水準が現在と同じ海水準であったことから、海水準変動のもっとも長い周期は約2～3億年であることが推定できます。その時間曲線は研究者によって違いが目立ち、過去に遡るほどその違いが顕著になりますが、最近の研究データによると（図6―6の点線）、海水準はもっとも高い時代と低い時代で約4

00メートルほどの差があるようです。

　このようなもっとも長い周期の変動は「第一次海水準変動」とよばれますが、これによって、大気中の二酸化炭素濃度や海洋・大気の循環が変化し、やがては気候や生物種などの地球表層環境を変化させました。約2億5200万年前の古生代と中生代境界（p／T境界）の生物の大量絶滅はパンゲアの形成に伴う海水準の低下によって、有機物に含まれる炭素の酸化が引き起こした酸素欠乏が原因ではないかとされています。

　さて、地球史の時間スケールにおける海水準のデータを見てその変動の理由を考えるとき、気を付けなければならないことがあります。一つは、海水量が時間的に一定でも、大陸が上下運動することによって海岸線の位置が変化する可能性があることです。ただ、各時代での大陸の鉛直方向の運動を厳密に見積もるのは非常に困難ですし、その影響は、数億年の時間スケールでの海水準変動への影響は小さいと思われますので、ここでは考えないことにします。

　もう一つは、前節の議論とも関係しますが海水の絶対量の変化で、各時代の海水面の高さの変動は、その時代の実際の海水量の変化を反映しているのではないかという可能性です。海洋プレートの沈み込みとともに海水がマントル内部に入り込む

図6－6　5億4000万年前から現在までの海水準の変化

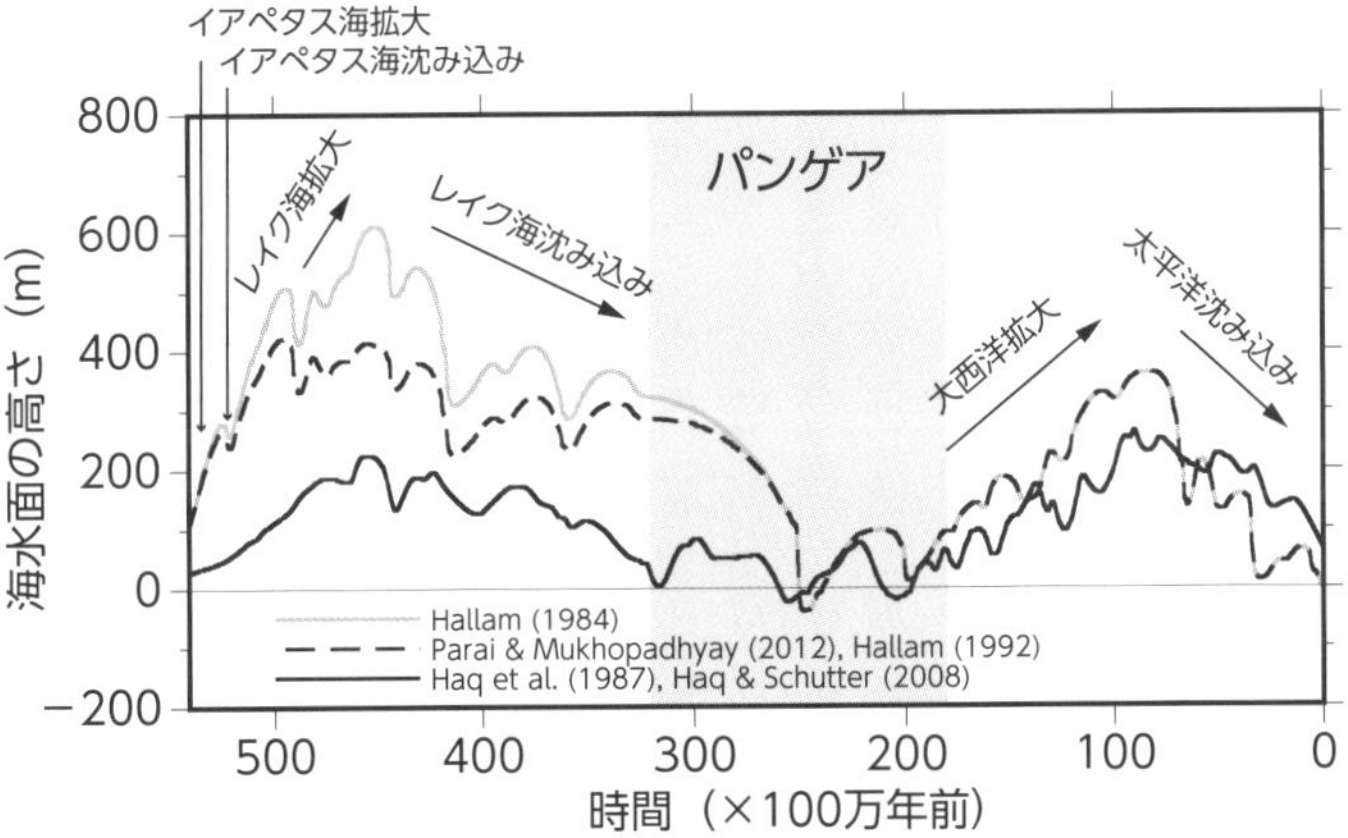

現在の海水面をゼロメートルとしている。異なる文献にもとづく

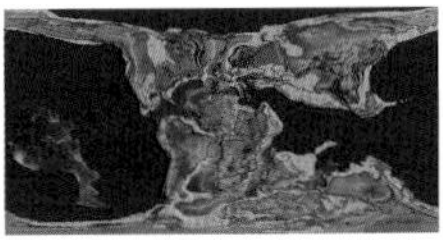

ことはすでに紹介しましたが、この現象は「再ガス」とよばれています。ここで、「ガス」とは水や二酸化炭素といった揮発性物質の総称で、それが再び地球内部に戻るのでそのようによばれます。しかし、ここでは、再ガスによる海水量の減少は、少なくともここ数億年に限っては、火山活動によって地球深部から地球表層へ戻ってくる水（「脱ガス」とよばれる現象）と、ほぼバランスしていると仮定します。

　したがって、図6―6で見られる世界的な海水面の高さは、地球の「海の容積」で変わると考えるのが普通です。海底面を容器として考え、仮に海水の量が時間的に一定とすると、容器の底が深くなるほど、海水面の位置は低くなります。容器の深さは、つまり、海底面の深さです。熱伝導によって、海嶺で生成されたプレートが、その年代の平方根に比例して厚くなることはすでに紹介しましたが（1―4節）、これにより、プレート自体がマントルに垂れ下がるようになるので、プレートの上の海底面もプレートの年代に従って深くなります。理論的には、海底面の深度もプレートの年代の平方根に比例して深くなります。数億年の時間スケールで大陸の総面積がさほどかわらないとすると、地球の表面積は一定ですので、地球のどこかの海嶺で海洋プレートが生まれれば、地球のどこかの沈み込み帯で海洋プレートが消滅します。そうすると、海は世界中で繋がっていますので、海洋プレートの世界的な平均年代が古くなるにつれて、世界平均での海水面の高さが下がることになります。

　第一次海水準変動は地球上の大陸分布や海洋底の平均年代の変化によるものだと考えられます。もっともわかりやすい説明は、パンゲアの分裂によって大西洋が拡大して、年代が若くて水深の浅い海洋底（内海）が生まれ始めると、地球全体で見たときに、それが以前からあった、年代が古くて水深の深い海洋底（外海、つまり太平洋）と入れ替わるようなものですので、世界平均での海水面の高さが上昇します。しかし、一方で、太平洋プレートはどんどん古くなっていくので、それによって水深が深くなる効果が、大西洋での水深の浅いプレートの拡大の効果を上回ると、一転して世界平均での海水面の高さが下降に転じます（図6―6）。

　約5億年前のカンブリア紀にはゴンドワナ大陸とローレンシア大陸の間のイアペタス海（図3―5）が拡大しましたが、

やがて縮小に転じて沈み込んでいきました。イアペタス海を作った若いプレートが拡大するときは、世界平均で見ると、水深は浅くなり平均海水面は高くなりますが、やがてそのプレートが沈み込み始めると、水深は深くなり平均海水面は低くなります。一方、約3億5000年前までには、いったん拡大したレイク海が縮小し、やがて沈み込み始め、その後パンゲア超大陸ができあがりました。図6−6からは、そういったイアペタス海の拡大に関係すると思われる平均海水面の上昇や、レイク海の沈み込みに関係すると思われる低下も見られます。

超大陸サイクルの周期が6～8億年に対し、第一次海水準変動の周期はその半分に近い2～3億年ですので、この情報だけからも、現在から次の超大陸ができるまでに、どのような海水準変動曲線をたどるか思考実験ができます。ここでは、もっとも理想的な外転パターンでできる超大陸「ノヴァ・パンゲア」(図6−2)の場合を考えてみましょう。すると、図6−6の海水準変動曲線から、世界平均の海水面は約5000万年後にもっとも低くなりますが、やがて上昇に転じて、約2億年後ころにはもっとも高くなると予想されます。そして、「次の超大陸」の形成され始めると、一転して減少に転じ、約3億5000万年後ごろの「次の超大陸」の真最中の時代には、海水面が現在と同程度にまで減少すると予想されます。

約5000万年後というと、北西方向に移動する太平洋プレートに乗ってハワイ諸島が日本列島に近づき、日本列島がユーラシア大陸とオーストラリア大陸の間に挟まれそうになっているころですが(図4−7)、そのころには世界平均の海水面が現在よりも数10メートル低くなっている可能性があります。そうすると、現在海水面の下にある大陸棚が海水面上に現れて日本の国土の面積が増えるのでは?と淡い期待が生まれますが、同時に、日本列島の形や周辺の海底地形も大きく様変わりしているはずですので、なかなか一筋縄のストーリーでは語れるものではありません。

6-3 大陸移動と気候変動

第一次海水準変動の上には、それよりも一桁小さい周期、つまり、数千万年の周期の変動(第二次海水準変動)が重なっ

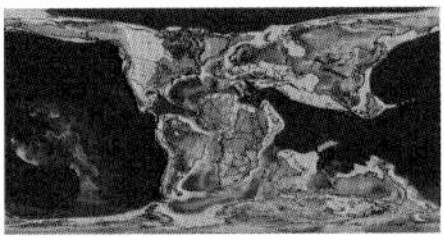

ていますが（図6―6）、これは、世界各地で起こる海洋プレートの生成や沈み込みによる、スケールの比較的小さい海底地形の変化によるものだと考えられます。図6―6で示した数億年の時間スケールの海水準変動からは読み取れませんが、海水準はさらに細かい周期によって変動すると考えられます。これは、おそらく、火成活動など固体地球起源の気候変動に伴う海水量の変化による数百万年スケールの変動、さらには、ミランコビッチサイクル（次節）による気候変動に伴う海水量の変化による数万から数十万年スケールの周期の変動などが原因と考えられます。

数100年から数10万年といった、もっと短い時間スケールの海水準変動は古気候学的な研究から詳しくわかります。特に、10万年以下の時間スケールの海水準変動は気候変動、つまり、当時の海水温の変動と密接な関係があります。海底を掘削して土や泥を含む海底堆積物採取し、その中に含まれる有孔虫化石の酸素同位体比を測定することで、その化石が堆積した当時の水温を推定することができます。これにより気温の変動や、それに伴う氷床の体積を推定することができます（図6―7）。

地球の平均的な気温が上昇すると海水の体積が膨張し、また、南極大陸やグリーンランドの氷床（大陸プレートに乗っている氷塊）が融けて地球の平均海水面が高くなり、逆に平均的な気温が下がると平均海水面が低くなります。大西洋は太平洋に比べて亜熱帯地域での降水が小さく、蒸発も盛んであるため、海水の表層の塩分が高くて密度も大きく、特に、グリーンランド沖で海氷が形

図6－7　海底堆積物の酸素同位体比の分析による過去180万年間の気候変動

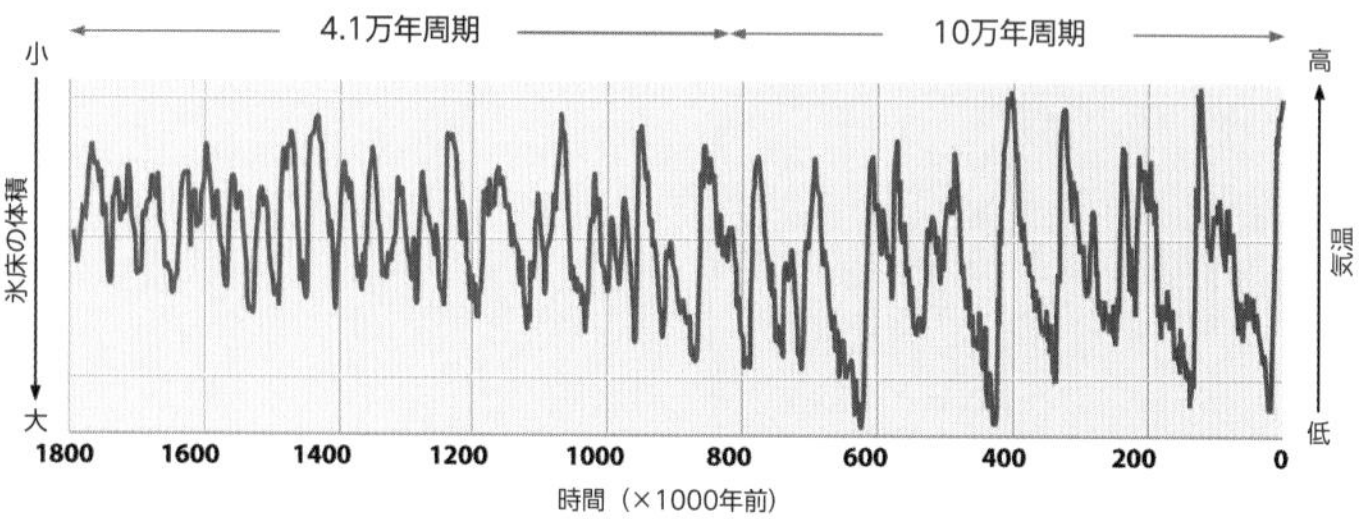

Lisiecki and Raymo (2005) より

成されるとその下の塩分がさらに高くなり、海水が深層に沈み込むようになります。この深層水は大西洋を南下し、インド洋と太平洋に流れ、やがて海洋のさまざまな場所で表層に上昇し、約2000年かけて大西洋に帰ってきます（図6―8）。

　このような海水の大規模な循環は、1961年に米国のヘンリー・メルソン・ストンメル（1920―1992）によって初めて提唱され、1970年代~80年代にウォーレス・ブロッカー（1931―2019）が、放射性炭素（^{14}C）を用いた年代測定によって実証し、後に「コンベアーベルト」と名付けました。ブロッカー博士は、1975年の『サイエンス』誌の論文で、大気中の二酸化炭素の濃度が上昇すれば気候が温暖になることを最初に指摘したことで有名です。その論文のタイトルは、「気候変動：私たちは明らかな地球温暖化の瀬戸際にいるのではないか？」という衝撃的なもので、1980年代後半から「地球温暖化」という言葉が世界で広く使われるきっかけとなりました。

　大西洋では、コンベアーベルトにより、表層と深層の水が混ざり、さらに、赤道域から温かい海水が中緯度域や極域まで行き渡ることによって、北米やヨーロッパの温暖な気候が保たれています。2004年のアメリカ映画『デイ・アフター・トゥモロー』では、地球の温暖化によって北極圏の陸上の氷床が溶けて、塩分がない

図6－8　世界の海流の熱塩循環の概略図

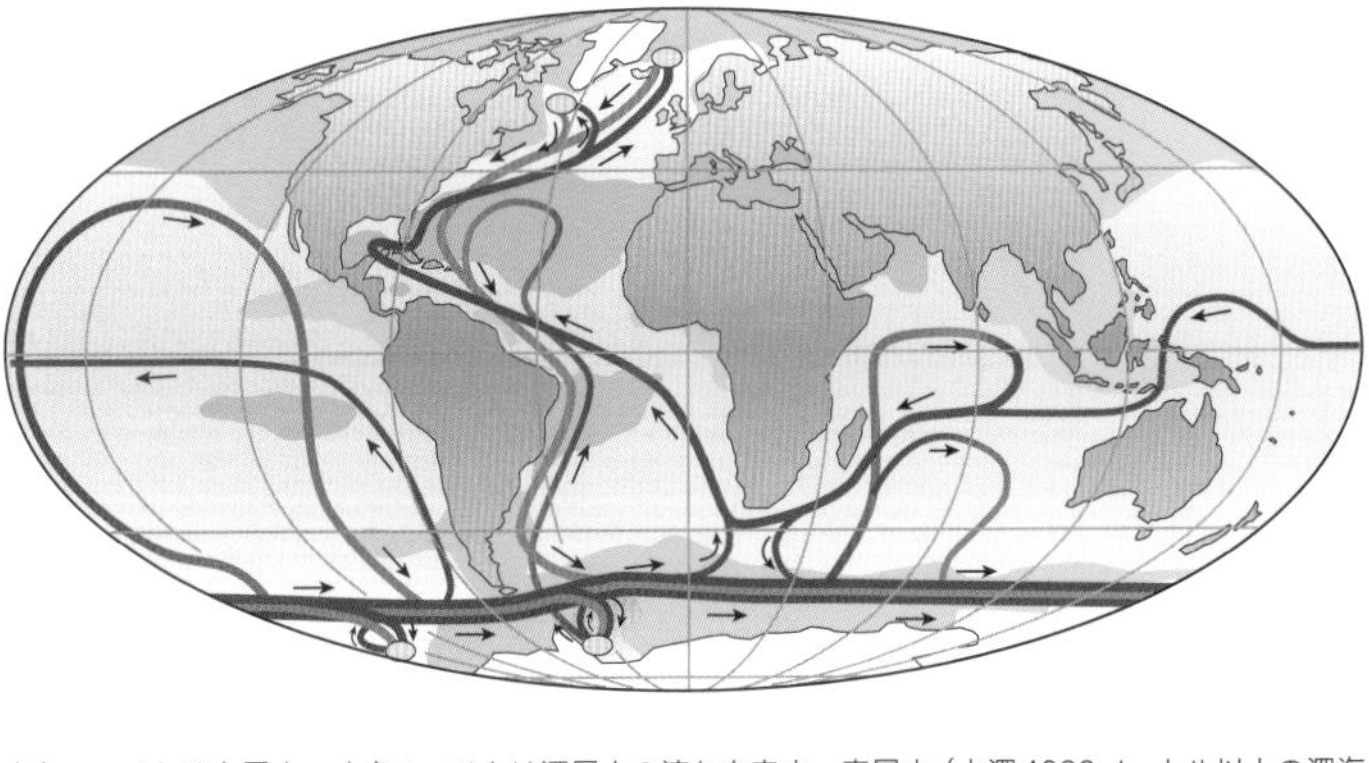

赤色のベルトは表層水、水色のベルトは深層水の流れを表す。底層水（水深4000メートル以上の深海の海水）は濃い青色で表す。矢印は海流の流れの方向を表す。Rahmstorf（2002）より

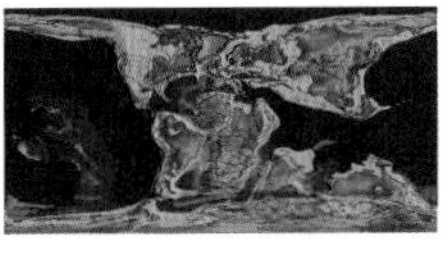

真水が北極圏の海に大量に流れ込むというものでした。そして、海水の塩分が薄められて密度が小さくなることによって海水が深層に沈み込まなくなり、北大西洋の深層循環が止まってしまうために、アメリカや地球全体が新たな氷期へと急激に移行するというストーリーでした。これはフィクションですので時間スケールが誇張されていますが、海水の大規模循環が地球の気候変動に大きな影響を与えることは本当です。

地球の平均温度にもっとも影響を与えるのは、多くの読者がご存じのように大気中の二酸化炭素濃度です。現在の地球表面の平均気温は二酸化炭素による温室効果で約14℃ですが、仮に温室効果がなければ約マイナス19℃になります。二酸化炭素は、火山活動によって地球内部から大気へ放出されます（脱ガス）。一方、大気に放出された二酸化炭素は、直接、海水中に溶け込んだり、大気中の雨水に溶け込んで陸上の岩石を風化・侵食させ、それが海底に運ばれて石灰岩として沈殿したりします。そして、やがては、プレートの沈み込みによって、再び地球内部に取り込まれます（再ガス）。地球表面の平均気温が生物にとってほどよく保たれているのは、再ガスと脱ガスがバランスしているためです。

超大陸が地球上に形成すると、その縁辺では古くて厚くなった海洋プレートが沈み込みやすくなります（図3―11（a））。実際、パンゲアも、一つ前の超大陸であるロディニア（図3―4）も沈み込み帯に広く囲まれていたと考えられます。そして、沈み込んだプレートがマントル深部まで到達すると、コア・マントル境界上の熱境界層が不安定になり、上昇プルームが発達しやすくなります（図3―10）。そして、数千万年もすると上昇プルームがプレートの下に到達し、地表で火成活動（マグマ活動）が活発になります。

過去の地球上では、マントルプルームによって玄武岩質溶岩を一気に噴出するような大規模な火成活動が幾度か起きてきました。こういった、いわゆる「洪水玄武岩」の噴出による火成活動の痕跡として代表的なものは、陸上ではペルム紀に形成された、ロシアのシベリア高原で見られる「シベリア・トラップ」（トラップは階段状になっている地形の意味）、白亜紀に形成されたインドの「デカン・トラップ」などで、海洋底では白亜紀に形成された西太平洋のオントンジャワ海台です。こういった台地や海台は、面積にして数10万から数１００万km^2規模に達し、「巨大火成岩石区」とよばれています（図

2―10）。

約6億年前にメガコンチネント「ゴンドワナ」が形成され、その分裂が終わる約4億年前までは大気中の二酸化炭素濃度が非常に大きかったことがわかっています。これはゴンドワナの分裂を引き起こした火成活動による二酸化炭素の放出によるものだと考えられます。その結果、温室効果で地球が温暖化し、海洋の大規模循環が衰えて酸素を含んだ海水が海底に運ばれなくなって酸素が欠乏する「海洋無酸素事変」が起きました。オルドビス紀、デボン紀後期、ペルム紀末の大量絶滅は海洋無酸素事変も原因の一つだという説もあります。また、パンゲアが形成されて5000万年くらい経過した2億5000万年ごろから白亜紀中期までも大気中の二酸化炭素濃度が大きく、海洋無酸素事変が何度も起きていたことがわかっています。

地球の気候変動や海水準変動は、超大陸が地球の極域（緯度70〜90度）や高緯度域（緯度50〜70度）を中心に形成されるか、低緯度域（緯度10〜30度）や赤道域を中心に形成されるかにも大きな影響を受けそうです。一般的に「白っぽい」陸地は、「黒っぽい」海洋よりも太陽から地球に入る放射エネルギーの反射率（アルベド）が高くなります。したがって、もし地球の赤道域を中心に超大陸が形成され、それが分裂まで1億年も持続すると、地球全体でみれば太陽のエネルギーの吸収効率が下がるので、地球は寒冷化する傾向になります。アルベドは、農地や森林などがある陸地では約0・3に対し、海洋はたった0・1程度です。それにもかかわらず、地球表面の平均アルベドは約0・3と意外にも大きいのですが、これは、陸地にある雪氷や厚い雲のアルベドが約0・8もあり、平均を引き上げているためで、氷床があることの気候変動への効果は無視できません。

逆に、極域を中心に超大陸が形成された場合には、陸地の大部分が氷床に覆われることによって岩石の侵食が抑制され、海洋に溶け込むはずの二酸化炭素が減少したり、火山活動によって大気中の二酸化炭素が増加したりすることで、地球は温暖化する傾向になります。超大陸パンゲアは低緯度域を中心に南北に延びた形をし、それ以前の2つの超大陸（ロディニアとコロンビア）も地球の低緯度域を中心に形成されていた可能性が高いようです（図3―3、図3―4）。したがって、

実際の地球の歴史では超大陸が極域を占めていたという時代はなく、基本的には、超大陸が形成されて間もないころの時代は比較的寒冷な気候が保たれていたと考えられます。

6-4 大陸移動と全球凍結

　地球にはこれまで何度か「氷河時代」が訪れています。氷河時代と言えば、氷で覆われた極寒の地球を想像する読者の方も多いかも知れませんが、現在も氷河時代の真っ直中です（図６―９）。地球史では、地球平均で気候が寒冷化し、極域で氷河が発達する時代を氷河時代といい、それ以外の時代を「無氷河時代」といいます。氷河時代には、さらに「氷期」と「間氷期」があり、氷期は特に寒冷で、極域から高緯度域まで広範囲に氷床が発達していた時代（例えば、カナダ全域など）で、間氷期は現在の地球のように比較的温暖で、氷床が衰退し、極域に限られている時代です。氷期と間氷期が周期的に訪れることを、「氷期・間氷期サイクル」といいます。

　なお、俗に使われる「氷河期」という言葉は、学界でも「氷期」と「氷河時代」の両方の意味で混在して使われていましたが、いわゆる「氷河期」は厳密には「氷期」のことを指すので、最近では「氷期」と統一的によぶのが適切とされています。１９９３年から２００５年は「就職氷河期」とよばれていますが、正確には「就職氷期」となります（これは余談ですが……）。

　氷期・間氷期サイクルの周期は、約80万年前までは４・１万年周期、80万年前から現在までの期間は10万年周期の変動が卓越するという興味深い事実があります（図６―７）。その原因として、地球の軌道が周期的に変化することにより、北半球高緯度の夏の日射量が変動するためという説が、１００年以上前の１９２０年にセルビアの地球物理学者、ミルティン・ミランコビッチ（１８７９―１９５８）によって提唱されました（ミランコビッチ・サイクル）。氷期・間氷期サイクルの周期の原因は、４・１万年周期で変わる地球の自転軸の傾きと、10万年周期で変わる地球が太陽の周りをまわる公転軌道の離心率、そして、2万年周期の自転軸の歳差運動が複雑に絡み合っていることになりますが、因果関係が非常に複雑で、現在でも完全には解決された問題ではありません。

本節では、このような氷期・間氷期サイクルではなく、時間スケールの長い氷河時代と無氷河時代のサイクルについて注目してみましょう。氷河時代には、地球の極域から赤道付近まで氷に覆われていたという特別な「事件」が、地球史において、少なくとも3回あったことがわかっています。それは、古原生代初期（約23億〜24億年前）に少なくとも1回、そして、「スターチアン氷河時代」（約7億1700万〜6億5900万年前）、「マリノアン氷河時代」（約6億4600万〜6億3500万年前）の2回です（図6−9）。これらの氷河時代では、まさに地球全体が凍結していた状態であり、1992年に米国カリフォルニア工科大学のジョセフ・カーシュビンクによって「スノーボール・アース仮説」として提唱されることにより、世界で注目を浴びるようになりました。「スノーボール・アース」は日本語では、「全球凍結」、「雪玉地球」などと訳されます。

全球凍結になる有力な理由として、極域から高緯度域まで広範囲に氷床に覆われることがあると、地球のアルベドが大きくなって地球が寒冷化し、さらに氷床で覆われる地域が拡大して中緯度域まで達すると、一気に低緯度域まで拡大し、全球凍結に至るというフィードバッ

図6−9　過去30億年間の地球の氷河時代、無氷河時代、全球凍結の期間

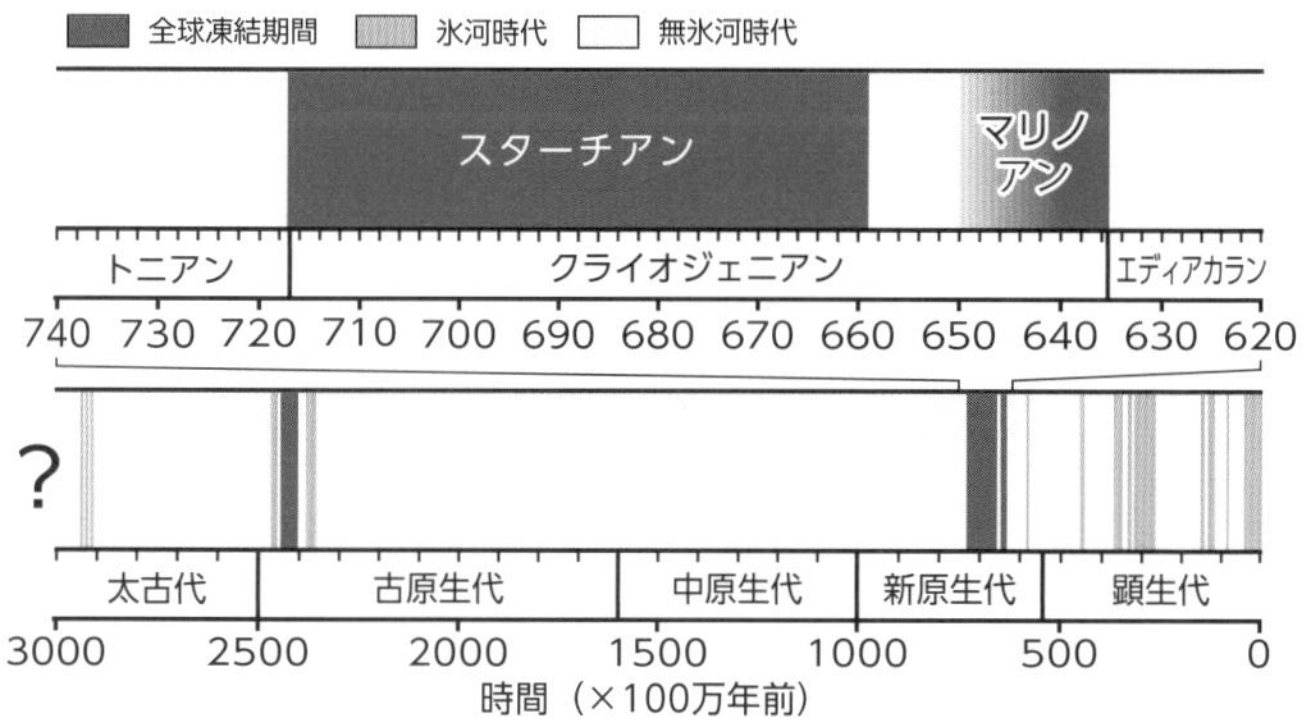

原生代初期の全球凍結期間は文献により異なる。Hoffman et al. (2017) より

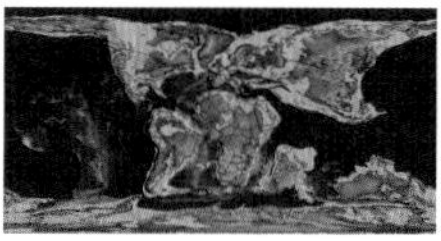

クのメカニズムが働くためとされています。そして、そのメカニズムを後押しするのは、大気中の二酸化炭素濃度の変化で、それが何らかの理由で低下すると全球凍結に進み、増加すると全球凍結が終わり、元の地球に戻ると考えられます。

いったん、全球凍結になると、地球平均のアルベドが非常に大きくなるため気温が上昇せず、長い期間にわたって元の地球に戻りませんが、海洋に溶け込めなかった二酸化炭素が大気中に増えていき、その濃度があるところまで増えると温室効果によって氷河が一気に融け、いずれは全球凍結の状態から脱すると考えられます。全球凍結の期間は、極域から赤道付近までの同じ時代の地層に氷河堆積物（例えば、氷河によって運ばれた大きな礫を含む堆積物など）を見つけることで推定できます。それによると、全球凍結は長くて数千万年間という期間で続くことがわかります。

約22億〜7億年前までの約15億年間もの間、全球凍結事件が起きなかったことは不思議で（図6―9）、超大陸サイクルや、それによるマントル対流の変化の周期、あるいは、もっと直接的に、地球上の大陸分布と何か関係があるのかどうかは、何もわかっておらず、今後の研究が待たれるところです。原生代後期の全球凍結事件が起こったころ（約7億〜6億年前）は、大陸移動の復元モデルによりやや異なりますが、赤道域に中心にあった超大陸ロディニアが分裂して、大陸片が地球のあちこちに比較的散らばっていたころと考えられます。メガコンチネント「ゴンドワナ」の形成に向けて大陸の集合が始まった約5億８０００万年ごろのように、地球が低緯度域まで凍る完全な雪玉にならず、「未遂事件」に終わってしまう場合もあるようです。

各時代の大陸と海洋の分布の変化は海水の大循環を変化させ、それがきっかけとなり、地球全体の気候にも影響を与えます。現在の地球では、北米大陸と南米大陸、ユーラシア大陸とアフリカ大陸がそれぞれ地続きでありますが、地球を経度方向に周回する海流があるため（図6―8）、比較的温暖な気候が保たれています。しかし、南極の周りには低緯度域の海流と切り離された大きな海流（南極周回流）がありますので、南極大陸は特に寒冷になり、大陸の全域が氷床で覆われているという状況です。

一方、石炭紀からペルム紀のころには、地球の南北をまたぐ、超大陸パンゲアがあったので、低緯度域から高緯度域への海流が制限されたことで、熱輸送効率が悪くなりました。これによって、パンゲアが形成されたころには、それまで比較的温暖であった気候が終わったものと思われます。そして、パンゲアの分裂が終了した白亜紀のころには、太平洋から古地中海（テーチス海）、そして、当時開いていたパナマ地峡を通る、地球の低緯度域から赤道域を周回する大きな海流があり、それが太陽光で温め続けられ、さらに低緯度域から中緯度域を循環する海流によって、地球全体としての海水の温度差が小さくなりました。また、水温が高いと蒸発も活発になりますので、白亜紀の気候は比較的温暖で、湿潤でした。

6—1節で紹介した将来の超大陸の4つのシナリオのうち、パンゲア・ウルティマ、ノヴァ・パンゲア、オーリカの3つの超大陸は低緯度域を中心に形成されると予想されています。超大陸が低緯度域を占めるように分布すると、南北をまたぐ大きな海ができます。そうすると、高緯度域と低緯度域の海水が混合しやすくなり、地球平均での海水の温度は低くなりすぎず、地球の寒冷化を妨げる方向に働きます。一方、アメイジアの場合は、南極を除くすべての大陸が北半球の高緯度、あるいは極域に集まるので、北半球の低緯度域は地球を一周するような大きな海で覆われます。この場合、ほかの3つの超大陸のシナリオよりは、高緯度域と低緯度域の海水の混合が制限されるので、地球平均での海水の温度は低くなり、地球の寒冷化を促進する方向に働きます。しかし、極域から高緯度域に超大陸が集まると、地球全体としてのアルベドが減少し、地球が温暖になりやすいということでしたので（6—3節）、その効果と相殺されます。

このように気候変動にはさまざまな要因が絡み合っているものの、結局は、超大陸が形成されているころも、現在の地球のように大陸が比較的分散しているころも、寒冷化か温暖化のどっちかに暴走するということは滅多になさそうです。

6-5 気候変動が大陸移動に影響を与える!?

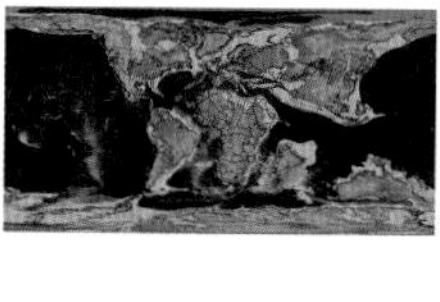

前節までで、プレートテクトニクスや大陸移動といった固体地球の変動が、海水準変動や気候変動、海水の大規模循

環に及ぼす影響について触れました。それでは、逆に地球の表層環境が、固体地球の変動に影響を及ぼすことがあるかどうかということも、地球史の視点で固体地球科学を研究している者にとっては気になるところです。初期地球で海が誕生したことが、約40億年前までに地球上で本格的なプレートテクトニクスが開始するきっかけになったことは（3─4節）、地球の表層環境が固体地球の変動に及ぼした一つの例とも言えます。もっと短い時間スケールで、観測事実がきちんとある例でもっとも顕著な現象は、グリーンランドや北米大陸の北極圏に近い陸地での後氷期隆起運動です（2─5節）。

パンゲア分裂以降の地球史の大イベントは、大西洋の拡大と、インド亜大陸が約5000万年前にユーラシア大陸の南縁に衝突し、ヒマラヤ山脈とチベット高原が誕生したことです（図3─7）。GPS観測によると、インド亜大陸は現在もなお北上を続けています。その結果、ユーラシア大陸の南東部（東アジアから東南アジア地域）は変形し続け（図1─5）、ヒマラヤ山脈の標高も高くなり続けています。そして、このヒマラヤ・チベット山塊の誕生の過程で、東南アジア地域にモンスーン気候をもたらし、それによる降水の増加は山塊の風化・侵食を促進し、大気中の二酸化炭素濃度の減少を引き起こして、地球の気候が氷河時代へ移るきっかけとなりました。

実際には、ヒマラヤ山脈の標高は侵食されて低くなる効果と、インドプレートの沈み込みで高くなり続ける効果のバランスで成り立っていると考えられます。2013年には、オーストラリア国立大学の研究グループらが、過去1000万年の間にモンスーン気候が強化され、ヒマラヤ山脈東部が長年の激しい降雨で侵食されて標高が低くなった結果、インドプレートの運動速度が約20％も増加したことを示す解析結果を発表しました。

この結果は、一般的な問題として、大山脈をもつ大陸プレートの下に、もう一方の大陸プレートが沈み込むシステムで理解できます（図6─10）。大山脈も、砂場で作った砂山と同じで、重力によって常に崩れよう（平らになろう）とする力が働きます。そうすると、大山脈の内部では必然的に水平方向に拡がる力が生まれます。ここではその力を「大陸内部力」とよぶことにします（図1─6）。大陸内部力は、プレート内部の物質がもつ位置エネルギーが力学エネルギーに変わろうとするときに生まれる力ですので、山脈の標高が高く、山脈を構成する地殻物質の密度が大きいほど大きくなります。

大陸内部力は、基本的に水平方向に働き、プレート境界において、もう一方の大陸プレートを押し返すような力を及ぼします。すると、山脈が高いままのときは、この大陸内部力の沈み込むスラブに沿った方向の成分は、スラブ引っ張り力の逆方向に働き、スラブの沈み込みを妨げるような力になります（図6―10（a））。しかし、山脈が侵食され標高が低くなると、大陸内部力の沈み込みスラブの沿った方向の成分は小さくなります（図6―10（b））。そうすると、スラブ引っ張り力が妨げられる効果は減少して、沈み込む大陸プレートはさらに沈み込みやすくなり、運動速度も大きくなります。これは、図6―10に南京錠のマークがあるように、大陸プレート同士のロックが外されたようなイメージです。

気候変動が、プレート運動や大陸移動のような時間スケールが長い固体地球現象にも影響を及ぼす可能性があるというのは不思議に思えます。現在はまだ、コンピューターの性能の制限で気象現象と固体地球現象をまたぐようなシミュレーション研究は進んでいませんが、将来、コンピューターの性能がさらに発達し、またGPSなどによる宇宙観測技術によって世界各地の地殻の歪や運動に関する緻密なデータが蓄積されていくと、ここで紹介した成果例のように、気候変動が固体地球の運動に影響を与えた証拠を示す新しい発見が生まれるかも知れません。

6-6 地球磁場の変動と逆転

本節では、一転して再び地球の深い部分の話になります。4―7節の「固体地

図6－10　大山脈の侵食前（a）と浸食後（b）の大陸内部力とスラブ引っ張り力の関係

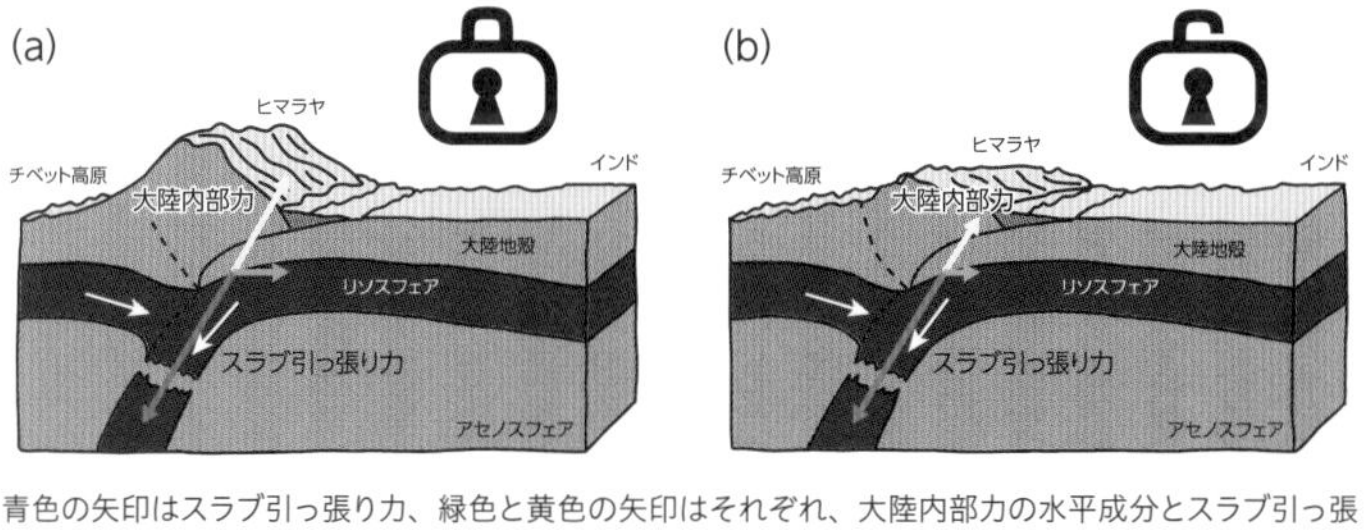

青色の矢印はスラブ引っ張り力、緑色と黄色の矢印はそれぞれ、大陸内部力の水平成分とスラブ引っ張り力の逆向き成分を表す。

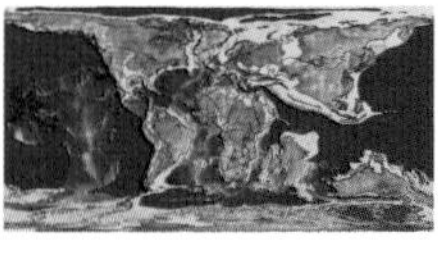

球丸ごとシミュレーション」の結果からも示唆されるように、プレート運動や大陸移動の原動力となる長期的なマントル対流の変化は、外核の対流パターンにも影響を与えている可能性があります。外核の対流パターンの変化はダイナモ作用を通じて地球磁場の変動や強度にも影響し、それによる地球の表層環境や生命進化への影響は限定的だとしても、地球上に残された岩石にその変動や強度の歴史が記録されるがために、過去の地球のプレート運動や大陸移動の復元が可能になるという、結局は、地球表層を理解するうえで、地球深部は切っても切れない関係と言えます。

　地球の磁場、つまり、地球を取り巻く磁力線は、地球の中心を通るように突き刺した巨大な棒磁石で例えられるように、Ｎ極をもつ南極の付近から入り、Ｓ極をもつ北極の付近から出ます。これにより、方位磁石のＮ極は常に北を指し、Ｓ極は常に南を指します。そして、方位磁石の北、あるいは南を指す方向をずっと追いかけていくと辿り着く場所が、「磁極」で、それぞれ「北磁極」と「南磁極」とよばれます。このような一対の磁極が卓越する磁場を「双極子磁場」とよびます。

　自転車に付いている発電機（ダイナモ）では、自転車をこぐと発電機の中の磁石が回転することで、中のコイルに電流が流れてライトが付きますが、地球の中でも同じ作用（ダイナモ作用）が働いています。地球磁場は電気伝導度の高い外核内の流体が対流運動することによって生成されます。図６—11は、地球の自転によるコリオリ力とダイナモ作用を考慮した外核内の対流のシミュレーションの結果です。地球の双極子磁場が再現され（図６—11（ａ））、外核内では自転軸方向に伸びた円柱状の渦がたくさん並んでいる様子がわかります（図６—11（ｂ））。図２—４には外核内にバネのようなものが描かれていますが、このイメージのように、外核内の流れや磁力線はこの円柱状の渦に引き込まれ、らせんを描きながら円柱に巻き付くように成長します。

　地球の磁極は、過去５００万年間で平均して約20～30万年に一回の割合で逆転してきました。最近のニュースでおそらく多くの方がご存じのように、２０２０年の国際地質科学連合の会議で、約77万４０００万～12万９０００万年前の地質区分に「チバニアン」という名前が正式に命名されました。現在から25億年前に遡ると、１１０個以上にもわかれる地質区分のほとんどすべてに名称が付けられていますが、日本の地名にちなんだ名称が付いたのは初めてです。このニュースで、地球の歴史上で地球の磁極が何度も逆転をしていることを多くの方が知るきっかけにもなりました。

過去1億５０００万年間の地球磁場の歴史を遡ると、地球磁場の逆転頻度は非常に不規則です。頻繁に逆転を繰り返していた期間や、地磁気が比較的長く安定している期間（クロン）があります。中生代白亜紀のように、約1億２０００万~８０００万年前までの約４０００万年間にわたって一度も逆転が起こらなかった時期もあります。こういった例外的に長期間にわたって地磁気が安定した時期は「地磁気スーパークロン」とよばれ、数千万年の時間スケールをもつマントル対流パターンの変化との潜在的な関連性が古くから指摘されています。

最近の報告によると、約5億年前のカンブリア紀中期（ドラム期）には、１００万年あたりに26回のペース、つまり平均して約４万年に一回で地磁気が逆転していたという研究成果もあり、これは過去５００万年の平均の約5倍以上、頻繁に逆転していたことになります。いずれにしても、最近の地磁気逆転からはすでに約77万年が経過していることからわかるように、地球磁場の逆転頻度は長い時間スケールで見れば極めて不規則で、つまり、今日、明日とは言わないまでも、数１０００年後には逆転してもおかしくありません。

図6－11　ダイナモ作用を考慮した外核内の対流の数値シミュレーション

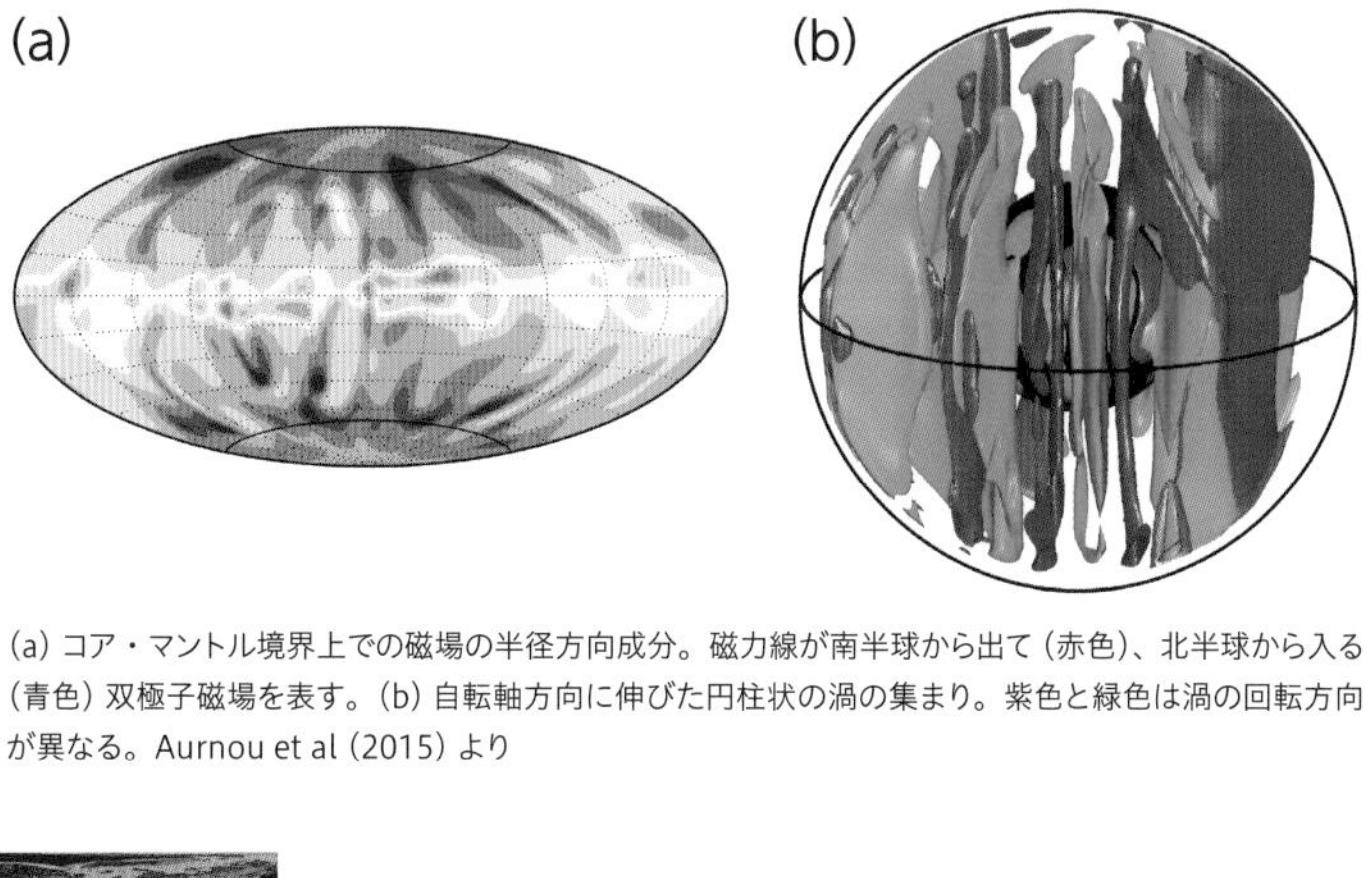

(a) コア・マントル境界上での磁場の半径方向成分。磁力線が南半球から出て（赤色）、北半球から入る（青色）双極子磁場を表す。(b) 自転軸方向に伸びた円柱状の渦の集まり。紫色と緑色は渦の回転方向が異なる。Aurnou et al (2015) より

地磁気逆転の主な原因は、自転の影響を受ける外核内の乱流運動が不安定さを増すことによって、外核内の磁場のパターンが急変するためであると考えられています。一方、コア・マントル境界直下の外核内の対流運動の振る舞いに原因を求める考えもあります。例えば、ダイナモ作用を考慮したコア対流のシミュレーションによって、コア・マントル境界直下の外核最上部における温度不均質の水平スケールが地球磁場の強度に影響を与えるという報告もあります。

現在、地球最深部に存在する内核は、流体鉄からなる外核が固化しながら、しだいに現在の大きさ（半径約1222km）まで成長してきたと考えられています。成長が始まった時期は早くて約15億年前から、遅くても7億年前と推定されていますが現在でも議論が続いています。当然のことながら、内核のサイズが成長するにつれて、外核の厚さは薄くなります。流体力学の理論からは、流体が入った容器が薄くなると、そこで起こる熱対流の水平スケールは小さくなるので、内核の成長は外核の対流パターンにも影響を与えてきた可能性があります。

そこで著者は、4―7節で紹介した「固体地球丸ごとシミュレーション」を発展させ、マントルと外核に加え、内核の成長を考慮したシミュレーションを行いました。ただちにこれが地磁気逆転の原因の理解に繋がるわけではありませんが、内核の成長が、外核内の流れや温度、そして、外核からマントルに運ばれる熱流量の時間的、空間的な変化に及ぼす影響を調べることが目的でした。モデルは二次元で、外核よりも粘性率の高い内核が地球中心から時間とともに成長するものとし、1億年、あるいは10億年かけて現在の大きさまで成長すると仮定しました。また、対流運動を駆動する熱源としては、地球が形成時から保持している始原的なエネルギーを考慮してシステム全体を一様に加熱し、地球表面で冷却されると仮定しました。

図6―12はそのシミュレーションの一例です。内核の中は温度がほぼ一様で、ほとんど対流が起きず高温のままですので、外核はその底が常に高温で加熱されている状態になっています。そのため、内核の成長を考慮することによって、外核の上面と下面の温度差が大きくなって対流がより活発になり、外核がより効率的に冷却され、さらには、対流パターンの水平スケールも大きくなることがわかりました。少し前に「容器」が薄くなると対流パターンの水平スケールは小さくな

ると説明しましたが、外核と内核の境界の決まった場所から断続的に上昇するプルームによって、対流パターンの水平スケールは時間が経過するにつれてむしろ大きくなりました。

　ダイナモ作用を考慮した外核内の対流のいくつかのシミュレーション結果からは、コア・マントル境界の温度の境界条件を熱流量が一定とした場合には、簡単に温度を一定にする場合よりもコア・マントル境界直下の温度と流れの水平スケールが大規模になり、双極子磁場の強度が強くなることが報告されています。こうしたことから、内核が成長することによって外核内全体の水平温度不均質のスケールが仮に大きくなるとすれば、現在の地球の双極子磁場強度が維持される一つの重要な条件になるのではないかと考えています。

　地球磁場は太陽や宇宙から降り注ぐ宇宙線から地球や生命を守る働きをしています。地球磁場の強度は過去２００年間で平均して約９％弱まっていることが観測でわかっています。このままの速度で弱まると数千年後には磁場が消滅することになりますが、生物の大量絶滅が磁場の消滅によるという証拠がないところをみると、現在の磁場強度が弱まっている状態は過渡的なもので、地球磁場は地球史を通じて強まったり弱まったりを繰り返すのかもしれません。

図6－12　数値シミュレーションによる、外核内の対流運動と温度場の時間経過

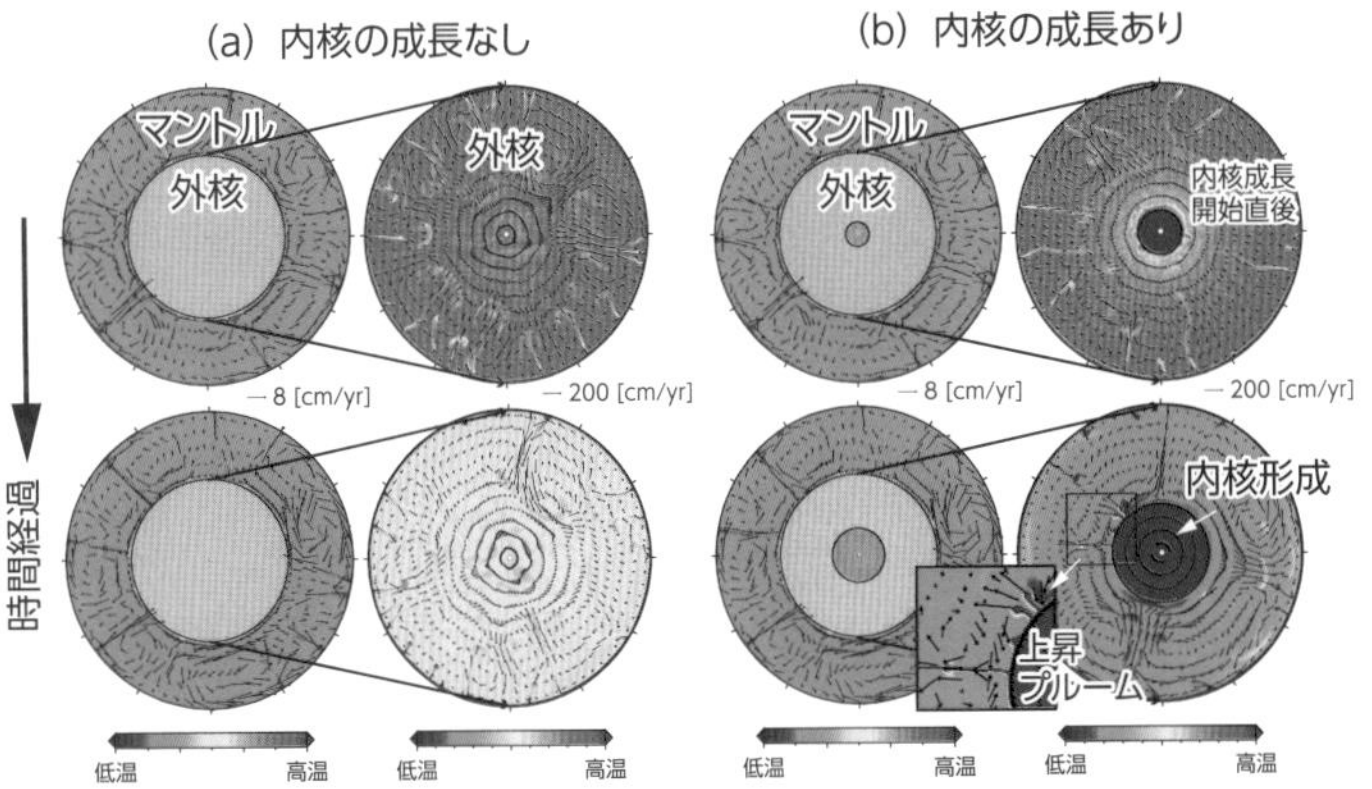

左は内核の成長を考慮しない場合、右は内核の成長を考慮した場合。Yoshida (2018) より

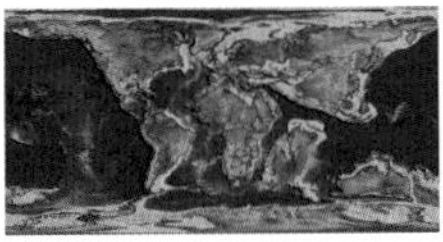

6-7 大陸移動と極移動

地球には3種類の「極」があります。一つは、地理的な極で、つまり、北緯90度の北極点と南緯90度の南極点で、地球の自転軸は北極点と南極点を結ぶ軸と定義されています。もう一つの極は、前節で触れた「磁極」で、方位磁石のN極が真下に向く地点が北磁極と、S極が真下に向く地点が南磁極と定義されています（それぞれ、磁北極、磁南極と書く場合もある）。このほかに、地磁気を理想的な双極子磁場と仮定した場合に地球の真反対に位置することになる地磁気北極、地磁気南極もありますが、これは、実際に観測される2つの磁極とは位置がずれます。

磁極の位置が観測されるようになったのは18世紀に入ってからです。北磁極は１９００年ごろには、北緯70度付近にありましたが、２０１０年には北緯85度付近まで徐々に北上してきました。１９９０年までは北磁極の年間移動距離はおおむね平均10 km未満の速度で蛇行していましたが、１９９０年以降、移動速度が速くなり、特に２０００年以降は、この20年間で平均55 kmまで加速しています。このように磁極の進路や移動速度は不規則に変化しており、その原因はよくわかっていませんが、外核の対流運動が関係していると思われます。

ある地点で複数の時期に形成された岩石中の古地磁気を測定すると、地球の磁極の移動曲線を描くことができます。これは、測定地点のある大陸が磁極に対して移動するためで、実際には磁極が動かなくても、大陸が移動すると大陸から見た極の位置が変化したように見えます。これを「見かけの極移動（Apparent Polar Wander：APW）」とよびます。１９５０年代後半に、ランコーンとアーヴィンが、岩石が過去の地磁気の方向を記録していることを利用して、ヨーロッパ大陸と北米大陸の岩石から古地磁気極の移動曲線を調べ、それが大陸移動説の実証に繋がったことは2—1節で紹介しました。これは同じ時代に形成された火成岩の地磁気の方向から当時の地磁気の極位置を復元すると、北米大陸の岩石を用いた結果とユーラシア大陸の岩石を用いた結果は一致しませんが、この不一致を解消するように二つの大陸を繋ぎ合わせると、北米大陸とユーラシア大陸がどのように移動してきたかを過去に遡って復元することができるということです。

こういった移動曲線は、その後、大陸の古地磁気データが蓄積されるにつれてアップデートされ続けてきました。図6—13は、約4億6000万年前のオルドビス紀中期から約1億7000万年前のジュラ紀中期までの北米大陸とユーラシア大陸のAPW曲線で、大西洋が閉じるように両大陸を移動させ、ユーラシア大陸と北米大陸で測定されたAPW曲線ができるだけ一致するように復元した結果です。この復元作業から、少なくとも約4億6000万~1億7000万年前の期間は、ユーラシア大陸と北米大陸は一体として移動していましたが、それ以降は、大西洋が誕生することで両大陸が分裂を開始して別々に移動したことがわかります。

図6—13は、北米大陸とユーラシア大陸、つまりパンゲアの北部地域であるローラシアの復元の例ですが、ゴンドワナの各大陸についてもAPW

図6－13　北米大陸とヨーロッパ大陸からの見かけの極移動（APW）曲線

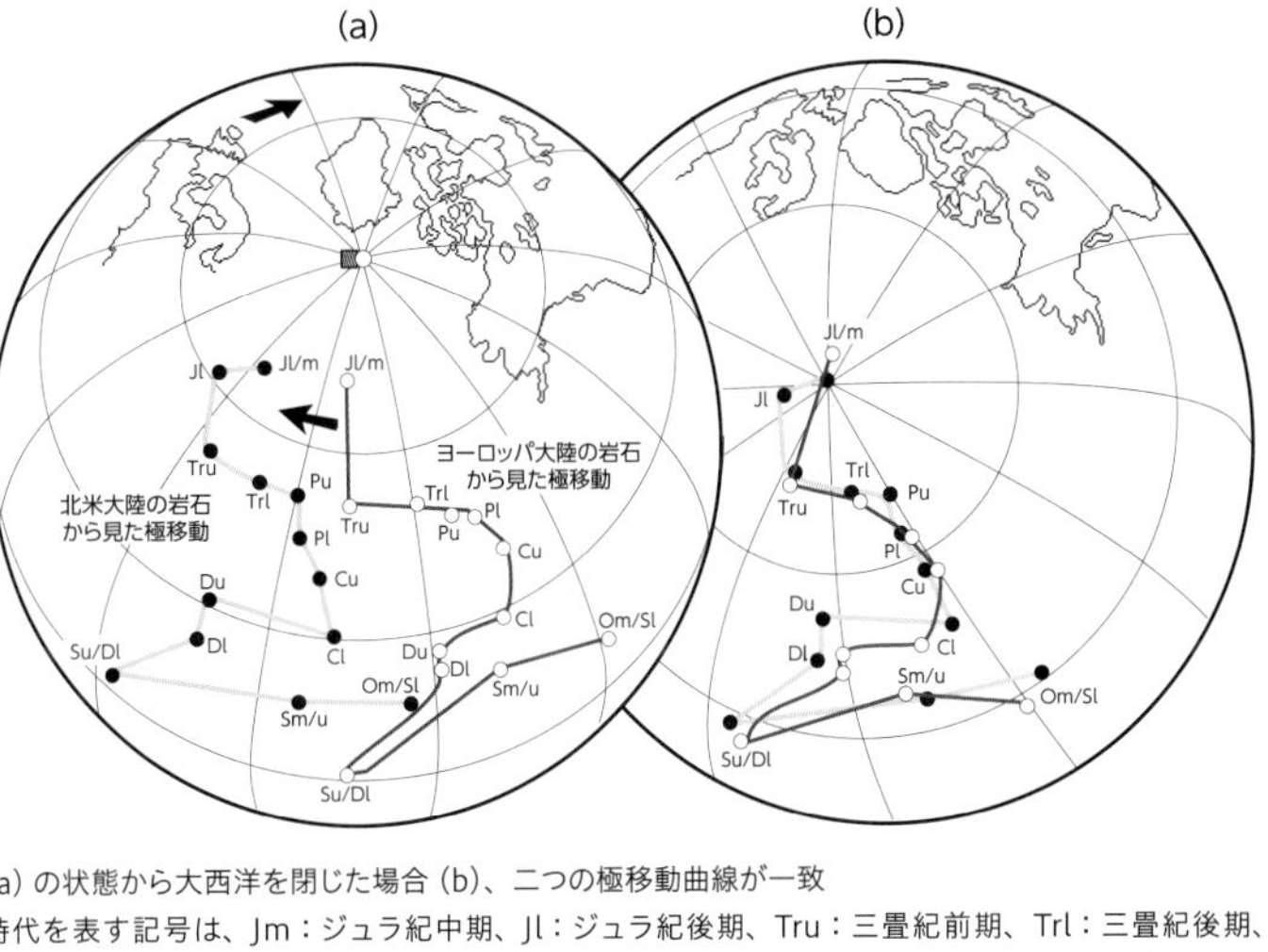

(a) の状態から大西洋を閉じた場合 (b)、二つの極移動曲線が一致
時代を表す記号は、Jm：ジュラ紀中期、Jl：ジュラ紀後期、Tru：三畳紀前期、Trl：三畳紀後期、Pu：ペルム紀前期、Pl：ペルム紀後期、Cu：石炭紀前期、Cl：石炭紀後期、Du：デボン前期、Dl：デボン紀後期、Su：シルル紀前期、Sm：シルル紀中期、Sl、シルル紀後期、Om：オルドビス紀中期。Van der Voo (1990) より

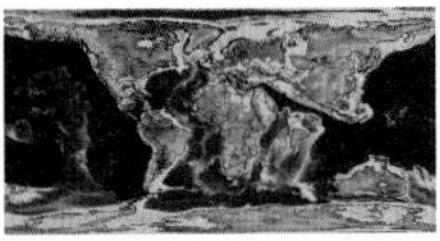

の移動曲線が存在し、同様の方法で過去の大陸配置を復元することができます。海洋底の地磁気縞異常に頼ることができないパンゲアより以前の大陸移動は、地質構造の類似性などの地質学的データに加え、こういった現在の大陸に残された古地磁気学的なデータを考慮することによって、より正確に復元することができるのです。

さて、APWの影響を取り除くと、本当なら極移動曲線はぴったり一致するはずですが、実際にはそうはなりません。これは、固体地球に固定された座標系から見て、地理的な極が移動するためで、古地磁気学的な手順によって、APWの影響が取り除かれた「本当」の極移動は「真の極移動（True Polar Wander：TPW）」とよばれます。TPWは地質学的な時間スケールでの地球内部や地球表層での質量分布の「偏り」で起こります。例えば、地球表層から沈み込んだ重いプレートがマントルの深部でどのように集まるかによって、マントル内部の質量分布の偏りは変化し、それがTPWの原因の一つなることがマントル対流のシミュレーションからもわかっています。

そのほか、TPWは、地球表層の大陸移動や造山運動による地形の変化、北極や南極の氷床体積の増減によっても変化すると考えられています。地表面は軽い大気層や海水層と重い固体地球の境界ですので、地形の凹凸が変化すると、地表付近の質量分布が変わります。地形の凹凸はせいぜい±10 km程度で厚さ約2900 kmのマントルよりもはるかに小さいので、TPWへの影響は少ないように思われますが、地表面は地球中心よりももっとも遠いところにあるので、実は大きな影響を受けます。よく例えられるのは、フィギュアスケートで腕を体に引き寄せて体の軸をできるだけ小さくすれば、体の回転が速くなり、腕を体から拡げて、手をバタバタさせると、体の軸がぶれやすくなるのと同じです。

億年スケールでみれば、TPWはほとんど停止している期間と、比較的速い期間があります。時代が古くなるほど、TPWの基準となる地球深部にほぼ固定されたホットスポットの運動が不確かになるので、解析されるTPWも不確かさが大きくなりますが、TPWは約1億6000万～1億3000万年前の間ではほぼ停止したこと、約1億3000万～6000万年前の間に比較的高速で移動したこと（100万年で約30 km）、約5000万～1000万年前の間では再びほぼ停止していたことがわかっています。特に、白亜紀後期における、ほぼ停止したTPWから高速のTPWへの顕著な変化は、これまで注目されてきましたが、最近、中国科学院のロス・ミッチェル博士らは、イタリア・アペニン山脈の石灰岩に残された古地磁気データを分析した結果、８４００万年前の地球は現在に比べて約12度傾いており、７８００万年前に現在の位置に戻ったと結論づけました。

このように、TPWを詳しく解析すると、地球内部や地球表層での質量分布の変化によって自転軸は数１００万年の時間スケールで大きく変化することがわかります。現在の地球で高緯度が寒冷で低緯度が温暖なのは、地球の自転軸の傾きが、太陽の周りを回る公転軌道の垂直軸（公転軸）に対して約23・4度と、比較的傾きが小さいからです。自転軸は、実は、約４３３日で０・７秒、距離に換算すると数メートルと、ごくわずかに揺らいでいます。この現象は、１８９１年に米国の天文学者、セス・チャンドラー（１８４６―１９１３）によって発見されたもので、「チャンドラー・ウォブル」とよばれています。チャンドラー・ウォブルは、地球表層の大気や海水の流れのわずかな変化で起こる現象で、M９クラスの地震による地形の変化によっても影響を受けることが知られています。

地球内部や地球表層の質量分布の偏りによって、この自転軸が54度を超えるようなことがあると低緯度が高緯度よりも寒冷になり、低緯度で氷床が発達するようになると言われています。約50年前の１９７５年には、オーストラリア・アデレード大学のジョージ・ウィリアムズ博士が、原生代までは自転軸の傾きが54度よりも大きく、５億年前に現在と同じ傾きに急激に変化したという説を発表しました。

その後、地球科学者は、この説が正しいのであれば、どのようなメカニズムでこのような大規模な自転軸の傾きの変化が説明できるのか苦慮していましたが、１９９０年代後半になって、いくつかの説が提唱されました。一つは、氷床の発達と、赤道方向への地球の膨らみの影響で大規模な自転軸の傾きの変化が起こりえるということ、もう一つは、これまで述べたように、地球内部や地球表層の質量分布の変化でも起こりえるということです。一見、超大陸サイクルの周期とは直接関係がなさそうな全球凍結事件が（６―４節）、こういった大規模な自転軸の傾きの変化と関係があるかどうかは今後の研究が待たれるところです。

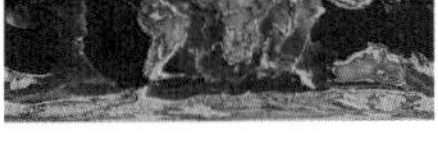

6―8 地球型惑星のマントル対流

図6―14は、マントル対流のシミュレーションで推定される、太古代、原生代中期、顕生代（現在）の対流パターンの変化です。2―5節でも触れたように、地球史の時間スケールで見ると、過去の地球（太古代）では、現在よりも上部マントルと下部マントルが化学成層をしており、その境界でマントル対流が大きく遮られていたと考えられています。これにより、太古代の下部マントルの対流パターンは、マントル対流による物質の撹拌が進んだ現在のマントル対流と異なる可能性があり、こういった化学組成の均質化に伴うマントル対流パターンの変化もTPWに大きな影響を及ぼしてきた可能性があると考えます。

太古代や原生代の地球のマントル対流パターンがどうであったかは、基本的には図6―14のような、物質科学的な証拠に基づいたマントル対流のシミュレーションに頼るしかありませんが、初期条件やパラメーターによって結果が大きく変わったり、そもそも扱っているモデルに決定的に欠けている条件や設定がある可能性もあったりするので、一筋縄にはいきません。もう一つの手がかりとして、ここ数10年の惑星科学の進展によって明らかになりつつある、他の地球型惑星の表層の様子や内部構造と比較しながら、過去の地球を探求するという、いわゆる「比較惑星学」からのアプローチです。

地球型惑星で衛星をもつのは、地球と火星のみで、火星には衛星が2つ（フォボスとダイモス）がありますが、それらの半径は約11km、約6kmと非常に小さいものです。それに比べて、地球の月は、その半径が約1737kmで、地球の3割弱のサイズをもっています。太陽系の衛星は、ガスが主成分の木星型惑星（木星、土星、天王星、海王星）まで含めると200個以上発見されていますが、母惑星に対してこれほど大きな比率をもつ衛星は月のみです。したがって、地球の内部構造の理解を深めるには月も重要な天体なのです。

　これらの天体で、地球と金星は、表層環境は異なりますが、内部構造、特に、天体の半径とマントルの厚さが近いことから、まるで双子のような天体です（表6—1）。それでは、地球以外の天体のマントルの厚さをどうやって知るかというと、天体の「ふらつき」から推定できます。天体観測から半径がわかっている天体の内部が、地球と同じように、岩石からなるマントルとそれよりも密度の大きい流体鉄からなるコアの2層からなると仮定し、慣性モーメントという量がわかれば、マントルの厚さが求まります。

　慣性モーメントとは、回転軸の周りで回転する球体に関係する特有の物理量で、球体の「回転のしにくさ」を表します。回転は天体では自転のことです。密度の大きいコアが天体内部に集中しているほど、回転しやすくなりますので、慣性モーメントは小さくなります。逆に、コアが天体内部を多く占めるほど、回転しにくくなり、慣性モーメントは大きくなります。その慣性モーメントは、天体の「歳差」から求まります。歳差とは自転している天体が回転軸から傾いて円を描くように運動する現象で、天体観測から求まります。

　理論的には慣性モーメントを、天体の質量と半径の積で割った量Kがちょうど0・4なら、その天体の内部の密度は一様で、0・4より小さいと、天体の外側が密度の小さいマントルに覆われ、内側が密度の大きいコアに満たされていることになります（図6—15）。

図6－14　数値シミュレーションで推定される各時代での地球内部の対流パターン

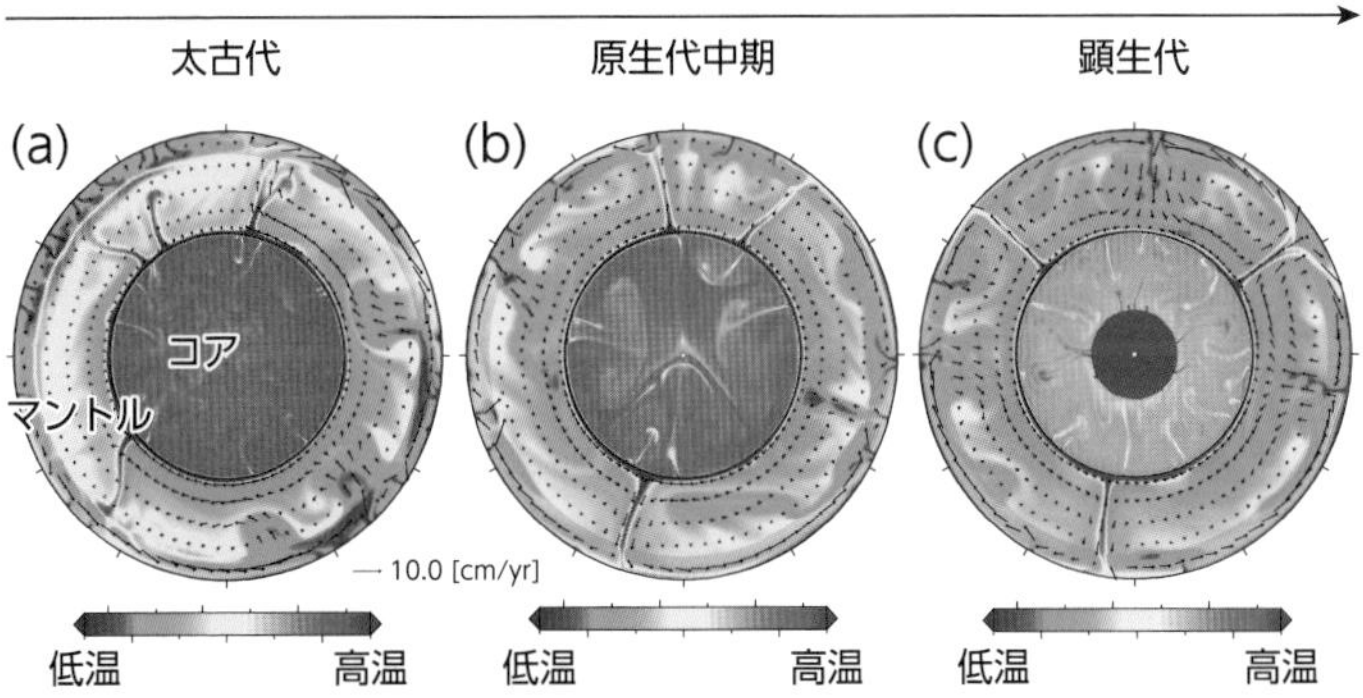

太古代での層状マントル対流パターン（a）から、原生代中期（b）を経て、顕生代から現在までの全マントル対流パターン（c）を表す。Yoshida（2023）より

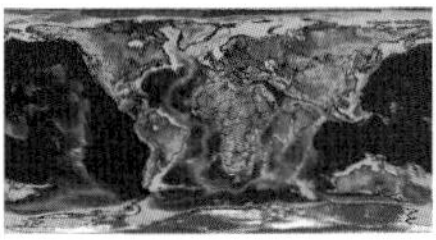

仮に同じ厚さを持つマントルとコアの密度比を1:3とすると、Kは0・34になります。地球の慣性モーメントは観測からよく決まっていて、Kは0・3307です。そして、月が約0・39、次いで火星が約0・37、水星と金星が0・33〜0・35であり、この順に、天体内部に密度の大きいコアが集中していることになります。表6―1には、天体の半径から、慣性モーメントの解析によって求まったコアの半径を差し引いたマントルの厚さを示しています。

各天体のマントルの厚さがわかれば、次に、そのマントルでの熱対流運動の活発さが比較できます。4―5節で触れたように、マントル対流の活発さは、レイリー数という次元をもたない量、熱浮力÷粘性抵抗力で表されます。熱浮力は［密度×重力加速度×熱膨張率×地表面とマントルの底面の温度差×マントルの厚さの3乗］、粘性抵抗力は［粘性率×熱拡散率］と表されます（186ページのコラムを参考）。これは、熱対流というものは、周りの流体よりも高温で軽い物質は浮力で浮き上がろうとしますが、周りの流体がもつ粘性によって、その浮力を妨げようとする抵抗力が働くことを意味します。このレイリー数の定義によると、天体同士が同じ物性値（密度、熱膨張率、粘性率、熱拡散率）をもつマントルの岩石でできていると仮定すると、マントルの厚さが厚く、上下の温度差が大きいほど、また、重力加速度が大きいほど、マントル対流は活発になります。

地球型惑星と月のレイリー数を見積もると、表6―1のように、大きい順に、金星と地球が$5・7×10^7$でほぼ同じ、次に火星が$6・0×10^6$、月が$7・7×$

表6－1　各天体の半径、地表の重力加速度、マントルの平均密度、マントルの厚さなど

天体	天体の半径［km］	コアの半径と天体の半径の比	マントルの厚さ（b）［km］	マントルの平均密度（ρ）［kg/m^3］	重力加速度（g）［m/s^2］	レイリー数（Ra）
水星	2440	0.784	530	3400	3.70	1.1×10^5
金星	6052	0.522	2890	4400	8.87	5.7×10^7
地球	6371	0.546	2890	4000	9.81	5.7×10^7
月	1737	0.226	1340	3300	1.62	7.7×10^5
火星	3390	0.422	1960	3600	3.71	6.0×10^6

これらの値と、地表面とマントルの底面の温度差（ΔT）を2000℃、マントルの熱膨張率（α）、熱拡散率（κ）、粘性率（η）をそれぞれ、3.0×10^{-5} 1/K、10^{-6} m^2/s、10^{21} Pa・sとして、本章のコラム（186ページ）の解説にもとづいて各天体のレイリー数を自分で計算してみよう。

10^5、水星が1・1×10^5となります。熱伝導のみで熱的に成層な状態から熱対流が起こり始めるレイリー数が理論的に10^3くらいです。レイリー数の定義に使われるさまざまな物性値の不確定さを考慮しても、10^6を超えていれば必ず活発な対流を起こしているといってよく、金星と火星では地球同様に、マントル対流が間違いなく起こっています。水星や月のマントルのレイリー数も10^5を超えているので、それほど活発とは言えないまでも対流は起こっていると思われます。

　地球と金星は、天体の半径が大きく違わず、マントルの厚さもほぼ同じだとわかりました。しかし、地球と金星は、表層環境がまったく異なります。まず、大気の組成は、地球の場合、窒素が78%、酸素が21%で、二酸化炭素はわずか0・04%ですが、金星は二酸化炭素が96・5%を占めます。これにより、大気圧は、地球の1気圧に対して、金星は92気圧もあります。そのため、地表の平均温度は地球が約14℃ですが、金星は平均約460℃という灼熱地獄になっています。

　金星はプレートテクトニクスが停止した未来の地球の状態を表していると考える人もいます。これは視点を変えれば、金星はプレートテクトニクスが誕生する以前の地球の状態を表しているとも言えます。金星は「死んだ惑星」のように表現される場合もありますが、それは誤解で、本章のコラム（186ページ）で読者のみなさんに計算していただいたとおり、マントル対流のレイリー数は地球とほぼ変わらず、内部では確かに対流運動が起こっており、生きています。

　図6―16には、水星、金星、地球、火星の内部構造のイメージに加え、観測される地形と重力の分布を比較しています。この中で、地球にだけプレート運動があ

図6－15　天体のさまざまな内部構造に対する慣性モーメントの値

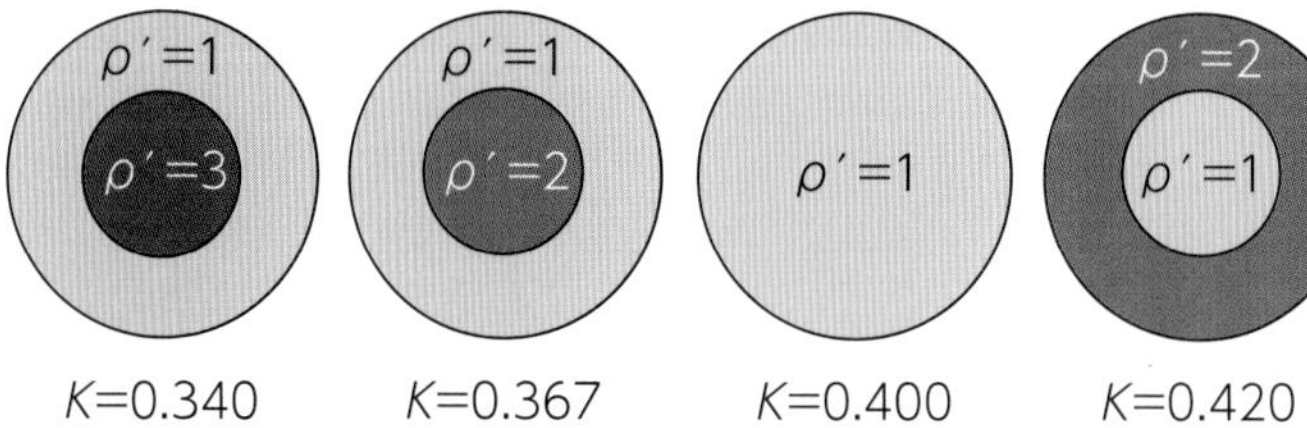

密度が小さい層をρ′=1としている。左から、マントルとコアの密度比が、1：3、1：2、1：1（コアがない場合）、2：1の場合。

column

マントル対流のレイリー数

天体内のマントル対流の活発さの指標となるレイリー数（Ra）は、6—8節でも紹介したように、以下のように定義されます。

$$Ra = \frac{\rho\alpha\Delta T g b^3}{\kappa\eta}$$

ここで、ρはマントルの平均密度、αはマントルの熱膨張率、ΔTは地表面とマントルの底面の温度差、gは地表の重力加速度、bはマントルの厚さ、κは熱拡散率、ηはマントルの粘性率です。表6－1にレイリー数の計算に必要な値を載せましたので、興味のある読者は自分で計算してみてください。

最近、月と火星に関しては、惑星探査による地震の観測データ、特に、コアから反射してくる地震波の解析から、コアのサイズを求めたという報告が出てきました。米国のアポロ計画では、1969年から1977年まで月の表面に地震計が置かれ、多くの地震（月震）の観測データが得られましたが、2011年にはスイスのチューリッヒ工科大学が、その地震のデータの再解析することにより、月のコアのサイズを約330±20 kmとしました。このとき、マントルの厚さは約1410±20 kmとなり、表6－1の値（1340 km）よりも少し厚くなっています。また、レイリー数は約9.0×10^5となり、10^6に近くなるので、従来の推定よりも対流は活発なのかもしれません。

また、2019年には、NASAの火星探査機「インサイト」が設置した地震計が地震波と思われる波を初めて火星で観測し、その解析により、火星のコアのサイズが、約1830±40kmと見積もられました。この場合、マントルの厚さは約1560±40 kmとなり、表6－1の値（1960 km）よりもかなり薄くなっています。レイリー数は約3.0×10^6となり、従来の推定の約1/2になりますが、十分に活発な対流が起こっていると思われます。

将来、各天体の惑星探査がさらに進み、観測データが蓄積されていけば、地球のように正確なコアのサイズが求まるようになるはずです。そしてマントルの厚さもより厳密に求められるようになると、それぞれの平均的な密度も推定することができ、天体内部の物性の理解も進んでくるでしょう。

り、主に環太平洋に沿ってプレートの沈み込みが起きていますが、重力分布をよく見ると、これに対応して、環太平洋の海洋プレートと大陸プレートの境界付近で帯状に重力が高くなっています。これは、重力のパターンは天体の内部構造を間接的に表しており、万有引力の法則から、天体の内部に周囲より軽い物質があると地表の重力は低くなり、重い物質があると重力は高くなるためです。つまり、地球の表面では、冷たいプレートがマントルの内部に沈み込んでいる場所で重力が高くなっていることがよくわかります。

一方、プレート運動がない、他の惑星の地形分布に注目すると、惑星表面が固い「一枚板」のリソスフェアに覆われつつも、地球と同じように、大体±5 km程度の標高があるように見えます。地形分布と重力分布の対応関係を見ると、パターンがよく対応している場所があったり、あまり対応していない場所があったりしますが、これは、重力分布というのは、実は、惑星内部の物質の重さの分布を表しているだけではなく、地形そのものの凸凹にも影響するためです。標高が高いところがあるとすると、その場所は岩石で満たされているので、周囲の軽い大気よりも相対的に重く、逆に標高が低い場所は、大気で満たされているので、周囲の岩石よりも相対的に軽くなります。したがって、地球の場合も、他の惑星の場合も、重力分布から簡単には惑星の内部構造を推定することはできませんが、内部構造の水平スケールは大きいように見えます。

1990年代に入り、こういった金星表面の様子が観測でわかるようになり、外国の研究者によって金星のマントル対流を意識した三次元全球モデルのシミュレーションが行われるようになりました。しかし、コンピューターの性能や数値計算手法の限界により、マントルの粘性率が温度に依存する効果が考慮されていないなど、比較的簡単なモデルでした。そこで、著者や海外の研究者が、計算解像度を増やし、より現実的なモデルを使ってシミュレーションをしてみたところ、リソスフェアとその下のマントルとの粘性率の比の違いにより、マントル対流の振る舞いが変わることがわかりました。

固いリソスフェアの地表面の平均的な粘性率と、その下のマントルの標準的な粘性率の比は、さまざまな研究から、小さくても10^3以上と考えられます。図6―17は、リソスフェアの表面とマントルの粘性率比が10^3、10^4、10^5の場合のシミュレー

ション結果です。図6—17上はマントルの平均温度からのずれを等値面プロットした図で、青色が周囲のマントルより低温で流れが下降する場所で、黄色が周囲のマントルより高温で流れが上昇する場所を表します。図6—17下は、マントルの輪切り断面で粘性率をプロットしています。

粘性率比が比較的小さい、10^3の場合では、地表面を覆うリソスフェアが一箇所からマントルに深く沈み込み、ほぼ180度離れた場所で、マントルの上昇流が生じていることがわかります。そして、リソスフェアの厚さは、リソスフェアが沈み込んでいるところでもっとも厚く、マントルの上昇流の上ではもっとも薄くなっていることがわかります。一方、粘性率比が大きく、10^5の場合では、リソスフェアがかなり固くなって、マントルに一切沈み込まず、マントルがリソスフェアによって完全に「蓋」で覆われている状態になります。このようなリソスフェアを、私たちは「スタグナント・リッド（動かない蓋）」とよんでいます。そして、蓋をされたマントルの温度は高くなって粘性率が低くなり、対流パターンの水平スケールが非常に小さくなっていることがわかります。

リソスフェアの表面とマントルの粘性率比が10^4の場合が、この中間パターンです。このパターンでは、リソスフェアの厚

図6－16　水星、金星、地球、火星の内部構造のイメージ、および、それらの地表面で観測される地形と重力の分布

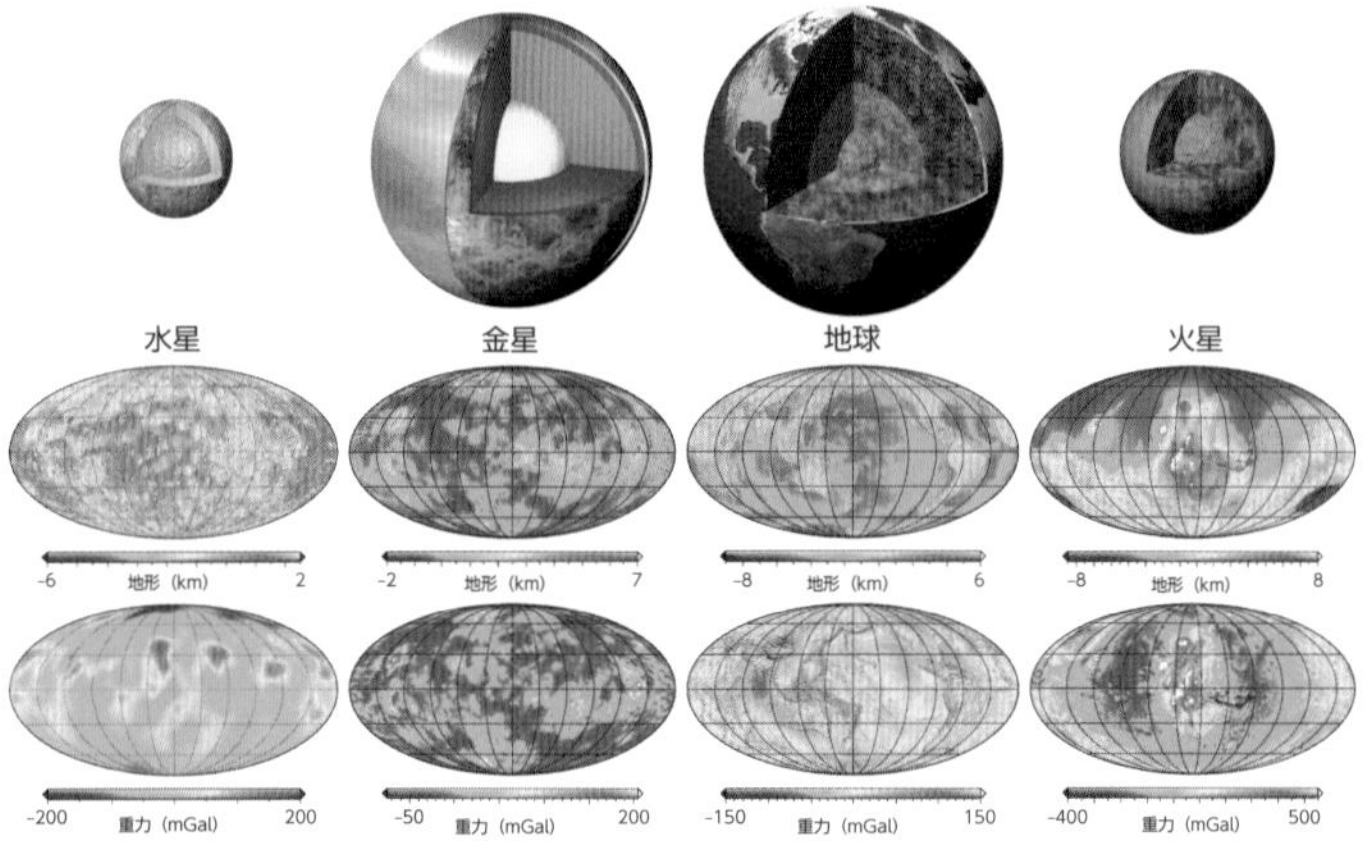

Mulyukova and Bercovici (2020) より

さの傾きは見られますが、マントルに沈み込んでいない状態です。しかし、リソスフェアの底面から規模の小さい下降プルームが発生し、それがマントルの下降域を作り、それを補償する流れとして、180度離れた場所でマントル対流の上昇域が発達しています。この「準スタグナント・リッド」型のマントル対流パターンでは、地表から見れば一見、スタグナント・リッドで覆われていますが、リソスフェアの底面での不安定によって発生する下降流により、マントルの対流パターンは水平スケールが長くなります。

　これまで、現在の金星のマントル対流パターンは、スタグナント・リッド型だと考えられていました。しかし、筆者はむしろ、準スタグナント・リッド型に近いのではないかと考えています。それは、準スタグナント・リッド型は、地表面が「一枚板」で覆われ、かつ、マントルの温度

図6－17　マントルの粘性率が温度に依存する場合の対流パターン

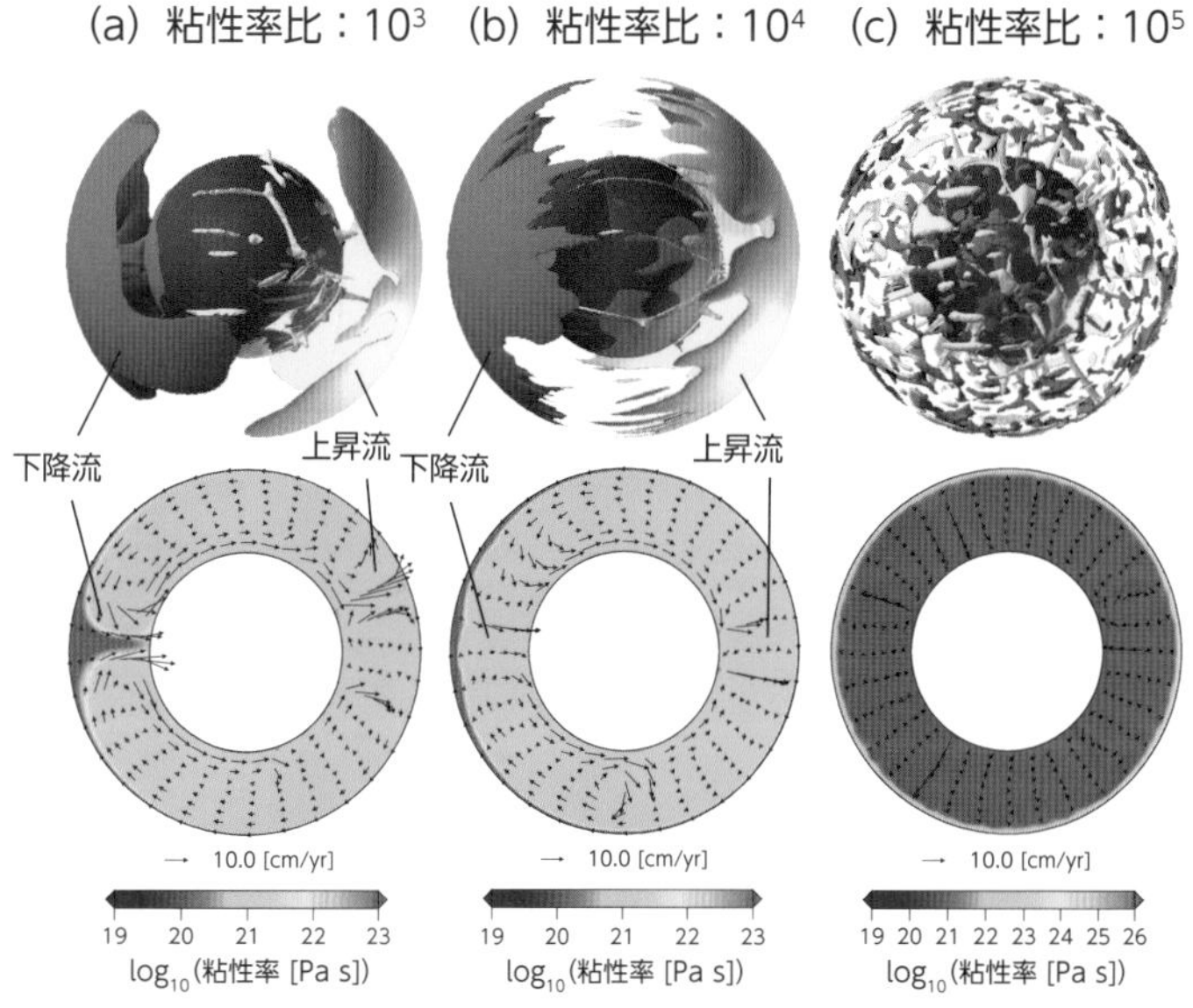

リッドの上面と下面の粘性率比が (a) 10^3、(b) 10^4、(c) 10^5の場合。(上) マントルの温度場の三次元等値面。青色と黄色は、各深さでの平均温度からのずれを等値面で表し、それぞれ、低温と高温を表す。中心の赤い球はコアの表面 (マントルの底面) の位置を表す。(下) マントルの断面での粘性率。

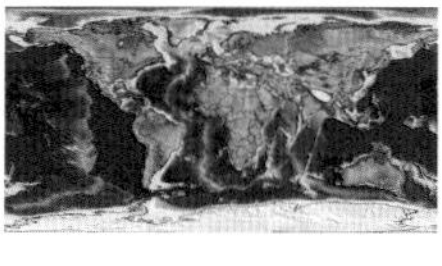

構造の水平スケールが長いという、金星の表層とマントルの様子の両方の条件を満たすからです。準スタグナント・リッドはスタグナント・リッドよりも粘性率が低くやや軟らかいので、いったんプレート境界が生成されれば、プレートの沈み込みが起きやすく、プレートテクトニクスが開始する前の過去の地球も同じであったのかもしれません。

　金星表面には、コロナとよばれる王冠上の地形の高まりがたくさんあり、これは火山活動の痕跡です（図6―18）。コロナは、マントルからの高温の上昇プルームが地殻物質を融かしながら拡がっていく過程で形成されると考えられており、多くのコロナは盛り上がった内部を囲むように縁が円形に窪んでいるか、窪んだ内部を囲むように縁が盛り上がっていることがわかっています。

　2020年にスイス連邦工科大学の研究グループらは、三次元箱型モデルのマントル対流シミュレーションで、金星のリソスフェアとその下から発生するマントルプルームとの相互作用の様子を調べました。その結果、プルームが活動中の場合とそうでない場合で地表に現れるコロナの地形の形態が異なることがわかりました（図6―19）。プルームがリソスフェアの底面に到達することによって、プルームヘッドの周囲から

図6－18　金星の地形とコロナの分布

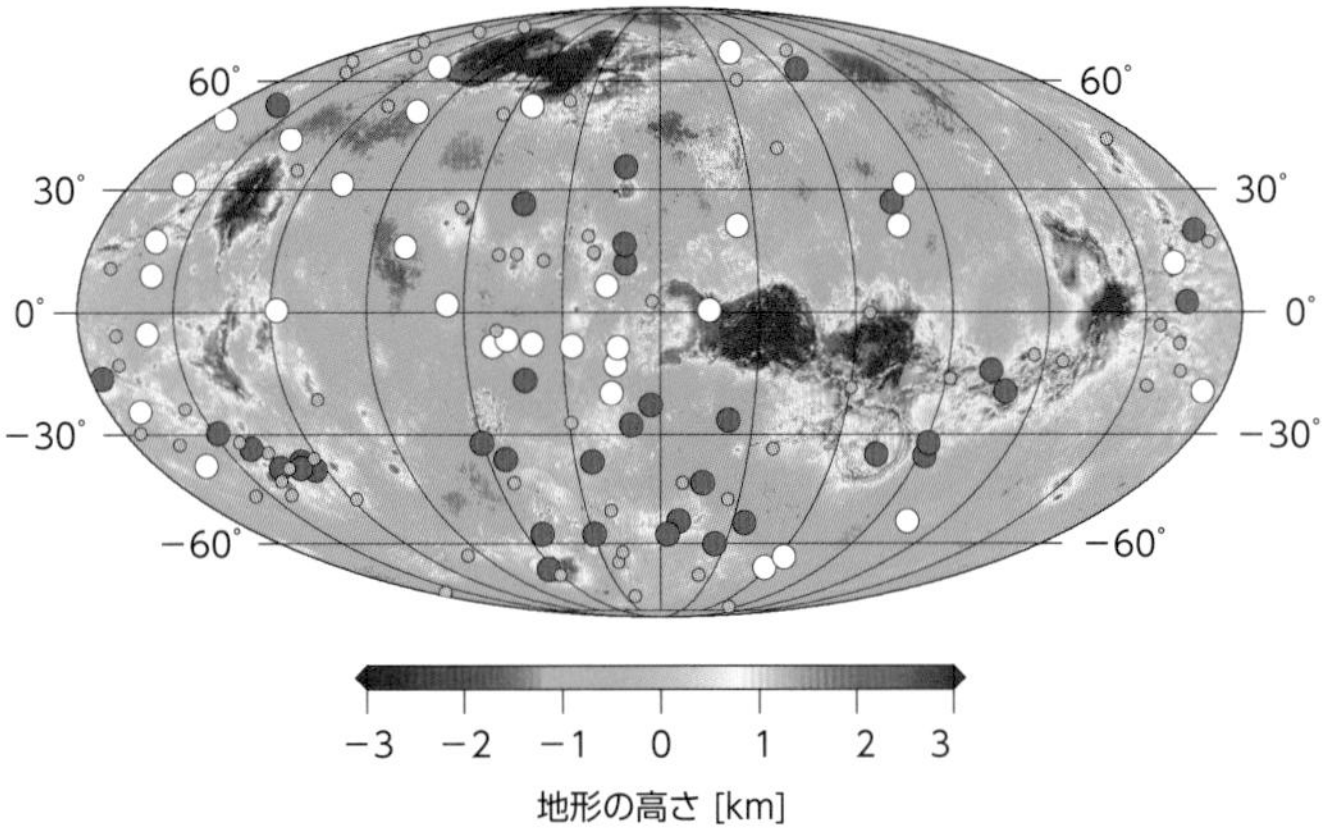

赤色と白色の丸印はそれぞれ活動中のプルームと活動が停止したプルームによると推定されるコロナの場所。灰色の丸印はどちらにも分類できないコロナ。Gülcher et al. (2020) のデータにもとづく

リソスフェアの沈み込みが発生し（図6―19（a））、地表ではトラフのような地形の窪みができます。やがて、プルームの上昇が止まると、沈み込みも止まり、地形の窪みも解消されます（図6―19（b））。実際に観測される金星のコロナをその地形の違いで分類すると、分類不可能なものを除く72のコロナのうち、約半数の37のコロナが現在も活動中のプルームによるものであり、その大部分が南半球に帯状に比較的多く集中していることがわかりました（図6―18）。このような、コロナの分布の半球対称性は、金星内部の温度構造の水平スケールが比較的大きいことを、より直接的に示唆しているのかもしれません。

図6－19　数値シミュレーションにもとづくプルームの活発さと地表のコロナの地形の関係

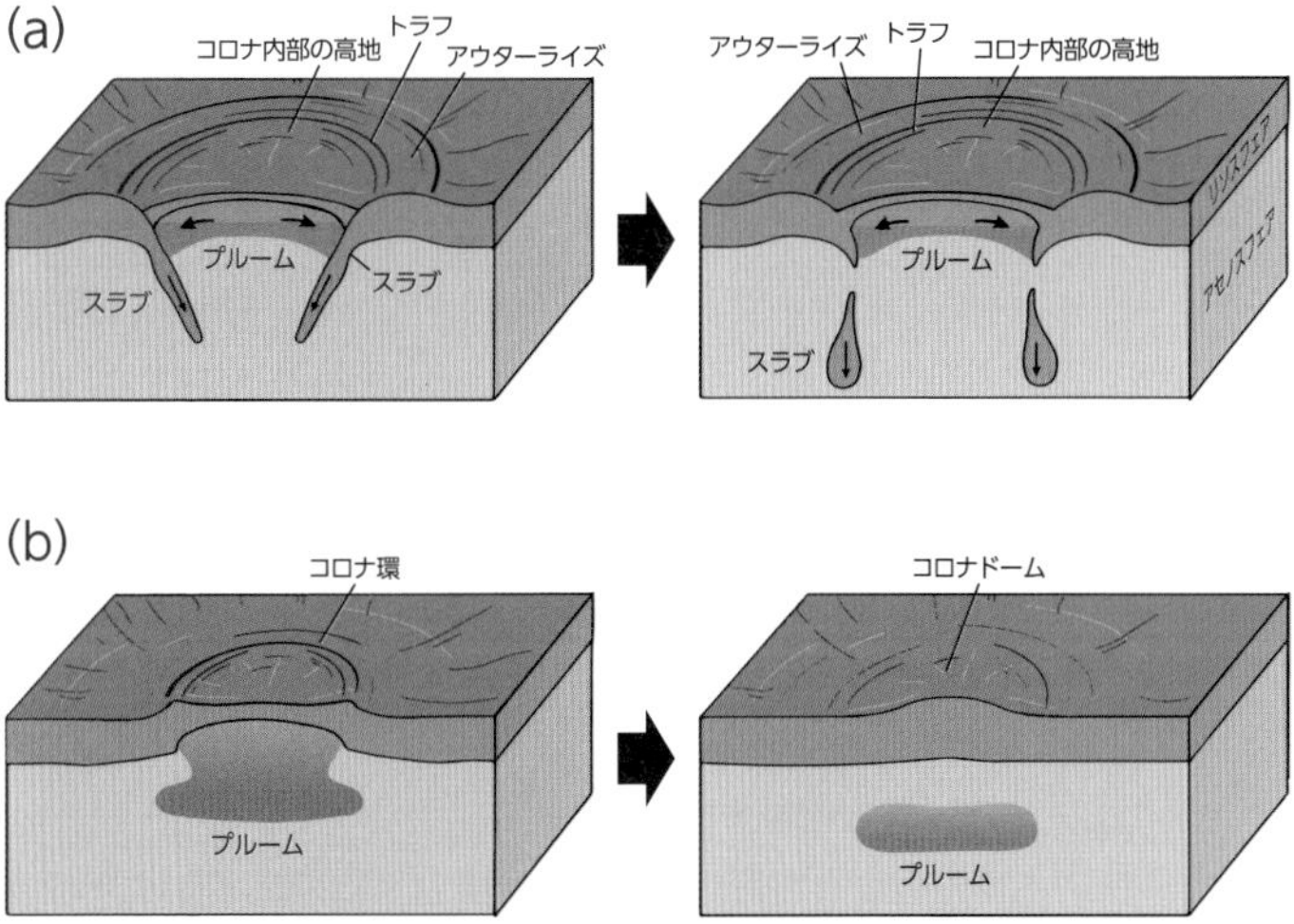

(a) はプルームが活動的な状況で、プルームヘッドの周囲でリソスフェアがマントルに断続的に落下する場合、(b) はプルームが非活動的な状況で、プルームヘッドがリソスフェアの下に取り残されている場合。Gülcher et al. (2020) より

6-9 地球を予測するために

米国航空宇宙局（ＮＡＳＡ）は、１９９０年代初頭に惑星探査機マゼランによる金星表面のレーダー観測を行いました。そして、金星の表面のクレーターの数密度から、金星の表面年代を推定すると、誤差は大きいものの、5~10億年という、かなり若い年代であることがわかりました。現在の金星ではプレート運動がないのにもかかわらず、驚くほど若い地表をもっているといえます。これは、遅くとも5億年前には全球規模での大規模な火成活動があったものの、現在は火成活動が止まっていると考えられ、また、年代分布が約5億年前に集中しているので、地表の更新は連続的ではなく、間欠的であると考えられます。

この観測事実は、金星では惑星の表面がプレートで覆われてしまっても、いつかは自発的にプレートが不安定を起こして沈み込み、プレートテクトニクスが再開されることを意味しています。この仮説は地表が周期的に新しく生まれ変わるので、「地表刷新（リサーフェシング）モデル」とよばれています。この地表の間欠的な運動の原因は金星は地球と違って高い地表温度をもつためリソスフェアが不安定を起こしやすく、プレート境界ができるほどにリソスフェアを変形させ、マントル対流によってリソスフェアが金星内部に沈み込みやすくなることなどが考えられます。

金星の地表刷新モデルが本当だとすると、なぜ惑星表面を刷新するような大規模な火成活動が起こったのかは謎に包まれたままです。準スタグナント・リッドをもつ金星は、プレートテクトニクスがある地球と比較してリソスフェアが厚いので、マントルのより深い場所で広範囲に玄武岩質溶岩のマグマができやすく、それによって洪水玄武岩どころか「大洪水玄武岩」を生むのかもしれません。こういった金星の謎は、今後の惑星探査によって解明に近づくだろうと思います。

２０２1年にＮＡＳＡは、金星の地形と地質を調査するための、「ヴェリタス」と名付けられた探査計画を発表しました。実際に探査機を打ち上げるのは２０２８年から２０３０年とかなり先になるようですが、衛星観測でしかわからなかった金星の素顔の一端が近い将来解明されるのは非常に楽しみです。例えば、前節で紹介したコロナの形成のシミュレーション研究は、金星探査計画の探査地域を選ぶ際の指針になるかもしれません。

一方、過去の火星には、プレートテクトニクスのような地表の運動があったかどうかは、はっきりとしていませんが、少なくとも現在の火星の地表では見られません。マントル対流のレイリー数の大きさをみると、内部では対流活動が起きているはずです。火星の地形は北半球で標高が低く、南半球で標高が高いという、半球対称性がはっきりとしています（図6―16）。そして、地表面の重力分布と比較すると、ほぼ赤道付近を中心として、南北に延びるような正の重力の場所と一致し、これは、高温の大規模な上昇流がこの地下に存在することが推察されます。なお、水星に関しては、マントルの厚さが惑星の半径と比べて、かなり薄く（表6―1）、観測される地形と重力との対応関係（図6―16）から推察すると、マントル内部の温度構造の水平スケールは、他の地球型惑星よりも短いと思われます。

１９９０年代後半にドイツの研究者によって行われたマントル対流のシミュレーションによると、火星のマントル対流パターンは1つの大規模の上昇プルームによって支配されていることがわかりました。これは、火星の半径が地球の半径の半分程度で、地球では深さ４１０ kmにあるオリビンからワズレアイトへの相変化（図2―6）が、火星ではコア・マントル境界のすぐ上にあり、その相変化に必要な潜熱としてコアからの熱が吸収されてしまい、たくさんの枝わかれした上昇プルームが発生しにくくなるためです。

しかし、本章のコラム（１８６ページ）で触れたように、最近のＮＡＳＡの火星探査機「インサイト」による地震波の解析からは、火星のコアのサイズは、従来思われていたマントルの厚さはよりもかなり薄く（約１５６０ km）、この場合、オリビンからワズレアイトへの相変化はマントルに存在しないことになります。火星の地形の半球対称性は、「準スタグナント・リッド」型のマントル対流により、マントル対流パターンは1つの大規模の上昇プルームによって支配されているのかもしれません。また、いずれにしても、火星は内部活動が活発でも、地表の重力加速度が地球の約38％程度であるため（表6―1）、プレートの沈み込みが起こりにくいことも、プレートテクトニクスがないことと関係がありそうです。

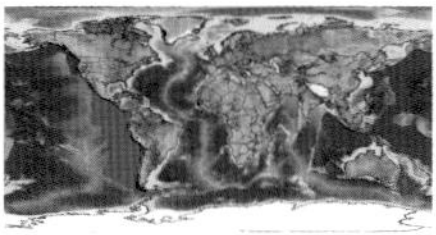

火星についても、これから世界の大国がしのぎを削って探査が行われるはずです。ＮＡＳＡは２０２１年に火星探査車「パーシビアランス」が、火星の地表にある岩石からサンプルを採取することに初めて成功しました。少し気が遠い話ですが、サンプルは、２０３１年に別の探査機を使って地球に持ち帰る計画だそうです。地球の両隣にある金星と火星は、大気組成はほぼ同じですが、火星はサイズが小さいので大気圧が非常に小さく（地球の１６０分の１）、地表の平均気温も低いので（マイナス63℃）、金星と間反対の環境にあります。最終的には、金星と火星の地表の岩石の化学組成を詳しく知ることで、このような表層環境の違いが内部構造の進化にどのような影響を与えるかを知ることが、惑星科学の一つの大きな目標であり、地球の内部をより詳しく理解するために必須です。

あとがき

本書では、マントル対流や大陸移動といったグローバルな空間スケールで、かつ、地球史的な視点から、地球や日本列島の将来の予測について、最新の研究成果も交えて紹介しました。固体地球科学の基本事項のみならず、他の一般書はもちろん、専門書でもあまり詳しく解説されることがないマントル対流の数値シミュレーションの方法についてもできるだけ丁寧に解説したつもりです。

私たちが研究を続けている間にも、地球は淡々と活動をし、人間の生活に影響を与え続けています。本書を準備している間にも、２０２１年には、8月に小笠原諸島の海底火山「福徳岡ノ場」の噴火、9月に千葉県北西部地震、10月に阿蘇山中岳の噴火が起きました。そして、翌２０２２年1月にはトンガ諸島沖での大規模海底噴火と、それに伴う日本列島への気象津波、3月には宮城・福島で最大震度6強の地震が起きました。

こういった災害が起きても、最近ではSNSの急速な発達により、誰もが最新の情報に簡単にアクセスできるようになりました。しかし、一方で、誰でも簡単に画像や動画を編集できる世の中になり、今、スマホで眺めているニュース素材が、正しい情報か偽の情報か、いったん立ち止まって考える必要があります。いざというときに不確かな情報に惑わされないためには、何事も科学的に正しく理解し、一歩後ろに下がって、何をすればよいか判断するという姿勢が求められます。

本書は、これから固体地球科学を学びたい読者、特に中高生をターゲットにして執筆しました。読者の興味は千差万別だと思いますので、自分がさらに知りたい、あるいは大学で勉強したいことが見つかる手助けとなるように、できるだけ多くの話題を取り上げたつもりです。著者の研究成果に関する話題は、

数値モデルそのものが途中段階で不完全なものが多くあり、細部の結論になるほど、今後変わってくる可能性も十分にあります。

読者のみなさんが、地球科学の研究者とは贅沢を言わないまでも、将来、科学に関わる何らかの仕事に携わることができましたら、これに勝る喜びはありません。科学の世界でも、そうではない世界でも、「今、わかっていること」から課題や疑問を、他人から与えられなくても自らの力でどんどん発掘できる方が一人でも増えたら幸いです。

本書で紹介した研究の一部は、日本学術振興会の科学研究費助成事業（課題番号：23340132、26610144、18K03811、22K03787）と三菱財団自然科学研究助成（課題番号：30148）の助成を受けました。技術評論社の菊池陽太さんには、本書を執筆する機会を与えて下さり、また、全ての章にわたって数多くの有益なコメントや修正をいただきました。深く感謝いたします。

2023年1月　吉田　晶樹

参考文献

多くの章にかかわる文献

- Donald Turcotte, Gerald Schubert（著），木下 正高（監訳），安藤 亮輔，岩森 光，沖野 郷子，片山 郁夫，加納 靖之，川田 佳史，木下 正高，坂口 有人，田中 愛幸，中西 正男，西山 竜一，山野 誠，吉田 晶樹（訳），『ジオダイナミクス 原著第3版』，632ページ，共立出版，2020（原著はケンブリッジ大学出版会より2014年に出版）．
- 国立天文台（編），『理科年表2022』，丸善出版，1216ページ，2021.
- 吉田 晶樹，『地球はどうしてできたのか　マントル対流と超大陸の謎』，講談社，268ページ，2014.

第1章

- Argus, D.F., Gordon, R.G., Demets, C., Geologically current motion of 56 plates relative to the no-net-rotation reference frame, *Geochem. Geophys. Geosyst.*, 12(11), Q11001, 2011.
- Bird, P., An updated digital model of plate boundaries, *Geochem. Geophys. Geosyst.*, 4(3), 1027, 2003.
- マーク・ブキャナン（著），水谷 淳（訳），『歴史は「べき乗則」で動く』，早川書房，400ページ，2009.
- Dziewonski, A.M., Chou, T.-A., Woodhouse, J.H., Determination of earthquake source parameters from waveform data for studies of global and regional seismicity, *J. Geophys. Res. Solid Earth*, 86(B4), 2825-2852, 1981.
- Ekström, G., Nettles, M., Dziewonski, A.M., The global CMT project 2004-2010: Centroid-moment tensors for 13,017 earthquakes, *Phys. Earth Planet. Int.*, 200-201, 1-9, 2012.
- England, P., Molnar, P., Richter, F., John Perry's neglected critique of Kelvin's age for the Earth: A missed opportunity in geodynamics, *GSA Today*, 17(1), 4-9, 2007.
- Forsyth, D., Uyeda S., On the relative importance of the driving forces of plate tectonics, *Geophys. J. R. Astron. Soc.*, 43, 163-200, 1975.
- Global CMT Web Page, https://www.globalcmt.org/.
- 気象庁ウェブページ，https://www.jma.go.jp/jma/.
- Kreemer, C., Blewitt, G., Klein, E.C., A geodetic plate motion and Global Strain Rate Model, *Geochem. Geophys. Geosyst.*, 15(10), 3849-3889, 2014.
- Smithsonian Libraries and Archives, https://library.si.edu/.
- 吉田 晶樹，大陸とプレートを動かす力とは何か—大陸移動説"完成"から100年目でわかっていること，『科学』，85(7), 692-704, 2015a.
- 吉田 晶樹，プレート運動と大陸移動の原動力—再考，『地質学雑誌』，121(12), 429-445, 2015b.
- 吉田 晶樹，プレートテクトニクス50年のいま，『パリティ』，34(1), 59-61, 2019.

第2章

- Alvarez, W., Geological evidence for the geographical pattern of mantle return flow and the driving mechanism of plate tectonics, *J. Geophys. Res. Solid Earth*, 87(B8), 6697-6710, 1982.
- Anderson, D.L., Dziewonski, A.M., Seismic tomography, *Sci. Am.*, 251(4), 60-68, 1984.
- Čížková, H., Zahradník, J., Liu, J., Bina, C.R., Geodynamic subduction models constrained by deep earthquakes beneath the Japan Sea and eastern China, *Sci. Rep.*, 10(1), 5440, 2020.
- Davies, J.H., Global map of solid Earth surface heat flow, *Geochem. Geophys. Geosyst.*, 14(10), 4608-4622, 2013.
- Dietz, R.S., Continent and ocean basin evolution by spreading of the sea floor, *Nature*, 190, 854-857, 1961.
- Dziewonski, A.M., Mapping the lower mantle-determination of lateral heterogeneity in *P*-velocity up to degree and order-6, *J. Geophys. Res. Solid Earth*, 89(B7), 5929-5952, 1984.
- Earle, S., *Physical Geology – 2nd Edition.* 810 pp, 2019.
- Farnetani, C.G., Hofmann, A.W., Mantle Plumes, H.K. Gupta (Ed.), In: *Encyclopedia of Solid Earth Geophysics.* Springer Netherlands, Dordrecht, pp. 857-869, 2011.
- Frost, D.A., Avery, M.S., Buffett, B.A., Chidester, B.A., Deng, J., Dorfman, S.M., Li, Z., Liu, L., Lv, M., Martin, J.F., Multidisciplinary constraints on the thermal-chemical boundary between Earth's core and mantle, *Geochem. Geophys. Geosyst.*, 23(3), e2021GC009764, 2022.
- Garnero, E.J., Kennett, B., Loper, D.E., Editorial: Studies of the Earth's Deep Interior—Eighth

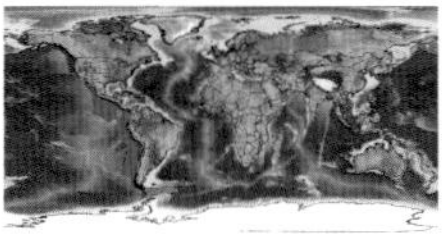

Symposium, *Phys. Earth Planet. Int.*, 153(1-3), 1-2, 2005.
・Garnero, E.J., McNamara, A.K., Shim, S.-H., Continent-sized anomalous zones with low seismic velocity at the base of Earth's mantle, *Not. Geosci.*, 9(7), 481-489, 2016.
・Global Volcanism Program, *Volcanoes of the World*, v. 4.10.6 (24 Mar 2022). E. Venzke (Ed.), Smithsonian Institution, 2013. https://doi.org/10.5479/si.GVP.VOTW4-2013.
・Goes, S., Agrusta, R., van Hunen, J., Garel, F., Subduction-transition zone interaction: A review, *Geosphere*, 13(3), 644-664, 2017.
・Hensen, C. et al., Marine transform faults and fracture zones: A joint perspective integrating seismicity, fluid flow and life, *Front. Earth Sci.*, 7, doi:10.3389/feart.2019.00039, 2019.
・Hess, H.H., History of ocean basins. In *Petrologic studies: a volume in honor of A.F. Buddington, Geol. Soc. Am.*, 599-620, 1962.
・Holmes, A., Radioactivity and earth movements, *Geol. Soc. Glasgow Trans.*, 18, 559-606, 1931.
・経済産業省資源エネルギー庁,『令和２年度エネルギーに関する年次報告（エネルギー白書2021）』, 2021年7月. https://www.enecho.meti.go.jp/about/whitepaper/2021/
・Ishii, T. et al., Sharp 660-km discontinuity controlled by extremely narrow binary post-spinel transition, *Not. Geosci.*, 12(10), 869-872, 2019.
・King, S.D., An evolving view of transition zone and midmantle viscosity, *Geochem. Geophys. Geosyst.*, 17(3), 1234-1237, 2016.
・Malamud, B.D., Turcotte, D.L., How many plumes are there?, *Earth Planet. Sci. Lett.*, 174(1-2), 113-124, 1999.
・Murakami, M., Ohishi, Y., Hirao, N., Hirose, K., A perovskitic lower mantle inferred from high-pressure, high-temperature sound velocity data, *Nature*, 485, 90-94, 2012.
・大型放射光施設（SPring-8）ウェブページ, http://www.spring8.or.jp/ja/.
・産業技術総合研究所, 福徳岡ノ場, 2021年8月13-15日の活動と噴出物量の推定, 第149回火山噴火予知連絡会, 2021.
・谷本 勉, 1991, Global Tectonics論の形成と受容―我が国における大陸移動説の場合―, 法政大学教養部『紀要』, 76, 17-32, 1991.
・手塚 治虫,『ジャングル大帝』②, 手塚治虫文庫全集, 講談社, 496ページ, 2009.
・寺田 寅彦, 坪井忠二,『地球物理学』, 岩波書店, 198ページ, 1931.
・The KamLAND Collaboration, Partial radiogenic heat model for Earth revealed by geoneutrino measurements, *Not. Geosci.*, 4, 647-651, 2011.
・Vine, F. J., Matthews, D.H., Magnetic anomalies over oceanic ridges, *Nature*, 199, 947-949, 1963.
・アルフレッド・ヴェーゲナー（著）, 都城 秋穂, 紫藤 文子（訳）,『大陸と海洋の起源（上）』, 岩波書店, 244ページ, 1981a.
・アルフレッド・ヴェーゲナー（著）, 都城 秋穂, 紫藤 文子（訳）,『大陸と海洋の起源（下）』, 岩波書店, 249ページ, 1981b.
・Woodhouse, J.H., Dziewonski, A.M., Mapping the upper mantle: Three-dimensional modeling of earth structure by inversion of seismic waveforms, *J. Geophys. Res. Solid Earth*, 89(B7), 5953-5986, 1984.
・Yoshida, M., On mantle drag force for the formation of a next supercontinent as estimated from a numerical simulation model of global mantle convection, *Terra Nova*, 31(2), 135-149, 2019.
・吉田 晶樹, 海域調査とともに歩むプレートテクトニクス史, 海洋科学技術センター・海洋研究開発機構　創立50周年記念誌, 206―209, 2022.
・Yoshida, M., Santosh, M., Energetics of the Solid Earth: An integrated perspective, *Energy Geosci.*, 1, 28-35, 2020.
・Zhang, N., Zhong, S., Leng, W., Li, Z.-X., A model for the evolution of the Earth's mantle structure since the Early Paleozoic, *J. Geophys. Res. Solid Earth*, 115, B06401, 2010.
・Zhao, D., *Multiscale Seismic Tomography*. Springer Japan, Tokyo, 304 pp, 2015.

●第3章

・Artemieva, I.M., Global 1°×1° thermal model TC1 for the continental lithosphere: Implications for lithosphere secular evolution, *Tectonophys.*, 416(1-4), 245-277, 2006.
・Earle, S., *Physical Geology – 2nd Edition*. 810 pp, 2019.
・Hawkesworth, C., Cawood, P.A., Dhuime, B., Rates of generation and growth of the continental crust, *Geosci. Front.*, 10(1), 165-173, 2019.

- Hazen, R.M., *The Story of Earth: The First 4.5 Billion Years, from Stardust to Living Planet*. Viking, New York, USA, 320 pp, 2012.
- Koptev, A., Cloetingh, S., Ehlers, T.A., Longevity of small-scale ("baby") plumes and their role in lithospheric break-up, *Geophys. J. Int.*, 227(1), 439-471, 2021.
- Lee, C.-T.A., Luffi, P., Chin, E.J., Building and destroying continental mantle, *Annu. Rev. Earth Planet. Sci.*, 39, 59-90, 2011.
- Maruyama, S., Ebisuzaki, T., Origin of the Earth: A proposal of new model called ABEL, *Geosci. Front.*, 8(2), 253-274, 2017.
- Maruyama, S., Santosh, M., Azuma, S., Initiation of plate tectonics in the Hadean: Eclogitization triggered by the ABEL Bombardment, *Geosci. Front.*, 9(4), 1033-1048, 2018.
- Meert, J.G., Paleomagnetic evidence for a Paleo-Mesoproterozoic supercontinent Columbia, *Gondwana Res.*, 5, 207-215, 2002.
- Meert, J.G., What's in a name? The Columbia (Paleopangaea/Nuna) supercontinent, *Gondwana Res.*, 21(4), 987-993, 2012.
- Mortimer, N., Campbell, H.J., *Zealandia: Our continent revealed*. Penguin, Auckland, New Zealand, 272 pp, 2014.
- Mortimer, N., Campbell, H.J., Tulloch, A.J., King, P.R., Stagpoole, V.M., Wood, R.A., Rattenbury, M.S., Sutherland, R., Adams, C.J., Collot, J., Seton, M., Zealandia: Earth's hidden continent, *GSA Today*, 27(3), 27-35, 2017.
- Nance, R.D., Murphy, J.B., Santosh, M., The supercontinent cycle: A retrospective essay, *Gondwana Res.*, 25, 4-29, 2014.
- Rogers, J.J.W., Santosh, M., Configuration of Columbia, a Mesoproterozoic supercontinent, *Gondwana Res.*, 5(1), 5-22, 2002.
- Storey, B.C., The role of mantle plumes in continental breakup: case histories from Gondwanaland, *Nature*, 377, 301-308, 1995.
- Torsvik, T.H., The Rodinia jigsaw puzzle, *Science*, 300, 1379-1381, 2003.
- Valley, J.W. et al., Hadean age for a post-magma-ocean zircon confirmed by atom-probe tomography, *Not. Geosci.*, 7(3), 219-223, 2014.
- van Hinsbergen, D.J.J., Torsvik, T.H., Schmid, S.M., Maţenco, L.C., Maffione, M., Vissers, R.L.M., Gürer, D., Spakman, W., Orogenic architecture of the Mediterranean region and kinematic reconstruction of its tectonic evolution since the Triassic, *Gondwana. Res.*, 81, 79-229, 2020.
- Wang, C., Mitchell, R.N., Murphy, J.B., Peng, P., Spencer, C.J., The role of megacontinents in the supercontinent cycle, *Geology*, 49(4), 402-406, 2020.
- Yoshida, M., Dynamic role of the rheological contrast between cratonic and oceanic lithospheres in the longevity of cratonic lithosphere: A three-dimensional numerical study, *Tectonophys.*, 532-535, 156-166, 2012.
- Yoshida, M., How mantle convection drives the supercontinent cycle: Mechanism, driving force, and substantivity, J.C. Duarte (Ed.), In: *Dynamics of Mantle Convection and Plate Tectonics*, Elsevier, Amsterdam, Netherlands, 2023.
- Yoshida, M., Santosh, M., Voyage of the Indian subcontinent since Pangea breakup and driving force of supercontinent cycles: Insights on dynamics from numerical modeling, *Geosci. Front.*, 9(5), 1279-1292, 2018.
- Yoshida, M., Yoshizawa, K., Continental drift with deep cratonic roots, *Annu. Rev. Earth Planet. Sci.*, 49, 117-139, 2021.
- Yoshida, M., Saito, S., Yoshizawa, K., Possible tectonic patterns along the eastern margin of Gondwanaland from numerical studies of mantle convection, *Tectonophys.*, 787, 228476, 2020.
- Zhang, S., Li, Z.-X., Evans, D.A.D., Wu, H., Li, H., Dong, J., Pre-Rodinia supercontinent Nuna shaping up: A global synthesis with new paleomagnetic results from North China, *Earth Planet. Sci. Lett.*, 353-354, 145-155, 2012.
- Zhao, G., Sun, M., Wilde, S.A., Li, S., A Paleo-Mesoproterozoic supercontinent: assembly, growth and breakup, *Earth-Sci. Rev.*, 67(1-2), 91-123, 2004.

第4章

- Safonova, I., Maruyama, S., Asia: a frontier for a future supercontinent Amasia, *Int. Geol. Rev.*, 56(9), 1051-1071, 2014.

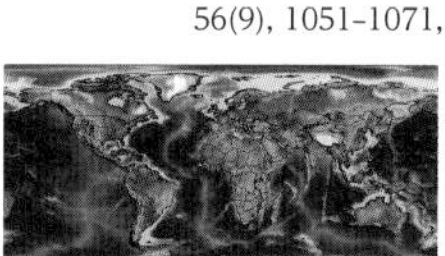

・Yoshida, M., Core-mantle boundary topography estimated from numerical simulations of instantaneous mantle flow, *Geochem. Geophys. Geosyst.*, 9(7), Q07002, 2008a.
・Yoshida, M., Mantle convection with longest-wavelength thermal heterogeneity in a 3-D spherical model: Degree one or two?, *Geophys. Res. Lett.*, 35(23), L23302, 2008b.
・Yoshida, M., Whole solid-Earth numerical simulation: Towards an understanding of mantle-core interactive dynamics, J. Paul (Ed.), *Blogs of the European Geosciences Union*, EGU, 2021b. https://blogs.egu.eu/divisions/gd/2021/05/05/whole-solid-earth-numerical-simulation/.
・Yoshida, M., A new analysis of the intraplate stress regime and stress ratio in numerically modeled mantle convection, *Tectonophys.*, 826, 229240, 2022.
・Yoshida, M., How mantle convection drives the supercontinent cycle: Mechanism, driving force, and substantivity, J.C. Duarte (Ed.), In: *Dynamics of Mantle Convection and Plate Tectonics*, Elsevier, Amsterdam, Netherlands, 2023.
・Yoshida, M. and Kageyama, A., Application of the Yin-Yang grid to a thermal convection of a Boussinesq fluid with infinite Prandtl number in a three-dimensional spherical shell, *Geophys. Res. Lett.*, 31(12), L12609, 2004.
・Yoshida, M., Hamano, Y., Pangea breakup and northward drift of the Indian subcontinent reproduced by a numerical model of mantle convection, *Sci. Rep.*, 5, 8407, 2015.
・Yoshida, M., Hamano, Y., Numerical studies on the dynamics of two-layer Rayleigh-Bénard convection with an infinite Prandtl number and large viscosity contrasts, *Phys. Fluids*, 28(11), 116601, 2016.
・Yoshida, M., Iwamori, H., Hamano, Y., Suetsugu, D., Heat transport and coupling modes in Rayleigh-Bénard convection occurring between two layers with largely different viscosities, *Phys. Fluids*, 29(9), 096602, 2017.

第5章

・Conrad, C.P., Bilek, S., Lithgow-Bertelloni, C., Great earthquakes and slab pull: interaction between seismic coupling and plate-slab coupling, *Earth Planet. Sci. Lett.*, 218(1-2), 109-122, 2004.
・Dziewonski, A.M., Chou, T.-A., Woodhouse, J.H., Determination of earthquake source parameters from waveform data for studies of global and regional seismicity, *J. Geophys. Res. Solid Earth*, 86(B4), 2825-2852, 1981.
・Ekström, G., Nettles, M., Dziewonski, A.M., The global CMT project 2004-2010: Centroid-moment tensors for 13,017 earthquakes, *Phys. Earth Planet. Int.*, 200-201, 1-9, 2012.
・Global CMT Web Page, https://www.globalcmt.org/.
・Kimura, G., Hashimoto, Y., Kitamura, Y., Yamaguchi, A., Koge, H., Middle Miocene swift migration of the TTT triple junction and rapid crustal growth in southwest Japan: A review, *Tectonics*, 33(7), 1219-1238, 2014.
・木村 光佑, 早坂 康隆, 柴田 知之, 川口 健太, 藤原 弘士, 島根県津和野地域の舞鶴帯から古原生代18.5億年花崗岩質岩体の発見とその意義,『地質学雑誌』, 125(2), 153-165, 2019.
・気象庁ウェブページ, https://www.jma.go.jp/jma/.
・Lallemand, S., Heuret, A., Faccenna, C., Funiciello, F., Subduction dynamics as revealed by trench migration, *Tectonics*, 27(3), TC3014, 2008.
・McCaffrey, R., Global frequency of magnitude 9 earthquakes, *Geology*, 36(3), 263-266, 2008.
・Merdith, A.S. et al., Extending full-plate tectonic models into deep time: Linking the Neoproterozoic and the Phanerozoic, *Earth Sci-Rev.*, 214, 103477, 2021.
・内閣府 「防災情報のページ」, https://www.bousai.go.jp/.
・様似町アポイ岳ジオパーク推進協議会,『UNESCO Global Geopark Mt. APOI』, https://www.apoi-geopark.jp/.
・Schulte, P. et al., The Chicxulub asteroid impact and mass extinction at the Cretaceous-Paleogene boundary, *Science*, 327(5970), 1214-1218, 2010.
・平 朝彦,『日本列島の誕生』, 岩波書店, 226ページ, 1991.
・Taira, A., Tectonic evolution of the Japanese island arc system, *Annu. Rev. Earth Planet. Sci.*, 29, 109-134, 2001.
・Terada, T., On a zone of islands fringing the Japan Sea coast with a discussion on its possible origin, *Bull. Earthq. Res. Inst.*, 3, 67-85, 1927.
・Terada, T., Miyabe, N., Experiments on the modes of deformation of a layer of granular mass

floating on liquid-some application to geophysical phenomena, *Bull. Earthq. Res. Inst.*, 4, 22-32, 1928.
- 堤 之恭,『新版　絵でわかる日本列島の誕生』, 240ページ, 2021.
- 宇佐美 龍夫, 石井 寿, 今村 隆正, 武村 雅之, 松浦 律子,『日本被害地震総覧　599-2012』, 東京大学出版会, 724ページ, 2013.
- Uyeda, S., Kanamori, H., Back-arc opening and the mode of subduction, *J. Geophys. Res. Solid Earth,* 84(B3), 1049-1061, 1979.
- Williams, S., Wright, N.M., Cannon, J., Flament, N., Müller, R.D., Reconstructing seafloor age distributions in lost ocean basins, *Geosci. Front.*, 12(2), 769-780, 2021.
- Wu, B., Wang, Y., Huang, J., Dynamics of the subducted Izanagi-Pacific plates since the Mesozoic and its implications for the formation of big mantle wedge beneath Eastern Asia, *Front. Earth Sci.*, 10, doi:10.3389/feart.2022.829163, 2022.
- Yoshida, M., Re-evaluation of the regional tectonic stress fields and faulting regimes in central Kyushu, Japan, behind the 2016 M_w 7.0 Kumamoto Earthquake, *Tectonophys.*, 712-713, 95-100, 2017.
- 地震調査研究推進本部ウェブページ, https://www.jishin.go.jp/.
- 地震予知連絡会, 1980年9月25日の千葉県中部の地震（気象庁）,『地震予知連絡会会報』, 25, 59-61, 1981.
- 地震予知連絡会, 千葉県中部の地震（1980年9月25日, M6.1）前後の地震活動（震研）,『地震予知連絡会会報』, 25, 77-81, 1981.
- 地震予知連絡会, 千葉県北西部で発生するM6クラスの地震の周期性（気象庁）,『地震予知連絡会会報』, 75, 240-242, 2006.

第6章

- Aurnou, J.M., Calkins, M.A., Cheng, J.S., Julien, K., King, E.M., Nieves, D., Soderlund, K.M., Stellmach, S., Rotating convective turbulence in Earth and planetary cores, *Phys. Earth. Planet. Int.*, 246, 52-71, 2015.
- Broeker, W.S. The great ocean conveyor, *Oceanogra.*, 4(2), 79-89, 1991.
- Davies, H.S., Green, J.A.M., Duarte, J.C., Back to the future: Testing different scenarios for the next supercontinent gathering, *Global Planet. Change*, 169, 133-144, 2018.
- Duarte, J., Schellart, W., Rosas, F., The future of Earth's oceans: consequences of subduction initiation in the Atlantic and implications for supercontinent formation, *Geol. Mag.*, 155(1), 45-58, 2018.
- Gibbens, S., There's a new ocean now—can you name all 5?, https://www.nationalgeographic.com/environment/article/theres-a-new-ocean-now-can-you-name-all-five-southern-ocean, June 8, 2021.
- Gülcher, A.J.P., Gerya, T.V., Montési, L.G.J., Munch, J., Corona structures driven by plume-lithosphere interactions and evidence for ongoing plume activity on Venus, *Not. Geosci.*, 13(8), 547-554, 2020.
- Hallam, A., Pre-Quaternary sea-level changes, *Annu. Rev. Earth Planet. Sci.*, 12, 205-243, 1984.
- Hallam, A., *Phanerozoic Sea Level Changes*, 266 pp. Columbia Univ. Press, New York, USA, 1992.
- Haq, B.U., Hardenbol, J., Vail, P.R., Chronology of fluctuating sea levels since the Triassic, *Science*, 235, 1156-1167, 1987.
- Haq, B.U., Schutter, S.R., A chronology of Paleozoic sea-level changes, *Science*, 322, 64-68, 2008.
- Harder, H., Christensen, U.R., A one-plume model of martian mantle convection, *Nature*, 380, 507-509, 1996.
- Hatakeyama, K., Katayama, I., Hirauchi, K., Michibayashi, K., Mantle hydration along outer-rise faults inferred from serpentinite permeability, *Sci. Rep.*, 7(1), 13870, 2017.
- Hoffman, P.F. et al., Snowball Earth climate dynamics and Cryogenian geology-geobiology, *Sci. Adv.*, 3(11), e1600983, 2017.
- Iaffaldano, G., Husson, L., Bunge, H.-P., Monsoon speeds up Indian plate motion, *Earth Planet. Sci. Lett.*, 304(3-4), 503-510, 2011.
- Lisiecki, L.E., Raymo, M.E., A Pliocene-Pleistocene stack of 57 globally distributed benthic δ^{18}O records, *Paleoceanogra.*, 20(1), PA1003, 2005.
- Parai, R., Mukhopadhyay, S., How large is the subducted water flux? New constraints on mantle

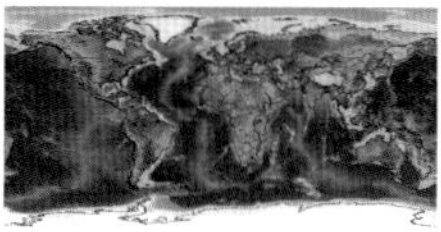

regassing rates, *Earth. Planet. Sci. Lett.*, 317-318, 396-406, 2012.
- Rahmstorf, S., Ocean circulation and climate during the past 120,000 years, *Nature*, 419, 207-214, 2002.
- Mitchell, R.N., Thissen, C.J., Evans, D.A.D., Slotznick, S.P., Coccioni, R., Yamazaki, T., Kirschvink, J.L., A Late Cretaceous true polar wander oscillation, *Not. Commun.*, 12(1), 3629, 2021.
- Mulyukova, E., Bercovici, D., Mantle convection in terrestrial planets, In: *Oxford Research Encyclopedia of Planetary Science*, doi:10.1093/acrefore/9780190647926.013.109, 2020.
- Murphy, J.B., Nance, R.D., Speculations on the mechanisms for the formation and breakup of supercontinents, *Geosci. Front.*, 4(2), 185-194, 2013.
- Sakuraba, A., Roberts, P.H., Generation of a strong magnetic field using uniform heat flux at the surface of the core, *Nat. Geosci.*, 2, 802-805, 2009.
- Santos, R.V., Ganade, C.E., Lacasse, C.M., Costa, I.S.L., Pessanha, I., Frazão, E.P., Dantas, E.L., Cavalcante, J.A., Dating Gondwanan continental crust at the Rio Grande Rise, South Atlantic, *Terra Nova*, 31(5), 424-429, 2019.
- 佐藤 勝彦,『気が遠くなる未来の宇宙のはなし』, 宝島社, 251ページ, 2013.
- Stähler, S.C. et al., Seismic detection of the martian core, *Science*, 373(6553), 443-448, 2021.
- 田近 英一,中島映至『大気の進化46億年　O_2とCO_2』, 技術評論社, 232ページ, 2011.
- 田近 英一,『地球環境46億年の大変動史』, 化学同人, 237ページ, 2021.
- Turbet, M., Bolmont, E., Chaverot, G., Ehrenreich, D., Leconte, J., Marcq, E., Day-night cloud asymmetry prevents early oceans on Venus but not on Earth, *Nature*, 598(7880), 276-280, 2021.
- Van der Voo, R., Phanerozoic paleomagnetic poles from Europe and North America and comparisons with continental reconstructions, *Rev. Geophys.*, 28(2), 167-206, 1990.
- Weber, R.C., Lin, P.-Y., Garnero, E.J., Williams, Q., Lognonné, P., Seismic detection of the lunar core, *Science*, 331(6015), 309-312, 2011.
- Yoshida, M., Dynamics of three-layer convection in a two-dimensional spherical domain with a growing innermost layer: Implications for whole solid-earth dynamics, *Phys. Fluids*, 30(9), 096601, 2018.
- Yoshida, M., A new analysis of the intraplate stress regime and stress ratio in numerically modeled mantle convection, *Tectonophys.*, 826, 229240, 2022.
- Yoshida, M., How mantle convection drives the supercontinent cycle: Mechanism, driving force, and substantivity, J.C. Duarte (Ed.), In: *Dynamics of Mantle Convection and Plate Tectonics*, Elsevier, Amsterdam, Netherlands, 2023(in press).

著者紹介

吉田 晶樹 (よしだ　まさき)

国立研究開発法人海洋研究開発機構主任研究員。1974年徳島県生まれ。1998年広島大学理学部地球惑星システム学科卒。2003年東京大学大学院理学系研究科地球惑星科学専攻博士後期課程修了。博士（理学）。2003年海洋科学技術センター（現海洋研究開発機構）研究員を経て2010年より現職。専門は、地球物理学、地球進化学、地球造構学、数値流体力学。2004年に規則格子を用いた三次元全球マントル対流の実用的な数値シミュレーションプログラムの開発に世界で初めて成功。2010年には地球の大陸移動を再現できるプログラム、2016年にはマントル対流とコア対流を一体化した対流システムで同時にシミュレートするプログラムを開発。著書に『地球はどうしてできたのか　マントル対流と超大陸の謎』（講談社）、『ジオダイナミクス原著　第3版』（共立出版、分担訳）など。

索引

つ

て

と

な

に

ぬ

せ

そ

た

ち

ふ

へ

ほ

ま

ね

の

は

ひ

ろ

わ

み

め

も

や

り

る

れ

●装丁
トップスタジオデザイン室(嶋 健夫)
●本文デザイン、DTP、イラスト
株式会社トップスタジオ

知りたい!サイエンス

大陸《たいりく》はどのように動《うご》くのか
過去《かこ》と将来《しょうらい》の大陸移動《たいりくいどう》

2023年　2月　28日　初版　第1刷発行

著　者　　吉田《よしだ》　晶樹《まさき》
発行者　　片岡　巌
発行所　　株式会社技術評論社
東京都新宿区市谷左内町21-13
電話　03-3513-6150　販売促進部
03-3513-6166　書籍編集部
印刷／製本　株式会社加藤文明社

定価はカバーに表示してあります。

ISBN978-4-297-13281-1　C3044
Printed in Japan

『大陸はどのように動くのか
過去と将来の大陸移動』
ウェブページ

本書へのご意見、ご感想は、技術評論社ホームページ（https://gihyo.jp/）または以下の宛先へ、書面にてお受けしております。電話でのお問い合わせにはお答えいたしかねますので、あらかじめご了承ください。

〒162-0846
東京都新宿区市谷左内町 21-13
株式会社技術評論社　書籍編集部
『大陸はどのように動くのか
過去と将来の大陸移動』係
FAX：03-3513-6183